设计师视角下建设工程全文强制性通用规范解读系列丛书

《建筑与市政地基基础通用规范》
GB 55003-2021
应用解读及工程案例分析

魏利金　编著

U0262594

中国建筑工业出版社

图书在版编目（CIP）数据

《建筑与市政地基基础通用规范》GB 55003-2021 应用解读及工程案例分析 / 魏利金编著. — 北京：中国建筑工业出版社，2022.12
（设计师视角下建设工程全文强制性通用规范解读系列丛书）
ISBN 978-7-112-27677-6

Ⅰ．①建… Ⅱ．①魏… Ⅲ．①地基-基础（工程）-工程施工-规范-中国 Ⅳ．①TU47-65

中国版本图书馆 CIP 数据核字（2022）第 134252 号

为使广大建设工程技术人员能够更快、更准确地理解、掌握、应用和执行《建筑与市政地基基础通用规范》GB 55003-2021 条文实质内涵，作者以近 40 年的工程设计实践经验，结合典型工程案例，由设计视角全面系统地解读规范全部条文。解读重点关注热点、疑点、细节问题，诠释其内涵，观点犀利，析其理、明其意。全文强制性条文的文字表达具有逻辑严谨、简练明确、可操作性强等特点，但由于该规范只作原则性规定而不述理由，对于执行者和监管者来说可能只知其表，而未察其理。全书内容全面、翔实，可供建设工程相关人员参考使用。

责任编辑：王砾瑶　范业庶
责任校对：芦欣甜

设计师视角下建设工程全文强制性通用规范解读系列丛书
《建筑与市政地基基础通用规范》
GB 55003-2021
应用解读及工程案例分析
魏利金　编著

＊

中国建筑工业出版社出版、发行(北京海淀三里河路9号)
各地新华书店、建筑书店经销
北京鸿文瀚海文化传媒有限公司制版
北京建筑工业印刷厂印刷

＊

开本：787 毫米×1092 毫米　1/16　印张：18¼　字数：454 千字
2022 年 12 月第一版　2022 年 12 月第一次印刷
定价：75.00 元
ISBN 978-7-112-27677-6
（39878）

序

  《建筑与市政地基基础通用规范》GB 55003-2021 自 2021 年 4 月发布以来，受到了广大业内同行的高度关注，一些学会、协会陆续组织开展了规范的宣贯和培训工作，但目前还没有针对该规范的理解与应用书籍出版。知名工程专家魏利金教授作为设计师，从规范使用者的视角，根据自己近 40 年的工程设计、实践经验，结合典型工程案例，深入浅出地论述了该规范条文的理解及应用中需把握的关键点和难点。作为魏教授多年的好友，对魏教授知识之渊博、实践经验之丰富、著述之勤奋、成书效率之高深感敬佩！

  因时间紧促，未及细读，概阅全书，感觉本书具有四大特点：一是对规范编制背景、过程、内容、目的和意义的介绍与分析全面系统；二是从设计师视角对规范条文，特别是容易误解、产生歧义及出错的条文进行对比分析、归纳总结，就规范使用中可能遇到的问题而言，具有很强的代表性；三是对规范条文的延伸阅读与深度理解应用，对规范的使用者具有很强的可操作性；四是介绍的工程设计、咨询经验及对典型工程实际案例的分析，具有很强的实践性。

  最新《中华人民共和国标准化法》将强制性国家标准界定为保障人身健康和生命财产安全、国家安全、生态环境安全以及满足经济社会管理基本需要的技术要求，具有很强的技术法规属性。全文强制性工程建设规范分为工程项目类规范和通用技术类规范两种类型。通用规范是对各类项目共性的、通用的专业性关键技术措施的规定。关键技术措施是实现建设项目功能、性能要求的基本技术规定，是落实城乡建设安全、绿色、韧性、智慧、宜居、公平、有效率等发展目标的基本保障。相信本书的出版发行会为该规范的使用者尽快了解、熟悉和应用规范提供很大的帮助，亦对该规范以后的修订和完善有很好的参考价值。

中国建筑科学研究院

地基基础研究所所长

高文生

2022 年 4 月 26 日

前　言

工程建设全文强制性规范是指直接涉及建设工程质量、安全、卫生及环境保护等方面的工程建设标准强制性条文，为建设工程实施安全防范措施、消除安全隐患提供统一的技术法规要求，以保证在现有的技术、管理条件下尽可能地保障建设工程质量安全，从而最大限度地保障建设工程的设计者、建造者、所有者、使用者和有关人员的人身安全、财产安全以及人体健康。工程建设强制性标准是社会现代运行的底线法规要求，全文都必须严格执行。

对于《建筑与市政地基基础通用规范》GB 55003-2021 条文的正确理解与应用，对促进建设工程活动健康有序高质量发展，保证建设工程安全底线要求，节约投资，提高投资效益、社会效益和环境效益都具有重要的意义。

通用规范条文有两类：底线控制条文和原则性条文。底线控制条文有明确的数值控制界限，设计应用比较容易把控。原则性条文没有明确的控制界限，笔者认为这个具体界限应参考其他现行规范、标准等执行。

为进一步延伸阅读和深度理解《建筑与市政地基基础通用规范》GB 55003-2021 强制性条文的实质内涵，促进参与建设活动各方更好地掌握和正确、合理地理解工程建设强制性条文的规定，笔者由设计师视角全面解读该规范的全部条文，以近 40 年的一线工程设计、咨询实践经验，紧密结合典型实际工程案例加以分析，把规范中的重点条文以及容易误解、容易产生歧义和出错的条文进行了整合、归纳和对比，给出典型参考案例。旨在帮助土木工程从业人员更好、更快地学习、应用和深度理解规范的条文，尽快提升自己的综合能力。

本书共分两篇，第一篇主要是综合概述，主要内容包含：编制全文强制性规范的必要性，强制性规范体系构建简介，全文强制性规范编制的目的和意义，强制性通用规范的属性问题，今后我国的建筑工程标准体系，新技术、新工艺、新材料的应用，本规范与国际标准和国外标准的关系，强制性条文实施与监督，全文强制规范实施之后现行工程建设标准相关强制性条文全部废止问题等；第二篇是建筑与市政地基基础通用规范，主要内容包含：总则、基本规定、勘察成果要求、天然地基与处理地基、桩基、基础、基坑工程、边坡工程。解读内容涉及诸多法规、规范、标准，以概念设计思路及典型工程案例分析贯穿全文，解读通俗易懂、系统翔实，工程案例极具代表性，观点阐述独到而精辟，有助于相关人员全面系统正确地理解工程结构通用规范的实质内涵，更有助于尽快提高设计者综合处理问题的能力。

本书可供从事土木工程结构设计、审图、顾问咨询、科研等工作的人员阅读，也可供高等院校师生及相关工程技术人员参考使用。希望本书的出版发行能够帮助读者尽快全面正确地理解《建筑与市政地基基础通用规范》GB 55003-2021 条款，如有不妥之处，恳请读者提出批评指正。

目　录

第一篇 综合概述

1. 编制全文强制性规范的必要性

（1）编制全文强制性规范有利于市场秩序的维护。使建设工程各方主体在执行强制性标准时更加明确，降低了指导、监督主体行使职能的复杂程度，能够显著提高工程建设标准化效果，有利于维护市场秩序。

（2）编制全文强制性规范有利于带动工程建设领域技术进步。"强制执行"和"推荐使用"规范的地位得以明确，各方主体对非强制性规范的使用拥有更大的自由度，有利于各方在市场竞争中发挥自身的技术优势。

（3）编制全文强制性规范符合《中华人民共和国标准化法》和国际通行规则的客观要求。

（4）全文强制性规范是执行《中华人民共和国建筑法》《建设工程质量管理条例》《实施工程建设强制性标准监督规定》等法律规定的技术途径。

（5）编制全文强制性规范有利于提高规范的及时性、针对性和质量保证。

（6）编制全文强制性规范取代现行规范中分散的强制性条文，便于管理监督。

2. 强制性规范体系构建简介

借鉴国外的做法，工程建设强制性标准体系应以全文强制性工程建设标准为单元构建，并与法律法规及推荐性标准有效衔接。

第一层为法律法规，在保障公民的生命、健康及财产安全等方面给出目标要求；

第二层为全文强制性标准体系层，分为两大类型的强制性标准，一是工程项目类强制性标准，二是通用类技术强制性标准；

第三层为推荐性标准，内容以规定实现功能性能目标的技术措施为主。

标准体系框架如图 1-0-1 所示。

3. 全文强制性规范编制的目的和意义

工程建设标准是为在工程建设领域内获得最佳秩序，针对建设工程的勘察、规划、设计、施工、安装、验收、运营维护及管理等活动和结果需要协调统一的事项所制定的公共的、重复使用的技术依据和准则，其在保障建设工程质量安全、保障人身安全和人体健康

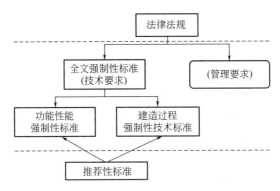

图 1-0-1　标准体系框架示意

以及其他社会公共利益方面一直发挥着重要作用,特别是工程建设强制性标准,为建设工程实施安全防范措施、消除安全隐患提供统一的技术要求,以保证在现有的技术、管理条件下尽可能地保障建设工程质量安全,从而最大限度地保障建设工程的建造者、所有者、使用者和有关人员的人身安全、财产安全以及人体健康。工程建设强制性标准是经济社会运行的底线要求。

为贯彻中共中央全面深化改革的决定,加快推进简政放权,放管结合,优化服务,转变政府职能,在工程建设标准化领域,建立完善的具有中国特色的工程建设强制性标准体系,必须理顺全文强制性标准、强制性条文、工程建设标准和现行法律法规的关系,使强制性标准与法律法规以及相关技术支撑文件紧密结合、配套实施,为政府进行市场监管提供有力保障,确保工程质量安全,进一步推动工程建设标准体制改革。

4. 强制性通用规范的属性问题

全文强制性标准与强制性条文一样,具有标准的一般属性和构成要素,同时具有现实的强制性。强制性是强制性条文最重要的属性。

《中华人民共和国标准化法》已由中华人民共和国第十二届全国人民代表大会常务委员会第三十次会议于2017年11月4日修订通过,自2018年1月1日起施行。

标准包括国家标准、行业标准、地方标准、团体标准和企业标准。国家标准分为强制性标准、推荐性标准,行业标准、地方标准是推荐性标准。强制性标准必须执行。国家鼓励采用推荐性标准。

《中华人民共和国建筑法》规定了建筑活动应遵守有关标准规定,《建设工程质量管理条例》规定了必须严格执行工程建设强制性标准。

由于法律、行政法规和部门规章的引用以及对强制性标准的逐次界定,使得强制性条文有了强制执行的属性。换句话说,强制性标准是由法律、行政法规、部门规章联合赋予的。法律、行政法规规定应执行强制性标准,部门规章进一步明确强制性标准即强制性条文。

5. 今后我国的建筑工程标准体系

2015年3月,国务院印发《深化标准化工作改革方案》,明确提出借鉴发达国家标准化管理的先进经验和做法，结合我国发展实际，建立完善具有中国特色的标准体系和标准化管理体制，并提出六项措施：①把政府单一供给的现行标准体系，转变为由政府主导制定的标准和市场自主制定的标准共同构成的新型标准体系；②整合精简强制性标准；③优化完善推荐性标准；④培育发展团体标准；⑤放开搞活企业标准；⑥提高标准国际化水平。

改革方案中指出，工程建设标准化改革工作要实现的总体目标是：到 2020 年"适应标准改革发展的管理制度基本建立，重要的强制性标准发布实施"；到 2025 年"以强制性标准为核心、推荐性标准和团体标准相配套的标准体系初步建立"。

为实现这一总体目标，要"加快制定全文强制性标准，逐步用全文强制性标准取代现行标准中分散的强制性条文"。现行标准体系的强制性标准，其实是含有部分强制性条文（黑体字）的标准，一般都不是全文强制的，因此条文较为分散，而且引用强制性条文的情况较多，带来诸多问题。

而标准化改革力图构建的新体系，是要将工程建设领域的强制性要求全部纳入全文强制的国家标准中，新制定标准原则上不再设置强制性条文。新体系下，政府主导的标准侧重于保基本，市场自主制定的标准侧重于提高竞争力。我国标准体系变化对比如图 1-0-2 所示。

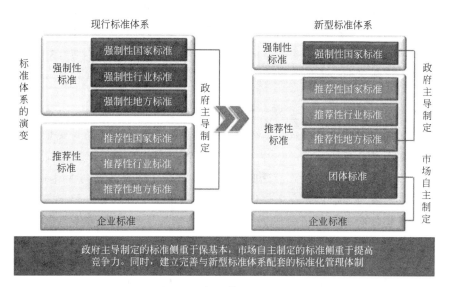

图 1-0-2 标准体系变化对比

按照标准化改革工作意见，强制性标准项目名称统称为"技术规范"。所以，一些原来称为"规范"的标准，在最新发布时就更名为了"标准"。如原《钢结构设计规范》GB 50017-2003 在 2017 年发布时就更名为《钢结构设计标准》GB 50017-2017。

技术规范分为工程项目类和通用技术类，如图 1-0-3 所示，以项目规范为主，以通用规范为技术支撑。工程项目类规范，是以工程项目为对象，以总量规模、规划布局及项目功能、性能和关键技术措施为主要内容的强制性标准。而通用技术类规范，是以技术专业为对象，以规划、勘察、测量、设计、施工等通用技术要求为主要内容的强制性标准。

图 1-0-3　今后的强制性规范框架

特别注意，制定这些标准必须依据《中华人民共和国标准化法》相关规定，如以下规定：

第十五条　制定强制性标准、推荐性标准，应当在立项时对有关行政主管部门、企业、社会团体、消费者和教育、科研机构等方面的实际需求进行调查，对制定标准的必要性、可行性进行论证评估；在制定过程中，应当按照便捷有效的原则采取多种方式征求意见，组织对标准相关事项进行调查分析、实验、论证，并做到有关标准之间的协调配套。

第十六条　制定推荐性标准，应当组织由相关方组成的标准化技术委员会，承担标准的起草、技术审查工作。制定强制性标准，可以委托相关标准化技术委员会承担标准的起草、技术审查工作。未组成标准化技术委员会的，应当成立专家组承担相关标准的起草、技术审查工作。标准化技术委员会和专家组的组成应当具有广泛代表性。

第十七条　强制性标准文本应当免费向社会公开。国家推动免费向社会公开推荐性标准文本。

第十八条　国家鼓励学会、协会、商会、联合会、产业技术联盟等社会团体协调相关市场主体共同制定满足市场和创新需要的团体标准，由本团体成员约定采用或者按照本团体的规定供社会自愿采用。

制定团体标准，应当遵循开放、透明、公平的原则，保证各参与主体获取相关信息，反映各参与主体的共同需求，并应当组织对标准相关事项进行调查分析、实验、论证。

国务院标准化行政主管部门会同国务院有关行政主管部门对团体标准的制定进行规范、引导和监督。

第十九条　企业可以根据需要自行制定企业标准，或者与其他企业联合制定企业标准。

第二十条　国家支持在重要行业、战略性新兴产业、关键共性技术等领域利用自主创新技术制定团体标准、企业标准。

第二十一条　推荐性国家标准、行业标准、地方标准、团体标准、企业标准的技术要求不得低于强制性国家标准的相关技术要求。

国家鼓励社会团体、企业制定高于推荐性标准相关技术要求的团体标准、企业标准。

6. 新技术、新工艺、新材料的应用

规范、标准是以实践经验的总结和科学技术的发展为基础的，它不是某项科学技术研究成果，也不是单纯的实践经验总结，而必须是体现两者有机结合的综合成果。实践经验需要科学的归纳、分析、提炼，才能具有普遍的指导意义；科学技术研究成果必须通过实

践检验才能确认其客观实际的可靠程度。因此，任何一项新技术、新工艺、新材料要纳入到标准、规范中，必须具备：

(1) 通过技术鉴定；

(2) 通过一定范围内的试行；

(3) 按照规范、标准的制定程序提炼加工。

标准与科学技术发展密切相连。标准应当与科学技术发展同步，适时将科学技术纳入到规范、标准中去。科技进步是提高规范、标准制定质量的关键环节。反过来，如果新技术、新工艺、新材料得不到推广，就难以得到实践的检验，也不能验证其正确性，纳入到规范、标准中也会不可靠。为此，给出适当的条件允许其发展，是建立标准与科学技术桥梁的重要机制。

规范的强制是技术内容法制化的体现，但是并不排斥新技术、新材料、新工艺的应用，更不是桎梏技术人员创造性的发挥。按照建设部第 81 号令《实施工程建设强制性标准监督规定》第五条规定："工程建设中拟采用的新技术、新工艺、新材料，不符合现行强制性标准规定的，应当由拟采用单位提请建设单位组织专题技术论证，报批准标准的建设行政主管部门或者国务院有关主管部门审定。"

不符合现行强制性标准规定的及现行强制性标准未作规定的，这两者情况是不一样的。对于新技术、新工艺、新材料不符合现行强制性标准规定的，是指现行强制性标准（强制性条文）中已经有明确的规定或者限制，而新技术、新工艺、新材料达不到这些要求或者超过其限制条件。这时，应当由拟采用单位提请建设单位组织专题技术论证，并按规定报送有关主管部门审定。如果新技术、新工艺、新材料的应用在现行强制性标准中未作规定，则不受《实施工程建设强制性标准监督规定》的约束。

需要说明的是，在 2002 年颁布的建设部第 111 号令《超限高层建筑工程抗震设防管理规定》中，超限高层建筑工程是指超出现行有关技术标准所规定的适用高度或体形规则性要求的高层建筑工程，也就是说超出有关抗震方面强制性标准规定的，应当按照第 111 号令执行。对于强制性标准有明确规定的，当不符合时，应当按照《实施工程建设强制性标准监督规定》执行。

7. 本规范与国际标准和国外标准的关系

积极采用国际标准和国外先进标准是我国标准化工作的原则之一。国际标准是指国际标准化组织 ISO 和国际电工委员会 IEC 所制定的标准，以及 ISO 确认并公布的其他国际组织制定的标准。

国外标准是指未经 ISO 确认并公布的其他国际组织的标准、发达国家的国家标准、区域性组织的标准、国际上有权威的团体和企业（公司）的标准。

由于国际标准和国外标准制定的条件不尽相同，在我国按此类标准实施时，如果工程中所采用的国际标准和国外标准规定的内容不涉及强制性标准的内容，一般由双方约定或者在合同中采用即可；如果涉及强制性标准的内容，即与安全、卫生、环境保护和公共利益有关，应纳入标准实施的监督范畴。工程建设中采用国际标准或者国外标准，现行强制性标准未作规定的，建设单位应当向国务院建设行政主管部门或者国务院有关行政主管部门备案。

8. 强制性条文实施与监督

标准化工作的任务是制定标准、组织实施标准和对标准的实施进行监督。制定标准是标准化工作的前提，实施标准是标准化工作的目的，对标准的实施进行监督是标准化工作的手段。加强工程建设标准（尤其是强制性条文）的实施与监督，使工程建设各阶段、各环节正确理解、准确执行工程建设标准（尤其是强制性条文），是工程建设标准化工作的重要任务。

《中华人民共和国标准化法》规定，强制性标准必须执行。《建设工程质量管理条例》《实施工程建设强制性标准监督规定》等行政法规、部门规章从不同角度对实施工程建设标准和对标准实施进行监督作了或原则或具体的规定。

由于强制性条文依附于各工程建设标准，不是工程建设活动的唯一技术依据，实施强制性条文也不是保证工程质量安全的充分条件。现行强制性标准中没有列为强制性条文的内容，是非强制监督执行的内容，但是，如果因为没有执行这些技术规定而造成了工程质量安全方面的隐患或事故，同样应追究责任。也就是说，只要违反强制性条文就要追究责任并实施处罚；违反强制性标准中非强制性条文的规定，如果造成工程质量安全方面的隐患或事故才会追究责任。

相关法律、法规及规章的规定：

(1)《中华人民共和国标准化法》《中华人民共和国标准化法实施条例》对标准的实施与监督都作出了明确规定

1) 强制性标准实施

强制性标准，必须执行。不符合强制性标准的产品，禁止生产、销售和进口。

2) 实施监督部门及职责

国务院标准化行政主管部门统一负责全国标准实施的监督。国务院有关行政主管部门分工负责本部门、本行业的标准实施的监督。省、自治区、直辖市标准化行政主管部门统一负责本行政区域内的标准实施的监督。省、自治区、直辖市人民政府有关行政主管部门分工负责本行政区域内本部门、本行业的标准实施的监督。市、县标准化行政主管部门和有关行政主管部门，按照省、自治区、直辖市人民政府规定的各自的职责，负责本行政区域内的标准实施的监督。

(2)《中华人民共和国建筑法》

《中华人民共和国建筑法》第三条规定：建筑活动应当确保建筑工程质量和安全，符合国家的建设工程安全标准。该法分别对建设单位、勘察单位、设计单位、施工企业和工程监理单位实施标准的责任，以及对主管部门的监管责任作了具体规定。

1) 建设单位

建设单位不得以任何理由，要求建筑设计单位或者建筑施工企业在工程设计或者施工作业中，违反法律、行政法规和建筑工程质量安全标准，降低工程质量。建筑设计单位和建筑施工企业对建设单位违反前款规定提出的降低工程质量的要求，应当予以拒绝。建设单位违反本法规定，要求建筑设计单位或者建筑施工企业违反建筑工程质量、安全标准，降低工程质量的，责令改正，可以处以罚款；构成犯罪的，依法追究刑事责任。

2) 勘察、设计单位

建筑工程设计应当符合按照国家规定制定的建筑安全规程和技术规范，保证工程的安全性能。建筑工程的勘察、设计单位必须对其勘察、设计的质量负责。勘察、设计文件应当符合有关法律、行政法规的规定和建筑工程质量安全标准、建筑工程勘察、设计技术规范以及合同的约定。设计文件选用的建筑材料、建筑构配件和设备，应当注明其规格、型号、性能等技术指标，其质量要求必须符合国家规定的标准。建筑设计单位不按照建筑工程质量、安全标准进行设计的，责令改正，处以罚款；造成工程质量事故的，责令停业整顿，降低资质等级或者吊销资质证书，没收违法所得，并处罚款；造成损失的，承担赔偿责任；构成犯罪的，依法追究刑事责任。

3）施工企业

建筑施工企业和作业人员在施工过程中，应当遵守有关安全生产的法律、法规和建筑行业安全规章、规程，不得违章指挥或者违章作业。建筑施工企业对工程的施工质量负责。建筑施工企业必须按照工程设计图纸和施工技术标准施工，不得偷工减料。交付竣工验收的建筑工程，必须符合规定的建筑工程质量标准，有完整的工程技术经济资料和经签署的工程保修书，并具备国家规定的其他竣工条件。建筑施工企业在施工中偷工减料的，使用不合格的建筑材料、建筑构配件和设备的，或者有其他不按照工程设计图纸或者施工技术标准施工的行为的，责令改正，处以罚款；情节严重的，责令停业整顿，降低资质等级或者吊销资质证书；造成建筑工程质量不符合规定的质量标准的，负责返工、修理，并赔偿因此造成的损失；构成犯罪的，依法追究刑事责任。

4）工程监理单位

建筑工程监理应当依照法律、行政法规及有关的技术标准、设计文件和建筑工程承包合同，对承包单位在施工质量、建设工期和建设资金使用等方面，代表建设单位实施监督。工程监理人员认为工程施工不符合工程设计要求、施工技术标准和合同约定的，有权要求建筑施工企业改正。工程监理人员发现工程设计不符合建筑工程质量标准或者合同约定的质量要求的，应当报告建设单位要求设计单位改正。

5）主管部门

国务院建设行政主管部门对全国的建筑活动实施统一监督管理。

（3）《建设工程质量管理条例》

《建设工程质量管理条例》第三条规定：建设单位、勘察单位、设计单位、施工单位、工程监理单位依法对建设工程质量负责。《建设工程质量管理条例》对标准实施与监督的规定，是按照不同的责任主体作出的。

1）建设单位

建设单位不得明示或者暗示设计单位或者施工单位违反工程建设强制性标准，降低建设工程质量。"违反本条例规定，建设单位有下列行为之一的，责令改正，处20万元以上50万元以下的罚款；""（三）明示或者暗示设计单位或者施工单位违反工程建设强制性标准，降低工程质量的。"

2）勘察、设计单位

勘察、设计单位必须按照工程建设强制性标准进行勘察、设计，并对其勘察、设计的质量负责。设计单位在设计文件中选用的建筑材料、建筑构配件和设备，应当注明规格、型号、性能等技术指标，其质量要求必须符合国家规定的标准。"违反本条例规定，有下列行为之一的，责令改正，处10万元以上30万元以下的罚款：（一）勘察单位未按照工程建设强制性标准进行勘察的;""(四)设计单位未按照工程建设强制性标准进行设计的。有前款所列行为,造成工程质量事故的,责令停业整顿,降低资质等级;情节严重的,吊销资质证书;造成损失的,依法承担赔偿责任。"

3)施工单位

施工单位必须按照工程设计图纸和施工技术标准施工,不得擅自修改工程设计,不得偷工减料。施工单位必须按照工程设计要求、施工技术标准和合同约定,对建筑材料、建筑构配件、设备和商品混凝土进行检验,检验应当有书面记录和专人签字;未经检验或者检验不合格的不得使用。

"违反本条例规定,施工单位在施工中偷工减料的,使用不合格的建筑材料、建筑构配件和设备的,或者有不按照工程设计图纸或者施工技术标准施工的其他行为的,责令改正,处工程合同价款2%以上4%以下的罚款;造成建设工程质量不符合规定的质量标准的,负责返工、修理,并赔偿因此造成的损失;情节严重的,责令停业整顿,降低资质等级或者吊销资质证书。"

4)工程监理单位

工程监理单位应当依照法律、法规以及有关技术标准、设计文件和建设工程承包合同,代表建设单位对施工质量实施监理,并对施工质量承担监理责任。

监理工程师应当按照工程监理规范的要求,采取旁站、巡视和平行检验等形式,对建设工程实施监理。

5)主管部门

国务院建设行政主管部门和国务院铁路、交通、水利等有关部门应当加强对有关建设工程质量的法律、法规和强制性标准执行情况的监督检查。县级以上地方人民政府建设行政主管部门和其他有关部门应当加强对有关建设工程质量的法律、法规和强制性标准执行情况的监督检查。

(4)《实施工程建设强制性标准监督规定》

《实施工程建设强制性标准监督规定》进一步完善了工程建设标准化法律规范体系,并奠定了强制性条文的法律基础。《实施工程建设强制性标准监督规定》规定:"在中华人民共和国境内从事新建、扩建、改建等工程建设活动,必须执行工程建设强制性标准。""本规定所称工程建设强制性标准是指直接涉及工程质量、安全、卫生及环境保护等方面的工程建设标准强制性条文。"

《实施工程建设强制性标准监督规定》对工程建设强制性标准的实施监督作了全面的规定,其主要内容包括:

1)监管部门及职责

国务院建设行政主管部门负责全国实施工程建设强制性标准的监督管理工作。国务院有关行政主管部门按照国务院的职能分工负责实施工程建设强制性标准的监督管理工作。

县级以上地方人民政府建设行政主管部门负责本行政区域内实施工程建设强制性标准的监督管理工作。

2)监督机构及职责

建设项目规划审查机关应当对工程建设规划阶段执行强制性标准的情况实施监督。施工图设计文件审查单位应当对工程建设勘察、设计阶段执行强制性标准的情况实施监督。

建筑安全监督管理机构应当对工程建设施工阶段执行施工安全强制性标准的情况实施监督。工程质量监督机构应当对工程建设施工、监理、验收等阶段执行强制性标准的情况实施监督。

工程建设标准批准部门应当定期对建设项目规划审查机关、施工图设计文件审查单位、建筑安全监督管理机构、工程质量监督机构实施强制性标准的监督进行检查，对监督不力的单位和个人，给予通报批评，建议有关部门处理。工程建设标准批准部门应当对工程项目执行强制性标准情况进行监督检查。

3）监督检查方式

工程建设强制性标准实施监督检查可以采取重点检查、抽查和专项检查的方式。

4）监督检查内容

强制性标准监督检查的内容包括：

① 有关工程技术人员是否熟悉、掌握强制性标准；

② 工程项目的规划、勘察、设计、施工、验收等是否符合强制性标准的规定；

③ 工程项目采用的材料、设备是否符合强制性标准的规定；

④ 工程项目的安全、质量是否符合强制性标准的规定；

⑤ 工程中采用的标准、导则、指南、手册、计算机软件的内容是否符合强制性标准的规定。

9. 房屋市政工程生产安全重大事故隐患有哪些

近些年，房屋市政工程生产安全事故时有发生，经事故分析，绝大多数都是由于相关人员对重大安全隐患预估判定不充足、事先没有引起足够重视所致。基于此，住房和城乡建设部于 2022 年 4 月 19 日发布了《住房和城乡建设部关于印发〈房屋市政工程生产安全重大事故隐患判定标准（2022 版）〉的通知》（建质规〔2022〕2 号），现将全文转载如下，希望引起相关人员重视。

房屋市政工程生产安全重大事故隐患判定标准

（2022 版）

第一条 为准确认定、及时消除房屋建筑和市政基础设施工程生产安全重大事故隐患，有效防范和遏制群死群伤事故发生，根据《中华人民共和国建筑法》《中华人民共和国安全生产法》《建设工程安全生产管理条例》等法律和行政法规，制定本标准。

第二条 本标准所称重大事故隐患，是指在房屋建筑和市政基础设施工程（以下简称房屋市政工程）施工过程中，存在的危害程度较大、可能导致群死群伤或造成重大经济损失的生产安全事故隐患。

第三条 本标准适用于判定新建、扩建、改建、拆除房屋市政工程的生产安全重大事故隐患。

县级及以上人民政府住房和城乡建设主管部门和施工安全监督机构在监督检查过程中可依照本标准判定房屋市政工程生产安全重大事故隐患。

第四条 施工安全管理有下列情形之一的，应判定为重大事故隐患：

（一）建筑施工企业未取得安全生产许可证擅自从事建筑施工活动；

（二）施工单位的主要负责人、项目负责人、专职安全生产管理人员未取得安全生产考核合格证书从事相关工作；

（三）建筑施工特种作业人员未取得特种作业人员操作资格证书上岗作业；

（四）危险性较大的分部分项工程未编制、未审核专项施工方案，或未按规定组织专家对"超过一定规模的危险性较大的分部分项工程范围"的专项施工方案进行论证。

第五条　基坑工程有下列情形之一的，应判定为重大事故隐患：

（一）对因基坑工程施工可能造成损害的毗邻重要建筑物、构筑物和地下管线等，未采取专项防护措施；

（二）基坑土方超挖且未采取有效措施；

（三）深基坑施工未进行第三方监测；

（四）有下列基坑坍塌风险预兆之一，且未及时处理：

1. 支护结构或周边建筑物变形值超过设计变形控制值；

2. 基坑侧壁出现大量漏水、流土；

3. 基坑底部出现管涌；

4. 桩间土流失孔洞深度超过桩径。

第六条　模板工程有下列情形之一的，应判定为重大事故隐患：

（一）模板工程的地基基础承载力和变形不满足设计要求；

（二）模板支架承受的施工荷载超过设计值；

（三）模板支架拆除及滑模、爬模爬升时，混凝土强度未达到设计或规范要求。

第七条　脚手架工程有下列情形之一的，应判定为重大事故隐患：

（一）脚手架工程的地基基础承载力和变形不满足设计要求；

（二）未设置连墙件或连墙件整层缺失；

（三）附着式升降脚手架未经验收合格即投入使用；

（四）附着式升降脚手架的防倾覆、防坠落或同步升降控制装置不符合设计要求、失效、被人为拆除破坏；

（五）附着式升降脚手架使用过程中架体悬臂高度大于架体高度的2/5或大于6米。

第八条　起重机械及吊装工程有下列情形之一的，应判定为重大事故隐患：

（一）塔式起重机、施工升降机、物料提升机等起重机械设备未经验收合格即投入使用，或未按规定办理使用登记；

（二）塔式起重机独立起升高度、附着间距和最高附着以上的最大悬高及垂直度不符合规范要求；

（三）施工升降机附着间距和最高附着以上的最大悬高及垂直度不符合规范要求；

（四）起重机械安装、拆卸、顶升加节以及附着前未对结构件、顶升机构和附着装置以及高强度螺栓、销轴、定位板等连接件及安全装置进行检查；

（五）建筑起重机械的安全装置不齐全、失效或者被违规拆除、破坏；

（六）施工升降机防坠安全器超过定期检验有效期，标准节连接螺栓缺失或失效；

（七）建筑起重机械的地基基础承载力和变形不满足设计要求。

第九条　高处作业有下列情形之一的，应判定为重大事故隐患：

（一）钢结构、网架安装用支撑结构地基基础承载力和变形不满足设计要求，钢结构、网架安装用支撑结构未按设计要求设置防倾覆装置；

（二）单榀钢桁架（屋架）安装时未采取防失稳措施；

（三）悬挑式操作平台的搁置点、拉结点、支撑点未设置在稳定的主体结构上，且未做可靠连接。

第十条 施工临时用电方面，特殊作业环境（隧道、人防工程，高温、有导电灰尘、比较潮湿等作业环境）照明未按规定使用安全电压的，应判定为重大事故隐患。

第十一条 有限空间作业有下列情形之一的，应判定为重大事故隐患：

（一）有限空间作业未履行"作业审批制度"，未对施工人员进行专项安全教育培训，未执行"先通风、再检测、后作业"原则；

（二）有限空间作业时现场未有专人负责监护工作。

第十二条 拆除工程方面，拆除施工作业顺序不符合规范和施工方案要求的，应判定为重大事故隐患。

第十三条 暗挖工程有下列情形之一的，应判定为重大事故隐患：

（一）作业面带水施工未采取相关措施，或地下水控制措施失效且继续施工；

（二）施工时出现涌水、涌沙、局部坍塌，支护结构扭曲变形或出现裂缝，且有不断增大趋势，未及时采取措施。

第十四条 使用危害程度较大、可能导致群死群伤或造成重大经济损失的施工工艺、设备和材料，应判定为重大事故隐患。

第十五条 其他严重违反房屋市政工程安全生产法律法规、部门规章及强制性标准，且存在危害程度较大、可能导致群死群伤或造成重大经济损失的现实危险，应判定为重大事故隐患。

第十六条 本标准自发布之日起执行。

10. 地基基础与上部结构的关系

地基基础与上部结构是不可分割的关系，但地基基础也有其特殊性。地基基础工程属于隐蔽工程，这是其与上部结构最大的不同，因此针对隐蔽工程的若干工序，必须及时进行检验、检测、观测等，目的是检验其是否达到设计或规范相关要求，是否可进行下一步工序施工。建筑与市政工程地基基础应进行检验验收的工序部位主要有：基槽检验、处理后地基检验、施工完成后的检验、基坑工程支护检验、抗浮构件检验等。

针对隐蔽工程的地基基础工程施工质量检验，目前实行抽检后评价的基本方法，所有验收检验评价时，抽检数量及检验代表性、检验方法的局限性等，都可能对地基基础的总体质量评价产生影响，必须在有可靠经验的基础之上认真操作实施，基于此，本规范在条文说明中多次提出，对检测、试验、检验、计算结果等，设计单位必须有专人校核。

地基基础工程的监测，是检验和验证工程勘察成果的符合性、设计概念、方法及设计参数可靠性、施工质量以及保障基础工程建设和使用安全的基本方法，同时人们对于地基基础工程，特别是对于特殊地质条件及复杂工况下的认识，还有待于通过积累工程长期观测资料进行分析总结提升。因此，对工程进行监测工作十分重要，地基基础一般监测范围包括：大面积填方工程、地基处理、基坑工程和边坡工程、桩基工程、加层、扩建、受邻近深基坑开挖施工影响、采用新型结构或基础等。

11. 本规范实施之后现行工程建设标准强制性条文相关问题

（1）现行规范标准废止强制性的条文具体有哪些？

1）《建筑地基基础设计规范》GB 50007-2011 第 3.0.2、3.0.5、5.1.3、5.3.1、5.3.4、6.1.1、6.3.1、6.4.1、7.2.7、7.2.8、8.2.7、8.4.6、8.4.9、8.4.11、8.4.18、8.5.10、8.5.13、8.5.20、8.5.22、9.1.3、9.1.9、9.5.3、10.2.1、10.2.10、10.2.13、10.2.14、10.3.2、10.3.8条。

2）《湿陷性黄土地区建筑标准》GB 50025-2018 第 5.7.3、6.1.1、7.1.1、7.4.5条（部分强条）。

3）《岩土锚杆与喷射混凝土支护工程技术规范》GB 50086-2015 第 4.5.3、12.1.9、13.1.1条。

4）《膨胀土地区建筑技术规范》GB 50112-2013 第 3.0.3、5.2.2、5.2.16条。

5）《土方与爆破工程施工及验收规范》GB 50201-2012 第 4.1.8、4.5.4、5.1.12、5.2.10、5.4.8条。

6）《建筑地基基础工程施工质量验收标准》GB 50202-2018 第 5.1.3条。

7）《建筑边坡工程技术规范》GB 50330-2013 第 3.1.3、3.3.6、18.4.1、19.1.1条。

8）《建筑基坑工程监测技术标准》GB 50497-2019 第 3.0.1、8.0.9条。

9）《复合土钉墙基坑支护技术规范》GB 50739-2011 第 6.1.3条。

10）《建筑地基基础工程施工规范》GB 51004-2015 第 5.5.8、5.11.4、6.1.3、6.9.8条。

11）《高填方地基技术规范》GB 51254-2017 第 3.0.11条。

12）《高层建筑筏形与箱形基础技术规范》JGJ 6-2011 第 3.0.2、3.0.3、6.1.7条。

13）《建筑地基处理技术规范》JGJ 79-2012 第 3.0.5、4.4.2、5.4.2、6.2.5、6.3.2、6.3.10、6.3.13、7.1.2、7.1.3、7.3.2、7.3.6、8.4.4、10.2.7条。

14）《建筑桩基技术规范》JGJ 94-2008 第 3.1.3、3.1.4、5.2.1、5.4.2、5.5.1、5.5.4、5.9.6、5.9.9、5.9.15、8.1.5、8.1.9、9.4.2条。

15）《建筑基桩检测技术规范》JGJ 106-2014 第 4.3.4、9.2.3、9.2.5、9.4.5条。

16）《建筑与市政工程地下水控制技术规范》JGJ 111-2016 第 3.1.9条。

17）《冻土地区建筑地基基础设计规范》JGJ 118-2011 第 3.2.1、6.1.1、8.1.1条。

18）《建筑基坑支护技术规程》JGJ 120-2012 第 3.1.2、8.1.3、8.1.4、8.1.5、8.2.2条。

19）《地下建筑工程逆作法技术规程》JGJ 165-2010 第 3.0.4、3.0.5、6.5.5、6.6.3条。

20）《湿陷性黄土地区建筑基坑工程安全技术规程》JGJ 167-2009 第 13.2.4条。

21）《三岔双向挤扩灌注桩设计规程》JGJ 171-2009 第 3.0.3、4.0.2条。

22）《建筑深基坑工程施工安全技术规范》JGJ 311-2013 第 5.4.5条。

23）《建筑地基检测技术规范》JGJ 340-2015 第 5.1.5条。

24）《建筑工程逆作法技术标准》JGJ 432-2018 第 3.0.4、3.0.9、7.1.4、8.1.5条。

25）《建筑工程抗浮技术标准》JGJ 476-2019 第 3.0.4条。

由以上废止的国家规范、标准来看，《建筑与市政地基基础通用规范》GB 55003-2021（以下简称本规范）涉及的规范及标准有 25 本，数量仅次于《混凝土结构通用规范》GB 55008-2021。

（2）原来的强制性条文只是不再作为强制性条文要求。

读者问题：不少读者不理解为何要废止这些条文，也有读者说是否这些条文将来在原规范、标准中，成为非强制性条文标准？还有读者咨询笔者，为何作废的这些强制性条文，有些在本规范中找不到了？

笔者分析认为原因有以下几点：

1）由于现行规范、标准中的强制性条文已经调整、整合到本规范中，当然也有部分条款的说法作了相应调整。经过笔者研读，发现这次全文强制性通用规范进行了比较大的调整，如《建筑抗震设计规范》中的强制性条文，有一部分直接放在如《混凝土结构通用规范》GB 55008-2021 之中等。

2）由于目前与本规范配套的相关推荐性标准还在修订中，如果不在这里废止，自然会出现规范之间的不协调等，特别是部分强制性条文作了调整，个别不再作为强制性条文，也有部分非强制性条文进入强制性条文等。

3）现在发布的通用规范系列可能由于篇幅和统一性原因没有全覆盖原有规范中的强制性条文，这时候原来的强制性条文的技术约束依然有效，只是不再作为强制性条文要求，但技术性要求依然有效，如果废止，则不能支撑规范的完整性、逻辑性和系统性。

12. 本规范编制简介

说明：以下内容来自各位编委相关解读，笔者加以理解并进行了整编，以便读者阅读。

（1）任务来源

根据 2015 年 11 月发布的《住房城乡建设部关于印发 2016 年工程建设标准规范制订、修订计划的通知》（建标函〔2015〕274 号），工程建设强制性（全文）国家标准《建筑地基基础技术规范》正式列入编制计划。

说明：2013 年 11 月，在住房和城乡建设部《关于印发 2014 年工程建设标准规范制订修订计划的通知》（建标〔2013〕169 号）中，《建筑地基基础技术规范》全文强制性标准研究列入该计划的研究项目，该项目主要研究内容是：通过针对建筑地基基础的全文强制性标准的研究、编制，提出我国工程建设领域全文强制性标准的编制模式、编制深度及条文确定的原则，并完成《建筑地基基础技术规范》（研究稿）。

（2）编制原理及方法

依据我国建筑法律规范，按照现行工程建设标准体系的专业划分，参考和借鉴国外建筑技术法规的构成，《建筑与市政地基基础通用规范》是以保障工程质量安全、保障人身安全健康、保护环境、节约资源等"目标要求"和满足受力、稳定等"功能要求"为指导层，以覆盖建筑与市政地基基础工程全过程或主要阶段为范围，以变形控制等性能要求和允许变形及检查验收等"可接受方案条款"为实施层的专业全文强制性标准。本规范的强制内容既有法规层面的指导意义，又具有较强具体实施的可操作性。

国际主流是，功能性能化法规（规范）是建筑法规的发展趋势，强调功能性能要求是强制的。技术法规（规范）中涉及的计算公式、安全系数、限值等，具有非唯一性的特点；采用的具体技术方法或措施，只要能够证明其符合技术法规（尤其是功能性能要求），应允许使用。

（3）总体思路与框架

1）借鉴国际经验，结合国情。借鉴经济发达国家（地区）建筑技术法规的内容构成和层级，结合我国强制性规范编制特点，制定本规范总体构架，确定主要内容、主要依据及其逻辑关系结构。

2）分析总结工程经验，进行专题研究。分析总结地基基础专业有关标准规范编制课题研究成果，开展有针对性的专项课题研究。

3）明确对象，把握深度。作为地基基础专业的"顶层"强制性工程规范，应以地基基础工程设计、施工、监测与验收为主要对象。在条文确定和编制深度上，处理好定性与定量关系（定性完整、定量成熟），处理好强制性规范与推荐性标准关系（抓大放小），处理好规范自身系统性、逻辑性和协调性关系（构件合理可行）。

4）本规范编制以目标要求和功能陈述为"指导层"，以"可接受方案"为"实施层"的通用技术类规范，其中：

目标要求是指为保证工程质量、工程安全、人身安全，保护环境和其他公共利益等，作出预期要达到的目的要求。

功能要求是对根据目标要求而应具备的条件（状况）或应达到的结果的定性描述。一个目标要求可以与几个功能要求相关，任何一个功能要求也可以与多个目标要求相关。

性能要求是指符合目标、功能要求而必须达到的性能水平。

可接受方案是指能够满足目标要求和功能陈述（要求）的具体技术方法或措施，包括性能要求（条款）、符合性/选择性条款、验证性条款。

5）条文的表现形式如表1-0-1所示。

条文的表现形式汇总

表 1-0-1

	目标要求	功能要求	可接受方案		
			性能要求（条款）	符合性/选择性条款	验证性条款
内容	1.0.1 为在地基基础工程建设中贯彻落实建筑方针，保障地基基础与上部结构安全,满足建设项目正常使用需要,保护生态环境,促进绿色发展,制定本规范。	2.1.1 地基基础应满足下列功能要求：1 基础应具备将上部结构荷载传递给地基的承载力和刚度；2 在上部结构的各种作用和作用组合下,地基不得出现失稳；……	4.2.6 ……地基变形允许值应根据上部结构对地基变形的适应能力和使用上的要求确定。	4.2.6 地基变形计算值不应大于地基变形允许值。……	4.4.7 下列建筑与市政工程应在施工期间及使用期间进行沉降变形监测，直至沉降变形达到稳定为止；1 对地基变形有控制要求的；2 软弱地基上的；……
	1 总则	2 基本规定	第3章　　　～　　　第8章		

本规范作为工程类通用规范组成部分（具有法规性质），是地基基础设计、施工及验收等建设过程技术和管理的基本要求，对地基基础类所有标准都具有制约和指导作用。

6）本规范提出了覆盖地基基础工程全过程或主要阶段的工程建设原则，明确了地基基础功能性能要求，提出了地基基础及上部结构安全、工程质量及施工安全、生态环境安全、地下水环境安全的"底线"要求，明确了地基基础荷载、承载力、变形和稳定性设计施工质量控制及验收要求，对基坑工程、边坡工程等危险性较大的分部分项工程涉及工程质量安全、生态环境安全、职业卫生健康安全、地下水环境安全等重大风险隐患提出了技术要求（或技术指标）。

本规范与国际建筑规范（IBC）、岩土工程设计规范（Eurocode 7）相比，更符合国情，更具有可操作性。

7）与其他通用规范的相关联性如图 1-0-4 所示。

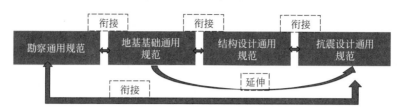

图 1-0-4　与其他通用规范相关联性

8）与现行强制性标准的相关性。

本规范实施后，现行相关工程建设国家标准、行业标准中的强制性条文同时废止。现行工程建设地方标准中的强制性条文应及时修订，且不得低于本规范的规定。现行工程建设标准（包括强制性标准和推荐性标准）中有关规定与本规范不一致的，应以本规范规定为准。

9）本规范涉及现行相关强制性标准 28 项。其中，设计类标准 5 项，占 18％；施工及验收类标准 6 项，占 21％；检测与监测类标准 3 项，占 11％；综合类标准 14 项，占 50％。如图 1-0-5 所示。

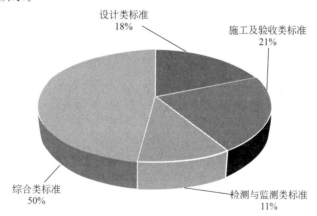

图 1-0-5　本规范相关条款汇总

10）采纳现行相关标准强制性条文如表 1-0-2 所示。

采纳现行规范标准强制性条文情况汇总　　　　　　　　　　　　　　　表 1-0-2

序号	相关标准名称	强制性条文数量	纳入本规范	备注
1	《建筑地基基础设计规范》GB 50007-2011	28	28	
2	《岩土工程勘察规范（2009 年版）》GB 50021-2001	16	1	本规范纳入了《岩土工程勘察规范》GB 50021-2001（2009 年版）中 4 条强制性条文；其他 15 条强制性条文因不属于本规范内容范畴,故未纳入

续表

序号	相关标准名称	强制性条文数量	纳入本规范	备注
3	《湿陷性黄土地区建筑标准》GB 50025-2018	6	3	本规范纳入了《湿陷性黄土地区建筑标准》GB 50025-2018第5.7.3、6.1.1、7.1.1条，另外3条(第4.1.1、4.1.8、7.4.5条)是对勘察、上部结构施工的要求，因不属于本规范内容范畴，故未纳入
4	《岩土锚杆与喷射混凝土支护工程技术规范》GB 50086-2015	4	2	本规范纳入了《岩土锚杆与喷射混凝土支护工程技术规范》GB 50086-2015第4.5.3、12.1.9条强制性条文部分内容；第4.1.4、13.1.1条强制性条文因不属于本规范内容范畴，故未纳入
5	《膨胀土地区建筑技术规范》GB 50112-2013	3	3	
6	《土方与爆破工程施工及验收规范》GB 50201-2012	5	1	本规范纳入了《土方与爆破工程施工及验收规范》GB 50201-2012第4.5.4条强制性条文；其他4条(第4.1.8、5.1.12、5.2.10、5.4.8条)强制性条文因涉及土方施工爆破安全的规定，不属于本规范内容范畴，故未纳入
7	《建筑地基基础工程施工质量验收标准》GB 50202-2018	1	1	
8	《建筑边坡工程技术规范》GB 50330-2013	4	4	
9	《建筑基坑工程监测技术标准》GB 50497-2019	2	2	
10	《复合土钉墙基坑支护技术规范》GB 50739-2011	1	1	
11	《建筑地基基础工程施工规范》GB 51004-2015	4	4	
12	《高填方地基技术规范》GB 51254-2017	1	1	
13	《高层建筑筏形与箱形基础技术规范》JGJ 6-2011	3	3	
14	《建筑地基处理技术规范》JGJ 79-2012	13	12	《建筑地基处理技术规范》JGJ 79-2012第7.3.6条是对施工机械设备提出的要求，因不属于本规范内容范畴，故未纳入
15	《建筑桩基技术规范》JGJ 94-2008	12	12	
16	《建筑基桩检测技术规范》JGJ 106-2014	4	1	本规范纳入了《建筑基桩检测技术规范》JGJ 106-2014第4.3.4条强制性条文；其他3条(第9.2.3、9.2.5、9.4.5条)强制性条文是对基桩检测设备、检测数据分析与判断的要求，不属于本规范内容范畴，故未纳入

续表

序号	相关标准名称	强制性条文数量	纳入本规范	备注
17	《建筑与市政工程地下水控制技术规范》JGJ 111-2016	1	1	
18	《冻土地区建筑地基基础设计规范》JGJ 118-2011	3	3	
19	《建筑基坑支护技术规程》JGJ 120-2012	5	5	
20	《载体桩设计规程》JGJ 135-2007	2	0	《载体桩设计规程》JGJ 135-2007第4.5.1、4.5.4条强制性条文内容与本规范纳入的相关条文内容重复,故未纳入
21	《地下建筑工程逆作法技术规程》JGJ 165-2010	4	3	《地下建筑工程逆作法技术规程》JGJ 165-2010第5.1.3条关于临时支护结构安全等级的划分,与本规范相关规定存在不协调问题,故未纳入
22	《湿陷性黄土地区建筑基坑工程安全技术规程》JGJ 167-2009	4	1	《湿陷性黄土地区建筑基坑工程安全技术规程》JGJ 167-2009第3.1.5、5.1.4、5.2.5条强制性条文属于特殊土基坑设计要求,因存在争议性、协调性问题,故未纳入
23	《三岔双向挤扩灌注桩设计规程》JGJ 171-2009	2	0	《三岔双向挤扩灌注桩设计规程》JGJ 171-2009第3.0.3、4.0.2条强制性条文内容或与本规范相关条文内容重复,或超出本规范内容范畴,故未纳入
24	《建筑深基坑工程施工安全技术规范》JGJ 311-2013	1	1	
25	《建筑地基检测技术规范》JGJ 340-2015	1	1	
26	《建筑工程抗浮技术标准》JGJ 476-2019	1	1	
27	《城镇道路工程施工与质量验收规范》CJJ 1-2008	9	1	《城镇道路工程施工与质量验收规范》CJJ 1-2008第3.0.7、3.0.9、6.3.3、8.1.2、8.2.10、10.7.6、11.1.9、17.3.8条强制性条文,因不属于本规范内容范畴,故未纳入
28	《城市桥梁工程施工与质量验收规范》CJJ 2-2008	13	2	《城市桥梁工程施工与质量验收规范》CJJ 2-2008第2.0.5、2.0.8、6.1.2、6.1.5、8.4.3、13.2.6、13.4.4、14.2.4、16.3.3、17.4.1、18.1.2条强制性条文,因不属于本规范内容范畴,故未纳入
	小计	153	98	《建筑与市政地基基础通用规范》纳入现行相关标准强制性条文98条(其他55条强制性条文或不属于本规范内容范畴,或存在重复性、协调性等问题,未予采纳)

第二篇 建筑与市政地基基础通用规范

　　为适应国际技术法规与技术标准通行规则，2016年以来，住房和城乡建设部陆续印发《深化工程建设标准化工作改革的意见》等文件，提出政府制定强制性标准、社会团体制定自愿采用性标准的长远目标，明确了逐步用全文强制性工程建设规范取代现行标准中分散的强制性条文的改革任务，逐步形成由法律、行政法规、部门规章中的技术规定与全文强制性工程建设规范构成的"技术法规"体系。

　　关于规范种类。强制性工程建设规范体系覆盖工程建设领域各类建设工程项目，分为工程项目类（简称项目规范）和通用技术类规范（简称通用规范）两种类型。项目规范以工程建设项目整体为对象，以项目规模、布局、功能、性能和关键技术措施等五大要素为主要内容。通用规范以实现工程建设项目功能性能要求的各专业通用技术为对象，以勘察、设计、施工、维修、养护等通用技术为主要内容。在全文强制性工程建设规范体系中，项目规范为主干，通用规范是对各类项目共性的、通用的专业性关键技术措施的规定。

　　关于五大要素指标。强制性工程建设规范中各项要素是保障城乡基础设施建设体系化和效率提升的基本规定，是支撑城乡建设高质量发展的基本要求。项目的规模要求主要规定了建设工程项目应具备完整的生产或服务能力，应与经济社会发展水平相适应。项目的布局要求主要规定了产业布局、建设工程项目选址、总体设计、总平面的布局以及与规模协调的统筹性技术要求，应考虑供给力合理分布，提高相关设施建设的整体水平。项目的功能要求主要规定项目构成和用途，明确项目的基本组成单元，是项目发挥预期作用的保障。项目的性能要求主要规定建设工程项目建设水平或技术水平的高低程度，体现建设工程项目的适用性，明确项目质量、安全、节能、环保、宜居环境和可持续发展等方面应达到的基本水平。关键技术措施是实现建设项目功能、性能要求的基本技术规定，是落实城乡建设安全、绿色、韧性、智慧、宜居、公平、有效率等发展目标的基本保障。

　　关于规范实施。强制性工程建设规范具有强制约束力，是保障人民生命财产安全、人身健康、工程安全、生态环境安全、公众权益和公众利益，以及促进能源资源节约利用、满足经济社会管理等方面的控制性底线要求，工程建设项目的勘察、设计、施工、验收、维修、养护、拆除等建设活动全过程中必须严格执行，其中，对于既有建筑改造项目（指不改变现有使用功能），当条件不具备、执行现行规范确有困难时，应不低于原建造时的标准。与强制性工程建设规范配套的推荐性工程建设标准是经过实践检验的、保障达到强制性规范要求的成熟技术措施，一般情况下也应当执行。在满足强制性工程建设规范规定的项目功能、性能要求和关键技术措施的前提下，可合理选用相关团体标准、企业标准，使项目功能、性能更加优化或达到更高水平。推荐性工程建设标准、团体标准、企业标准要与强制性工程建设规范协调配套，各项技术要求不得低于强制性工程建设规范的相关技术水平。

强制性工程建设规范实施后，现行相关工程建设国家标准、行业标准中的强制性条文同时废止。现行工程建设地方标准中的强制性条文应及时修订，且不得低于强制性工程建设规范的规定。现行工程建设标准（包括强制性标准和推荐性标准）中有关规定与强制性工程建设规范的规定不一致的，以强制性工程建设规范的规定为准。

第1章 总 则

1.0.1 为在地基基础工程建设中贯彻落实建筑方针，保障地基基础与上部结构安全，满足建设项目正常使用需要，保护生态环境，促进绿色发展，制定本规范。

 延伸阅读与深度理解

本条为本规范制定的目的。本规范是以地基基础工程的目标与功能性要求为基础，以保障地基基础及上部结构安全、生命财产安全、生态环境安全以及满足经济社会管理基本需要的"正当目标"为目的，以覆盖地基基础工程全过程或主要阶段为范围，以目标功能要求为指导层，以可接受方案（具有可操作性或可验证性的技术方法或关键技术）为实施层的工程建设强制性国家规范，确保规范既囿于"正当目标"，又具有较强的可操作性和实用性。

另外，地基基础方案应注重保护生态环境，有利于绿色、"双碳"发展的目标。

1.0.2 地基基础工程必须执行本规范。

 延伸阅读与深度理解

本规范是建筑与市政地基基础工程建设控制性底线要求，具有法规强制效力，必须严格遵守。

建（构）筑物及市政工程通过基础，将其荷载传至地基上。作为地基的岩土是自然形成的，其性状能否满足建筑与市政工程的长期使用要求，需要通过岩土工程勘察确定；天然形成的地基岩土性状需要满足建筑与市政工程的稳定性、基础沉降或基础结构设计要求；基础结构施工、基坑开挖以及对周边环境的保护、基坑支护、地基处理设计与施工需要清楚地了解地基岩土情况。地基基础属于隐蔽工程，出现问题后修复比较困难。所以，作为工程建设的重要工作内容，岩土工程勘察与地基基础设计的工作质量至关重要，而严格执行强制性规范条文，是保证建筑与市政工程质量、减少工作失误的最基本的要求，所以必须严格执行。

1.0.3 工程建设所采用的技术方法和措施是否符合本规范要求，由相关责任主体判定。其中，创新性的技术方法和措施，应进行论证并符合本规范中有关性能的要求。

 延伸阅读与深度理解

（1）工程建设强制性规范是以工程建设活动结果为导向的技术规定，突出了建设工程的规模、布局、功能、性能和关键技术措施，但是，规范中关键技术措施不能涵盖工程规划建设管理采用的全部技术方法和措施，仅仅是保障工程性能的"关键点"，很多关键技术措施具有"指令性"特点，即要求工程技术人员去"做什么"，规范要求的结果是要保障建设工程的性能，因此，能否达到规范中性能的要求，以及工程技术人员所采用的技术方法和措施是否按照规范的要求去执行，需要进行全面的判定，其中，重点是能否保证工程性能符合本规范的规定。

（2）进行这种判定的主体应为工程建设的相关责任主体，这是我国现行法律法规的要求。《中华人民共和国建筑法》《建设工程质量管理条例》《建设工程抗震管理条例》《民用建筑节能条例》以及相关的法律法规，突出强调了工程监管、建设、规划、勘察、设计、施工、监理、检测、造价、咨询、运维等各方主体的法律责任，既规定了首要责任，也确定了主体责任。

例如，2021年8月，发布《北京市住房和城乡建设委员会关于加强建设工程"四新"安全质量管理工作的通知》（京建发〔2021〕247号），明确"四新"即为工程建设强制性标准没有规定又没有现行工程建设国家标准、行业标准和地方标准可依的材料、设备、工艺及技术。要求选用"四新"的过程中，应本着实事求是，对社会负责、对使用单位负责、对使用人负责的精神，把握"安全耐久、易于施工、美观实用、经济环保"四个基本原则，对易造成结构安全隐患、达不到基本的使用寿命、施工质量不易保障、施工及使用过程中造成不必要的污染、给使用方带来不合理的经济负担、难以满足使用功能、使用过程中不易维护、外观不满足基本要求等八种问题实行"一票否决"。建设单位采用"四新"应用前，宜先期选取一项工程进行试点应用，确定无生产、施工及使用问题后逐步推广使用。在重点工程及保障性住房工程建设中，建设单位应协同设计单位、施工单位科学审慎选用"四新"，确需使用的应明确选用缘由，并在工程建设过程中重点管控。

（3）在工程建设过程中，执行强制性工程建设规范是各方主体落实责任的必要条件，是基本的、底线的条件，各方主体有义务对工程规划建设管理采用的技术方法和措施是否符合本规范规定进行判定。

（4）近年来，我国地基基础行业发展迅速，包括施工方法和工艺、设计方法、检测方法、新材料的应用、预制构件等。为了支持创新，鼓励创新成果在建设工程中应用，当拟采用的新技术在工程建设强制性规范或推荐性标准中没有相关规定时，应当对拟采用的工程技术或措施进行论证，确保建设工程达到工程建设强制性规范规定的工程性能要求，确保建设工程质量和安全，并应满足国家对建设工程环境保护、卫生健康、经济社会管理、能源资源节约与合理利用等相关基本要求。

第 2 章　基本规定

2.1　基本要求

2.1.1　地基基础应满足下列功能要求：

1　基础应具备将上部结构荷载传递给地基的承载力和刚度；

2　在上部结构的各种作用和作用组合下，地基不得出现失稳；

3　地基基础沉降变形不得影响上部结构功能和正常使用；

4　具有足够的耐久性能；

5　基坑工程应保证支护结构、周边建（构）筑物、地下管线、道路、城市轨道交通等市政设施的安全和正常使用，并应保证主体地下结构的施工空间和安全；

6　边坡工程应保证支挡结构、周边建（构）筑物、道路、桥梁、市政管线等市政设施的安全和正常使用。

 延伸阅读与深度理解

本条是根据地基基础正常工作状态，提出的地基基础应满足的功能要求：

（1）对于地基变形，本条规定地基承载力的选取应以不使地基中出现长期塑性变形为原则，同时，还要考虑在此条件下各类建（构）筑物、市政设施可能出现的变形特征及变形量，由于地基土的变形具有长期的时间效应，与钢筋、混凝土、砖石等材料相比，它属于大变形材料。从已有的大量地基工程事故分析看，大多数事故皆与地基变形过大或不均匀沉降有密切关系。

（2）对于地基稳定性，本条提出地基应具有抗倾覆、抗滑移的能力。通常，地基失稳造成的事故往往是灾难性的，比如房屋倒塌、土体滑动破坏、山区地基滑坡等。

（3）对于坡地建筑场地必须请地勘单位对边坡稳定性做出评价和防治方案建议。

对建筑场地有潜在威胁或直接危害的滑坡、泥石流及崩塌地段，尽量不进行建筑工程的建造，不可避免需要建造时，也不应采用建筑外墙兼作挡土墙的形式，如图 2-2-1 所示。必须采取切实可行的技术措施，防止滑坡、泥石流及崩塌等地质灾害对建筑造成的破坏。

图 2-2-1　某工程因山体滑坡导致建筑倒塌

（4）所谓足够的耐久性能，系指建筑地基基础在规定的工作环境，在设计工作年限内，地基与基础材料性能的劣化不得导致结构出现不可接受的失效概率。

关于耐久性问题，耐久性能是混凝土结构应满足的基本性能之一，与混凝土结构的安全性和适用性有着密切的关系，越来越受到业界的重视，现就耐久性相关问题补充说明如下：

1）对土木工程来说意义非常重要，若耐久性不足，将会产生严重的后果，甚至给未来社会带来极为沉重的负担。据2010年美国一项调查显示，美国的混凝土基础设施工程总价值约为6万亿美元，每年所需维修费或重建费约为3千亿美元。美国50万座公路桥梁中20万座已有损坏，美国共建有混凝土水坝3000座，平均寿命30年，其中32%的水坝年久失修；而对第二次世界大战前后兴建的混凝土工程，在使用30～50年后进行加固维修所投入的费用，占建设总投资的40%～50%。回看我国，20世纪50年代所建设的混凝土工程已经使用50余年。而我国结构设计使用年限绝大多数也只有50年，今后为了维修这些基础设施，耗资必将是巨大的。而我国目前的基础设施建设工程规模依然巨大，每年高达3亿元人民币以上。照此看来，30～50年后，这些工程也将进入维修期，所需的维修费用和重建费用将更为巨大，因此耐久性对土木工程非常重要，应引起足够重视。

2）目前，关于混凝土结构耐久性的设计方法有两种，其一是宏观控制的方法，其二为极限状态设计方法。

① 宏观控制是将具有代表性的环境不严格定量地进行区分，根据环境类别和设计使用年限，对结构混凝土提出相应的限制要求，保证其耐久性能。这种方法的优点是易于理解、便于操作，缺点是不能准确定量。《混凝土结构设计规范》GB 50010采取了这种划分方法，将混凝土结构的环境分为五类：室内正常环境、室外环境或类似室外环境、氯侵蚀环境、海洋环境和化学物质侵蚀环境。这种划分方法与欧洲规范的划分方法基本一致。在对结构混凝土提出要求时，将试验研究结果、混凝土耐久性长期观测结果与混凝土结构耐久性调查的情况结合起来，根据使用环境的宏观情况和设计使用年限情况，将要求具体化，使之能满足耐久性要求。

② 极限状态设计方法是将上述分类加上侵蚀性指标细化，如室内环境根据常年温度、湿度、通风情况、阳光照射情况等定量细化。材料抵抗环境作用的能力要通过试验研究、长期观测和现场调研统计得到的计算公式的验算来体现。以混凝土碳化造成的钢筋锈蚀问题为例，先计算碳化深度达到钢筋表面所需要的时间 t_1，在计算时要考虑混凝土的孔隙结构、氢氧化钙的含量、环境中的二氧化碳含量、空气温度与湿度等因素。然后，计算钢筋锈蚀达到允许锈蚀极限状态的时间 t_2，在计算时要考虑混凝土的孔隙结构、保护层厚度、空气温度与湿度和钢筋直径等因素。令 t_1+t_2 大于设计使用年限，则满足耐久性要求。从目前的情况来看，按极限状态方法进行设计的条件还不够成熟。

3）由于影响混凝土结构材料性能劣化的因素比较复杂，其规律不确定性很大，一般建筑结构的耐久性设计只能采用经验性的定性方法解决。

（5）影响混凝土结构耐久性的相关因素。

1）混凝土的密实性。混凝土是由砂、石、水泥、掺合料、外加剂加水搅拌而形成的混合体。由于水泥浆胶体凝固为水泥石（固化）过程中体积减小，振捣时离析、泌水造成的浆体上浮和毛细作用，混凝土材料内部充满了毛细孔、孔隙、裂纹等缺陷（图2-2-2）。

这种材料不密实的微观结构，就可能引起有害介质的渗入，造成耐久性问题。

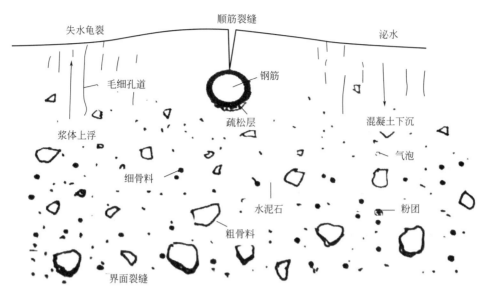

图 2-2-2　混凝土的微观结构及内部缺陷

2）混凝土的碳化。

混凝土中含有碱性的氢氧化钙，其在钢筋表面形成"钝化膜"而保护其免遭锈蚀，这种现象称为"钝化"，处于钝化状态的钢筋不会锈蚀。当钝化膜遭到破坏时，钢筋则具备锈蚀的条件，在大气中二氧化碳渗入和水的作用下，就会生成碳酸钙而丧失了碱性，这种现象称为"碳化"。这种碳化会随着时间推移。碳化深度逐渐加大，当达到钢筋表面而引起"脱钝"时，裸露的钢筋就容易在有害介质的作用下锈蚀。

3）钢筋的锈蚀。

锈蚀钢筋表面的锈渣体积膨胀，引起混凝土保护层劈裂，而顺钢筋发展的纵向劈裂裂缝又加快了有害介质的渗入，如此恶性循环的作用，最终导致构件破坏。

4）氯离子的影响。

如果混凝土中含有氯离子，游离的氯离子使钢筋表面的钝化膜破坏，使钢筋具备了锈蚀条件，很少的氯离子就足以长久地促使钢筋快速锈蚀，直至完全锈蚀为止，因此氯离子是混凝土结构耐久性的大敌。美国的"五倍定理"和日本的"海砂屋"，都是由于氯离子而引起的结果，对此结构设计不得不引起关注。

5）碱骨料反应。

碱骨料反应是指水泥水化过程中释放出来的碱金属与骨料中的碱活性成分发生化学反应造成的混凝土破坏。如果混凝土长期处于水环境中，而其内部含碱量又较高时，则有可能由于含碱骨料浸水膨胀而引起内部裂缝。因此对于处于水环境中的混凝土构件，应限制其碱含量，设计可参考《预防混凝土碱骨料反应技术规范》GB/T 50733-2011 相关规定。

（6）地基基础应能承受在施工和使用期间可能出现的各种作用。

当发生爆炸、撞击、人为错误等偶然事件时，结构能保持必须的整体稳固性，不出现与起因不相称的破坏后果,防止出现结构的连续倒塌。注:对重要的结构,应采取必要的措施,防止出现结构的连续倒塌;对一般的结构,宜采取适当的措施,防止出现结构的连续倒塌。

(7) 基坑工程是为保证地面向下开挖形成的地下空间施工期的安全稳定所采取的地坑支护、地下水控制及环境保护等临时性技术措施。因基坑开挖涉及基坑周围环境安全,支护结构除满足主体结构施工要求外,还需要满足周边环境要求。因此,支护结构的设计和施工应把保护基坑周边环境安全放在重要位置。

(8) 地坑支护应具有保证工程自身主体结构施工安全的功能,应为主体地下结构施工提供正常施工的作业空间和环境,提供施工材料、设备堆放和运输的场地、道路条件,隔断基坑内外地下水、地表水以保证地下结构和防水工程的正常施工。这样规定的目的,是明确基坑支护工程不能为了考虑本工程项目的要求和利益,而损害周边环境和相邻建筑物所有人的利益。

(9) 地基基础设计工作中质量变形控制是正确的地基基础设计原则。但实际上,目前多数工程仍只考虑地基承载力,不计算地基变形。工程经验说明,因地基原因发生的结构破坏或房屋倾斜,绝大多数是由于地基变形超限造成的。

2.1.2 地基基础工程设计前应进行岩土工程勘察,岩土工程勘察成果资料应满足地基基础设计、施工及验收要求。

 延伸阅读与深度理解

(1) 本条是对岩土工程勘察的基本要求。场地与地基勘察是根据建设工程的要求,查明、分析、评价建设场地的地质、环境特征和岩土工程条件,提供岩土工程参数。勘察成果资料是地基基础设计、施工及验收的主要依据之一。

(2)《建设工程勘察设计管理条例》第四条:从事建设工程勘察、设计活动,应当坚持先勘察、后设计、再施工的原则。

(3) 岩土工程的勘察与设计关系。可以说岩土工程是勘察与地基基础的结合体,更是理论与实践的结合体。从以上岩土工程的两个本质关系来看,就说明了勘察与地基设计是岩土工程两个相辅相成、缺一不可的关系。工程实践中偏重任何一个方面,就是对另外一个方面的不公平,完全割裂两者之间的关系而使其成为两个独立单元的论调是不合理的,甚至是错误的,轻者埋下安全隐患,重者发生工程事故。

20 世纪 90 年代以前,计划经济体制下的岩土工程勘察与地基基础设计的主流模式就如同流水线上的工人,各司其职,相互之间几乎没有交流。勘察技术人员只负责相关工程的工程勘察,并在勘察报告中提出地基基础设计的相关参数和工程建议,至于这些参数与建议在下阶段的地基基础设计中怎么应用,就基本不在其考虑范围之内。而地基基础设计技术人员依据勘察报告提供的岩土参数在必要的计算后就进行地基基础设计,至于这些地勘报告提供的参数是否合理或恰当,就很少有人进行深究了。

时至今日,虽然国家大力推动市场经济体制下的岩土工程工作方法,即岩土工程的勘察与地基基础设计相互有效衔接,但上述勘察与地基基础设计"互相不交叉"的现象至今仍没有得到根本改变，尤其是目前国家对勘察设计及地基基础设计实行终身负责制，导致有些勘察人员为求所谓的自保，岩土参数越提越低，"没有最低，只有更低"，地基基础设计人员也不对地勘资料进行必要的分析（当然也不排除地基基础设计人员对于岩土相关知识和概念的不了解居多数），而有些地基基础设计人员秉承"只要你敢提，我就敢采纳"的想法将责任层层转嫁，导致工程要么过于保守浪费，要么埋下安全隐患。

从岩土工程现状来看，有些负责任的设计人员提出勘察参数问题时，勘察人员很难接受建议而去调整参数，找出各种理由搪塞，这是目前的岩土工程中另一个主要问题，是一种非常不负责、不作为的行为。

（4）笔者提醒结构设计师应注意以下几个问题：

1）"先勘察后设计，先设计后施工"的具体体现。工程项目建设程序是工程建设过程客观规律的反映，是建设工程项目科学决策和顺利进行的重要保证。工程项目建设程序是人们长期在工程项目建设实践中得出的经验总结，不能任意颠倒，但可以合理交叉，如"先勘察后设计"不是一定要等勘察完成后才可以开展设计，而是说设计必须以勘察报告提供的数据进行设计，不得自作主张。在勘察报告尚未完成时，设计可以根据以往工程的经验假设一些参数进行，但最终的设计参数必须与勘察报告一致，设计文件提交施工图审查机构时也必须同时提交勘察报告，这就是合理交叉。

2）设计师应注意，任何相关专业提供的荷载，设计师都应该综合分析判断其合理有效性，发现问题应及时与相关提资方落实。

【工程案例1】2016 年笔者主持的某工程，地勘报告给出的桩基设计参数如表 2-2-1 所列。

地基承载力特征值和设计参数表

表 2-2-1

工程地质层	岩性	重度	孔隙比	压缩模量	压缩系数	黏聚力	内摩擦角	承载力特征值	桩基设计参数			
									钻孔灌注桩		预应力管桩	
		γ	e	E_{s1-2}	α_{1-2}	C_k	φ_k	f_{ak}	q_{sik}	q_{nk}	q_{sik}	q_{nk}
		kN/m³		MPa	MPa⁻¹	kPa	°	kPa	kPa	kPa	kPa	kPa
①	杂填土	18.5	—	—	—	—	—	100	20		22	
②	细砂	19.5	—	6.0		2	30	120	24		22	
③	淤泥质粉砂	19.1	0.859	3.93	0.56	13.3	5	100	22		20	
④	淤泥质粉质黏土	18.2	1.077	3.08	0.72	9.6	4	90	23		25	
⑤	粉质黏土	20.4	0.601	8.81	0.45	21.0	20	140	60	2200	58	600
⑥	生物碎屑粉土	19.8	0.792	6.30	0.30	18.9	15	170	65	2400	62	650
⑦	粉质黏土	19.7	0.774	8.10	0.22	21.8	17	220	75	3000	70	1100

笔者经过分析认为所提资料有误，应该是把钻孔桩与预应力管桩搞错了，就是张冠李戴了。类似问题并非个案，提醒读者注意审阅相关资料。

【工程案例2】2019年5月20日有一位审图专家就咨询了笔者以下问题。

咨询问题：这个是地勘报告给出的场地特征周期，设计是否可以直接采用？

笔者答复：建议核对无误后可以使用。但还是担心对方不一定会核对。于是请这位朋友把地勘报告截屏发给我看看。如图2-2-3所示。

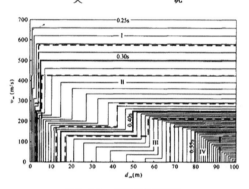

4.1.6. 当有可靠的剪切波速和覆盖层厚度且其值处于表4.1.6所列场地类别的分界线附近时，应允许按插值方法确定地震作用计算所用得特征周期。

由于（2#、3#、4#、5#、10#、19#、20#楼及部分地下车库）等效剪切波速值 v_{se} 为 125.57~143.49m/s，剪切波速大于 500m/s 的土层顶面距地面的距离通过实测为 31~36m；故由《建筑抗震设计规范》

条　　文　　说　　明

第4章可知。

（2#、3#、4#、5#、10#、19#、20#楼）特征周期为 0.42s。

其余楼场地类别为Ⅱ类。抗震设防烈度为 8 度，设计基本地震加速度值为 0.20g，设计地震分组为第二组，特征周期为 0.40s。

图 2-2-3　地勘报告的截屏资料

第2天经过笔者核对，告诉这位审图专家，不能使用。因为地勘提供的0.42s有误。地勘没有考虑地震分组第二组，实际插入值应是0.491s，地震作用差了17%。如果按地勘提供的资料进行设计，显然有安全隐患。

【工程案例3】2018年，有位朋友咨询笔者：某工程地勘报告（图2-2-4），说某工程地下室与上部多栋建筑脱开与不脱开分别评价，给出的场地类别不一样。请问这样合适吗？

笔者答复：不合适，场地特征周期只与覆盖层厚度及平均剪切波速有关，与建筑物布置没有关系。笔者建议设计与审图沟通一下，后来设计反馈，地勘部门也承认自己搞错了。

3）提醒结构设计必须注意，现阶段设计依据的地勘报告必须是经过施工图审查合格后的地勘报告（必须是详勘），这点非常重要。目前现状是，结构地基基础设计阶段往往还没有详勘报告，更没有拿到经过审查合格的详勘报告，结构设计都是先依据初勘或详勘中间报告等进行地基基础设计，待接到经过审查合格的详勘报告时，可能地基基础已经设计完成，此时务必结合审查合格的地勘报告（详勘）仔细核对相关参数是否合理。

场地按设计整平高程 327.00m 整平后，第四系覆盖土层厚度 1.34（ZK51）～
18.50m（ZK18）。该场地地下室与拟建建筑脱开及不脱开分别评价，地震效应
评价见表 4.1-1、表4.1-2。该拟建建筑为标准设防。

表 4.1-1　　　　各建筑与地下车库不脱开的地震效应评价一览表

拟建建筑物名称	达到设计地坪标高时履盖层厚度(m)	等效剪切波速(m/s)	场地土类型	场地类别	设计特征周期	建筑抗震地段类别
地下室及各幢商住楼与配套	18.50		软弱土	Ⅲ	0.45s	一般地段

表 4.1-2　　　　各建筑与地下车库脱开的地震效应评价一览表

拟建建筑物名称	达到设计地坪标高时履盖层厚度(m)	等效剪切波速(m/s)	场地土类型	场地类别	设计特征周期	建筑抗震地段类别
1号住宅楼及裙楼	5.03	123	软弱土	Ⅱ	0.35s	一般地段
2号住宅楼及裙楼	12	123	软弱土	Ⅱ	0.35s	一般地段
1号幢商业楼	4.20	123	软弱土	Ⅱ	0.35s	一般地段
2号幢商业楼	5.60	123	软弱土	Ⅱ	0.35s	一般地段
3号幢商业楼	4.24	123	软弱土	Ⅱ	0.35s	一般地段
4号幢商业楼	3.52	123	软弱土	Ⅱ	0.35s	一般地段
5号幢商业楼	1.91	123	软弱土	I₁	0.25s	有利地段
6号幢商业楼	1.34	123	软弱土	I₁	0.25s	有利地段
红星家具楼 MALL	7.7	123	软弱土	Ⅱ	0.35s	一般地段
地下室	7.7	123	软弱土	Ⅱ	0.35s	一般地段

图 2-2-4　某工程地勘报告节选

【工程案例 4】2018 年河北涞水某工程，设计阶段结构参考地勘单位未经过审查的地
勘报告（详勘）进行钻孔灌注桩设计，该报告提供岩石单轴饱和抗压强度标准值为
35MPa；但经过审查合格的正式地勘报告（详勘）中，把岩石单轴饱和抗压强度标准值改
为 18MPa，结果可想而知。

借此问题，提供一点资料供参考。如表 2-2-2 所示。

嵌岩灌注桩岩石饱和单轴极限抗压强度标准值及岩石极限侧阻力、极限端阻力经验值

表 2-2-2

岩石风化程度	岩石饱和单轴极限抗压强度标准值 f_{rk}(MPa)		岩体完整程度	岩石极限侧阻力(kPa)	岩石极限端阻力(kPa)
中等风化	软岩	$5<f_{rk}\leqslant15$	极破碎、破碎	300～800	3000～9000
中等风化或微风化	较软岩	$15<f_{rk}\leqslant30$	较破碎	800～1200	9000～16000
微风化	较硬岩	$30<f_{rk}\leqslant60$	较完整	1200～2000	16000～32000

注：1. 表中极限侧阻力适用于孔底残渣厚度为 50～100mm 的钻孔、冲孔、旋挖灌注桩；对于孔底残渣厚度小于
　　　50mm 的钻孔、冲孔灌注桩和无残渣挖孔桩，其极限端阻可按表中数值乘以系数 1.1～1.2。
　　2. 对于扩底桩，扩大头斜面及以上直段 1.0～2.0m 不计侧阻力（扩大头取大值）。

【工程案例 5】2022 年 2 月 25 日北京平谷马坊镇某工程，地勘单位未审查的地勘报告
（详勘）中对地震动参数如图 2-2-5 所示。

2、地震影响基本参数

　　　根据《中国地震动参数区划图》GB 18306-2015 附录 C，基于 Ⅱ 类场地时，场地基
本地震动峰值加速度为 0.20g，对应基本地震动加速度反应谱特征周期为 0.40s。根
据《建筑抗震设计规范》GB 50011-2010（2016 年版）规定，拟建场地抗震设防烈度 8
度，设计基本地震加速度值为 0.20g，设计地震分组为第二组。

图 2-2-5　未审查的地勘报告节选

勘察报告（详勘）经过审查后，地震动参数调整结果，如图 2-2-6 所示。

2、地震影响基本参数

根据《中国地震动参数区划图》GB 18306-2015 附录 C，基于 II 类场地时，场地基本地震动峰值加速度为 0.30g，对应基本地震动加速度反应谱特征周期为 0.40s。本工程场地类别为 III 类，相应特征周期为 0.55s。

图 2-2-6　经审查后的地勘报告节选

基于此：设计单位组织了来自审图、地勘、结构（笔者本人）等相关专家的论证会，专家听取了设计院汇报，经查阅相关资料，认为地勘报告（详勘）审查结论是合适的。

4）在施工图审查工作中，不时会遇到勘察单位不太清楚对于施工勘察成果是否需要进行施工图审查的问题。为帮助勘察单位和结构设计人员更加准确地理解施工勘察和施工图审查管理相关要求，现结合相关法规和技术标准的规定，对施工勘察以及施工勘察成果是否需要进行施工图审查加以说明。

① 什么是施工勘察。

《岩土工程勘察规范》（2009 年版）GB 50021-2001 第 4.1.2 条规定，建筑物的岩土工程勘察宜分阶段进行，可行性研究勘察应符合选择场址方案的要求；初步勘察应符合初步设计的要求；详细勘察应符合施工图设计的要求；场地条件复杂或有特殊要求的工程，宜进行施工勘察。

《岩土工程勘察规范》（2009 年版）GB 50021-2001 第 4.1.21 条规定，基坑或基槽开挖后，岩土条件与勘察资料不符或发现必须查明的异常情况时，应进行施工勘察。

由此可知，施工勘察的目的主要是解决施工过程中出现的岩土工程问题，不是工程建设法定的必须开展的工作。比如，岩溶地区基桩，在成桩之前采用"超前钻"，查其桩底基岩情况，有无软弱夹层、空洞等不良地质作用，就是典型的施工勘察。还比如，开槽后发现地层情况与勘察报告有较大不同需进一步查明的情况，需要开展施工勘察。

由于设计条件发生变化或者为解决详细勘察阶段的遗留问题而进行的勘察工作属于补充勘察，补充勘察报告作为工程勘察的延续，是为施工图设计服务的，补充勘察报告有可能对详细勘察报告的参数和结论进行调整和补充，而且补充勘察报告一般应由原勘察单位完成。

② 岩土施工图审查的对象和内容。

《房屋建筑和市政基础设施工程施工图设计文件审查管理办法》（住房和城乡建设部第 13 号令）第三条规定了施工图审查的对象是施工图设计文件（含勘察文件），对应施工图设计文件的勘察文件应该是详细勘察报告，这点从《岩土工程勘察文件技术审查要点》中可以体现，而且不存在争议。

住房和城乡建设部第 13 号令第十一条规定了施工图审查的内容，包括是否符合工程建设强制性标准、地基基础和主体结构的安全性、签字签章等五项内容。

住房和城乡建设部第 13 号令第十四条规定：任何单位或者个人不得擅自修改审查合格的施工图；确需修改的，凡涉及本办法第十一条规定内容的，建设单位应当将修改后的施工图送原审查机构审查。

详细勘察报告需要送审查机构审查，勘察行业对此均较为了解。需要说明的是，涉及住房和城乡建设部第13号令第十一条规定内容的修改也必须送原审查机构审查。具体来说，涉及勘察报告重要参数和结论的修改，无论是变更文件、补充勘察报告或是施工勘察报告（暂不讨论称为施工勘察是否合适）。

③《建设工程勘察设计管理条例》的相关规定。

涉及住房和城乡建设部第13号令第十一条规定内容的修改应该由原勘察单位负责，或者经原勘察单位书面同意，建设单位委托其他具有相应资质的勘察单位修改。

《建设工程勘察设计管理条例》第二十八条规定：建设单位、施工单位、监理单位不得修改建设工程勘察、设计文件；确需修改建设工程勘察、设计文件的，应当由原建设工程勘察、设计单位修改。经原建设工程勘察、设计单位书面同意，建设单位也可以委托其他具有相应资质的建设工程勘察、设计单位修改。修改单位对修改的勘察、设计文件承担相应责任。

未经原勘察单位书面同意，擅自以施工勘察的形式委托其他单位修改详细勘察报告重要参数和结论的行为，涉嫌违反《建设工程质量管理条例》《建设工程勘察设计管理条例》《建设工程勘察质量管理办法》等有关规定。

④ 结语及建议。

勘察文件的施工图审查一般是指详细勘察报告，原则上建设单位在报审时，应一次性将完整勘察报告报送审查机构审查。为解决施工过程中出现的岩土工程问题而进行的施工勘察一般可不需要进行施工图审查，涉及住房和城乡建设部第13号令第十一条规定内容的修改，无论是变更文件、补充勘察报告或是施工勘察报告，都必须送原审查机构审查。

2.1.3　地基基础设计应根据结构类型、作用和作用组合情况、勘察成果资料和拟建场地环境条件及施工条件，选择合理方案。设计计算应原理正确、概念清楚，计算参数的选取应符合实际工况，设计与计算成果应真实可靠、分析判断正确。

 延伸阅读与深度理解

（1）本条是对地基基础设计原则、计算方法提出的基本要求。

（2）由于地基土性质复杂，在同一场地和地基内，土的物理力学指标离散性一般较大，加之特殊性岩土和不良地质作用的存在，地基基础设计首先强调因地制宜，各地区根据土的特性、地质情况积累了很多的地基基础工程经验，如建筑物沉降经验系数值、基坑开挖对周围环境的影响等，应在具体工程中重视和参考。有些勘察数据具有时效性，典型的如地下水位、水土污染性评价结论可能随着时间推移发生变化，甚至活动断裂、滑坡、泥石流等不良地质作用结论也会因时间推移而变化。

（3）应重视地基基础方案，设计人员必须根据具体工程的地质条件及地勘建议的方案、结构类型以及地基在长期荷载作用下的工作性状，结合地区经验，采取科学合理和经济的地基基础、基坑和边坡方案。

（4）地基基础工程的许多重大失误，究其根源大多是由概念不清所致。因地基基础工程面对的是天然材料（土或石），不像结构工程面对人工材料时能做到相对严密、完善和成熟。地基基础工程充满着条件的不确定性、参数的不确定性和信息的不完善性。地基基础工程实践中的一切疑难问题，几乎都需要岩土工程师根据具体情况，在综合分析、综合评价的基础上，做出综合判断，提出处理意见。

（5）地基基础设计并不追求计算准确性，更需要判断概念的合理性。

【问题讨论】未按勘察报告进行基础选型是否可以？

北京市某年审图给设计院提出审图意见如下。

提出问题：本项目勘察报告建议采用CFG桩复合地基，设计未按勘察报告建议设计，设计采用预应力管桩，采用锤击沉桩施工。

审图依据：（1）《建设工程质量管理条例》（国务院令279号）

第二十一条规定：设计单位应当根据勘察成果文件进行建设工程设计。

（2）《建筑地基基础设计规范》GB 50007-2011：

3.0.4　地基基础设计前应进行岩土工程勘察，并应符合下列规定：

1　岩土工程勘察报告应提供下列资料：

1）有无影响建筑场地稳定性的不良地质作用，评价其危害程度；

2）建筑物范围内的地层结构及其均匀性，各岩土层的物理力学性质指标，以及对建筑材料的腐蚀性；

3）地下水埋藏情况、类型和水位变化幅度及规律，以及对建筑材料的腐蚀性；

4）在抗震设防区应划分场地类别，并对饱和砂土及粉土进行液化判别；

5）对可供采用的地基基础设计方案进行论证分析，提出经济合理、技术先进的设计方案建议；提供与设计要求相对应的地基承载力及变形计算参数，并对设计与施工应注意的问题提出建议；

6）当施工需要时，尚应提供：深基坑开挖的边坡稳定计算和支护设计所需的岩土技术参数，论证其对周边环境的影响；基坑施工降水的有关技术参数及地下水控制方法的建议；用于计算地下水浮力的设防水位。

问题解析：（1）本项目勘察报告对地基及基础建议：考虑本场地存在软弱黏土和液化土层，建议采用振冲碎石桩、沉管砂桩等复合地基方案，或者当建筑荷载较大时可采用振冲挤密桩＋CFG（以黏质粉土-砂质粉土层位为桩端持力层）桩组合的复合地基方案。设计单位未采纳勘察报告的建议，而采用了锤击打入式沉桩的预应力管桩方案。设计单位改变地基基础形式，既没有征得勘察单位同意，也没有要求勘察单位重新提供预制桩的设计参数，设计依据不足。

（2）勘察报告特别注明"由于振冲及沉管施工工艺在成孔、成桩的施工过程会对基坑支护、周边在施建筑物等带来振动以及噪声等公害，应妥善处置"。设计单位也没有考虑这个建议。

【工程案例6】2021年福州发生的一起工程事故。

（1）工程概况及事故回顾

福州某安商房项目部分主楼地基下沉，倾斜度超限，导致主体开裂，沉降还未趋于稳定。2021年11月，福州市城乡建设局发布了该项目部分楼栋暂停使用的通知。

通知责令该项目：对A12号楼及P1楼房屋即停止使用、暂缓交房，建设单位负责组织设计、施工、监理等参建各方，查明房屋发生地基沉降、墙体开裂、门窗变形等质量问题的原因（图 2-2-7、图 2-2-8），在结构安全鉴定报告出具前，建设单位应制定应急预案，持续开展沉降监测，对发现的影响结构安全的危险点予以排查，保障房屋安全。

图 2-2-7　填充墙体开裂

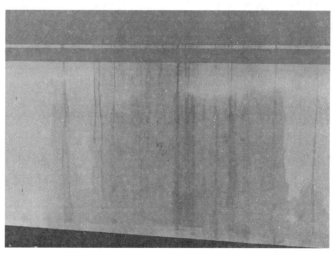

图 2-2-8　地下墙体开裂渗漏

（2）专家对事故分析结论

2021 年 12 月 31 日，在质量问题设计文件专家分析会上，专家组形成以下意见：

1）A12 号楼勘察报告建议采用冲（钻）孔灌注桩，施工图文件采用高强度预应力混凝土管桩。

2）勘察报告建议若采用高强度预应力管桩，需要对软弱土层进行硬化处理，施工图文件未见相关内容。

3）根据勘察报告⑤-1 中土层需要考虑负摩阻力，地下室侧壁周边主楼墙柱布桩时未充分考虑负摩阻力影响。

4）本工程部分楼栋选用高强度预应力混凝土管桩，未按《福建省建筑结构设计若干规定》第2条第（5）款中关于软弱土层厚度对桩基选型的规定执行。

5）A13号楼剪力墙下一字形布桩对施工精度要求较高，实际施工中较难控制。

6）抽查的桩基施工前试桩静载试验报告（报告号：YZJJ1800285）中A13-01号桩的沉降量数据存疑。

（3）笔者意见及建议

从前述可知：①根据地勘提供的数据和建议，该项目如采用管桩，应对软弱地基进行处理，该项目图纸上没有注明软弱地基处理相关内容。②管桩选型也不符合福州市关于软弱地基桩基选型的要求。

1）单凭以上两点设计院及第三方审图就难以摆脱责任。

2）建议各位设计师，地勘报告的建议和意见还是要认真对待的，发现问题或有新的方案建议提前与地勘沟通交流，并不是必须采用地勘报告的建议方案，但新的方案需要地勘单位确认。

3）设计除了满足国家、行业相关法规、规范、标准及规定之外，也应掌握地方的一些特殊规定。

2.1.4　地基基础的设计工作年限应符合下列规定：

1　地基与基础的设计工作年限不应低于上部结构的设计工作年限；

2　基坑工程设计应规定工作年限，且设计工作年限不应小于1年；

3　边坡工程的设计工作年限，不应小于被保护的建（构）筑物、道路、桥梁、市政管线等市政设施的设计工作年限。

 延伸阅读与深度理解

（1）本条是对地基基础设计工作年限的要求。按照工程建设强制性规范《工程结构通用规范》GB 55001-2021对结构设计工作年限的相关规定，地基基础设计必须满足上部结构设计使用年限要求。

（2）基坑支护是为主体地下结构部分施工而采取的临时措施，地下结构施工完成后，基坑支护也就随之完成其用途，由于基坑支护结构的使用期短，因此，设计采用的荷载通常不考虑长期作用。为了防止人们忽视由于延长支护结构使用期而带来的荷载、材料性能、基坑周边环境等条件的变化，避免超越设计状况，设计时应确定支护结构的使用年限。

（3）支护结构的支护期限规定不小于1年，除考虑主体结构施工工期的因素外，也考虑到施工季节对支护结构的影响。一年中的不同季节，地下水位、气候、温度等外界环境的变化会使土的性状及支护结构的性能随之改变，而且有时影响较大。受各种因素的影响，设计预期的施工季节并不一定与实际施工的季节相同，即使对支护结构使用期不足一年的工程，也应使支护结构一年四季都能用。因此，本规范明确规定，地坑支护结构工作设计使用年限不应小于1年。

通常对大多数建设工程，1 年的支护期能满足主体地下结构的施工周期要求，对有特殊施工周期要求的工程，应该根据实际情况延长支护期限并应对荷载、结构构件的耐久性等设计条件作相应考虑。

说明：基坑的设计工作期限，是指设计规定的从基坑开挖到预定深度至完成基坑支护使用功能的时段。

（4）边坡工程的设计工作年限是指边坡工程支挡结构能够发挥正常支护功能的年限。

《建筑边坡工程技术规范》GB 50330-2013 规定：临时性边坡是指设计工作年限不超过 2 年的边坡；永久性边坡是指设计工作年限超过 2 年的边坡。

2.1.5　在地基基础设计工作年限内，地基基础工程材料、构件和岩土性能应满足安全性、适用性和耐久性要求。

 延伸阅读与深度理解

本条规定了地基基础工程所采用的材料、构件和岩土性能应满足地基基础的可靠性要求。这样的概念估计大家都懂，具体如何保证还需要依据其他标准规定了。

2.1.6　地基基础工程施工应采用经质量检验合格的材料、构件和设备，应根据设计要求和工程需要制定施工方案，并进行工程施工质量控制和工程监测。工程监测应确保数据的完整性、真实性和可靠性。

 延伸阅读与深度理解

（1）本条是对地基基础工程选用的材料、构件和设备，以及对地基基础工程施工质量控制、质量检验和质量验收提出的基本要求。

（2）地基基础工程材料、构件和设备的质量状况，直接影响地基基础的技术性能以及建筑工程安全，高质量发展均需要进行质量控制。

（3）在地基基础工程施工中，地基基础属于隐蔽工程范畴，一旦出现问题后不易修复或修复难度及代价很大，地基基础施工质量直接关系或影响到整个建筑工程质量，加强地基基础工程施工过程中的质量控制尤为重要。

（4）地基基础工程监测是确保工程安全的重要环节，工程监测数据虚假和粗糙是造成工程事故的重要原因，应加强对工程监测的监督管理。

（5）这条就是强调地基基础需要进行全生命期的管理维护。

【工程案例 7】近年地下车库无梁楼盖垮塌事故，基本都是由于施工超堆载引起的。如典型案例：2018 年 11 月 12 日，中山市古镇镇海洲村某项目一期 2 标段发生地下室顶板无梁楼盖局部坍塌事故，坍塌面积约 2000m²。如图 2-2-9、图 2-2-10 所示。据古镇镇官方通报称，初步调查分析，坍塌原因是填土作业人员违反操作规程，且大型满载平板车停放不当，导致顶板荷载过于集中，造成局部坍塌。

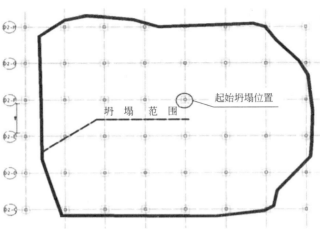

图 2-2-9　坍塌范围

图 2-2-10　部分坍塌图片

2.1.7　地基基础工程施工应采取措施控制振动、噪声、扬尘、废水、废弃物以及有毒有害物质对工程场地、周边环境和人身健康的危害。

延伸阅读与深度理解

（1）本条对地基基础工程防止有毒有害物质对周边环境和人身健康造成危害作出了规定，是地基基础工程勘察与施工安全以及周边环境安全、人身健康与环境保护需要的相关设施和管理制度的保障。

比如：现实工程中，经常遇到某工程土层分布及性质特别适合采用强夯地基处理方式，如图 2-2-11 所示。这其实是一种不错的地基处理技术，主要用来处理湿陷性黄土、地震液化土、杂填土，处理费用很低，受到广泛应用。但这个技术最大的缺点就是噪声大、污染大，对场地边界条件要求高，往往都会因为考虑周边建筑、市政管线、环境等，放弃采用这种处理手段，所以近些年基本都应用在远离城市的郊区。

图 2-2-11　强夯现场设备示意

（2）对于强夯处理地基，通常采用施工减振沟方案。

强夯施工过程中，在夯锤落地的瞬间，大部分动能作用于夯击面，形成竖直向下和水平向的夯击挤密力，加固基础地基，提高地基承载力。同时，也有极少部分动能转化为冲击波，从夯点以波的形式向外传播，并引起地表的振动。夯点周围近距离范围内的地表振动强度达到一定数值时，会造成建筑不同程度的损伤，如表 2-2-3 所示。

不同能级强夯施工振动安全距离建议值　　　　　　　　　　　表 2-2-3

保护对象	不同能级强夯的安全距离（m）			
	8000kN・m	10000kN・m	12000kN・m	15000kN・m
一般砖房、非抗震大型砌块建筑物	40	40	50	50
钢筋混凝土结构房屋	20	20	20	20
水电站及发电厂控制设备	160	170	170	190
新浇大体积混凝土	15	15	20	20

注：根据《爆破安全规程》GB 6722-2003 及以往施工经验。

【资料介绍】根据太原工业大学测振得出振动规律如下：

强夯引起的地面振动，随土质的不同，振动强度也区别很大。土质较软的地层夯击，每锤夯沉量大，夯击动能消耗与挤密变形力就大，引起的振动就小，振动周期长、振速慢、衰减快；较硬的地层，承载力高，有的不需处理，需处理的夯击数也少，但振动大，在周围有建筑物的地方需减振处理。

（1）主动减振沟：距夯点 8~12m（根据能级来确定）以外挖一条深 2~3m（根据建筑物来确定）、宽不到 1m、长度超建筑物两边各 10m 的隔振沟，以减少振源向外辐射的能量；

（2）被动减振沟：距建筑物 7m（根据建筑物来确定）以内挖一条深 2~3m（根据建筑物来确定）、宽不到 1m、长度超建筑物两边各 10m 的隔振沟，以减少振源辐射来的能量。

特殊建筑物需挖以上两条沟，一般建筑物一条沟基本可以。

以上减振沟施工方案，在建筑物附近夯击时，应加强现场检测管理，及时反馈信息，对隔振效果进行评价。分别将一次夯击、二次夯击、满夯的动态信息加以反馈，进行评估。不足之处，修改参数，处理后再进行夯击。

（3）减振沟信息反馈程序如图 2-2-12 所示。

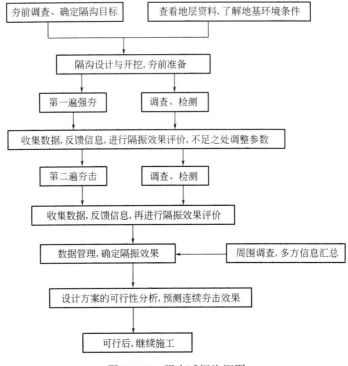

图 2-2-12　强夯减振沟框图

（4）减振沟可以将由振源传来的振波减少 75% 以上，有效地降低对建筑物的损坏，在有减振沟强夯施工的过程中，振动是有的，但损坏是极小的。

（5）减振沟开挖注意事项：

1）减振沟开挖后需有相应的安全防护措施、指示牌；夜间应配备安全警示灯；特别注意对已有建筑的防护。

2）施工前进行安全交底，明确减振沟的深度、位置，施工时注意观测减振沟的变化。

3）专职安全员应加强安全巡逻检查，及时提醒施工人员注意。

4）强夯结束后应及时回填减振沟，分层压实。

5）如夯击面与建筑物正对的边线大于建筑物时，应挖被动减振沟，夯击面必须在其建筑物到减振沟两边延线的扇形范围内；如大于扇形范围，应将减振沟继续挖长，直到满足要求为止。

6）如夯击面与建筑物正对的边线小于建筑物时，应挖主动减振沟，建筑物必须在其夯击面到减振沟两边延线的扇形范围内；如大于扇形范围，应将减振沟继续挖长，直到满足要求为止。

7）如需挖两条减振沟时，两条减振沟间要有一定的距离。

2.1.8　当地下水位变化对建设工程及周边环境安全产生不利影响时，应采取安全、有效的处置措施。

延伸阅读与深度理解

（1）地下水是一种自然体，埋藏于作为地基的岩土中。由于其埋藏条件以及储存水体的空间状态各异，以至于表现出不同的形态与特征，对工程的影响各异，因此，水文地质条件便成为场地与地基条件复杂程度的重要影响因素之一。

（2）在地基基础工程中，应重视场地水文地质条件的查明与研究，注意地下水的作用及其影响，在此基础上提出预测并采取处置措施，以减小地下水对地基基础的危害。

（3）地下水是指由渗透和凝结作用而形成的，存在于岩石和土的孔隙、裂隙或空洞中的气态、液态和固态的水，在地基基础工程中一般分为上层滞水、潜水和承压水。地下水对地基基础工程的影响非常大，很多工程问题都与地下水有直接关系。

（4）近些年，国内如江西、湖南、浙江、河南等地抗浮事故频繁发生，究其根源无非三个问题：

1）抗浮水位的合理确定问题；

2）结构抗浮计算是否合理；

3）抗浮措施是否到位的问题。

【工程案例 8】近年有些地方地下车库由于暴雨引起破坏。

2018 年 8 月 21 日，发生在延吉某小区的地下车库破坏。如图 2-2-13 所示。

图 2-2-13　现场破坏图片

经过当地专家现场分析，给出的结论是：近日延吉市连续降雨，加之小区两边地势较高且地基土处于透水性较强与透水性较差的土层交界处，透水性较差土层阻滞了地下水排泄，导致地下水在该处聚集产生高压水头所致。

笔者分析，很可能是由于基坑肥槽没有处理好引起浮力增大所致：

（1）放坡式开挖的基坑，地下室外墙与边坡之间回填土不密实、透水（图 2-2-14）。此时，造成上浮的是地表水，水位标高在地面。

（2）地下室外墙与竖向围护结构（排桩或帷幕）之间的空间（0.8～1.0m）回填不密实形成水柱造成上浮（图 2-2-15）。此时，造成上浮的是地表水，水位标高在地面。

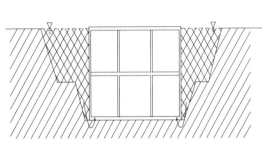

图 2-2-14　自然放坡肥槽

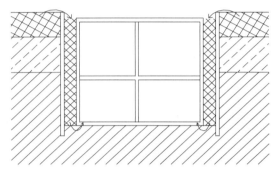

图 2-2-15　支护桩肥槽

【工程案例9】2020 年 7 月，南昌县××工程，又是暴雨惹的祸？

根据业主反映，据不完全统计，南昌县某小区地下室约四十多根柱子爆裂。同时，部分墙体开裂问题明显，地基下沉，顶板开裂。从现场开裂痕迹看，有涉及主体结构质量问题的可能。

7 月 12 日，开发商发布情况说明称：情况属实，已成立专项工作组，政府主管部门已介入。经相关专家现场查勘发现，部分地库尚在施工，顶板覆土还未完成。连日来受持续强降水影响，地下水浮力增大导致柱体裂缝。当地住房和城乡建设局回复称，已责令施工单位编制加固方案，已聘请专家现场鉴定分析原因。图 2-2-16 为现场破坏图片。

图 2-2-16　现场破坏图片

7 月 25 日，南昌县住房和城乡建设局组织召开了"关于××地块地下车库局部开裂事件"的专家组首次论证会。会上，专家组要求检测单位再次对北地块 1～19 号主楼建筑倾斜率进行了一次观测，以便对照分析。

检测单位于次日（7月26日）上午对北地块1～19号主楼建筑倾斜率再次进行了观测，并于当天下午提供了观测报告。

7月26日下午，南昌县住房和城乡建设局再次组织召开了"关于××北地块地下车库局部开裂事件"的专家组第二次论证会。

论证会期间，专家组认真审阅了参建五方责任主体单位提供的技术资料、地勘报告、设计图纸、抗浮计算书、事件经过现场记录，检测单位出具的地下车库顶板、结构柱、地板观测报告和混凝土芯样检验报告及北地块1～19号主楼建筑倾斜率间隔6天的二次观测报告等资料；专家组听取了建设单位及勘察、设计、施工、监理五方单位代表就项目自查情况、事件发生经过包括事件发生后的应急处置的详细汇报，并分别对参建五方责任主体单位进行了质询。同时，还听取了检测单位的检测情况汇报。

经综合分析、充分讨论，最后专家组一致形成主要意见如下：

（1）事故发生原因。顶板未覆土压重，回填土之间形成渗流通道。

事件发生时该地下室顶板抗浮设计要求覆土厚度为1.2～1.35m，实际顶板未及时覆土。地下室底板坐落在填土层上，地下室基坑与地下室外墙间的回填土及地下室底板下填土，形成了渗流通道，地表积水渗入地下室底板下导致了地下室上浮。

（2）事故发生直接原因。后浇带封闭，未覆土回填，防汛一级响应未采取应对措施。

尽管7月上旬南昌县连续多日暴雨导致水位持续上涨是事件发生的客观因素，但施工总承包单位在省防汛指挥部于7月10日10时将防汛三级应急响应提升至二级，省应急厅、省水利厅于7月10日10时分别启动了防汛救灾一级应急响应和防汛一级应急响应（7月11日江西省启动了防汛一级响应）以及在明知××北地块1号楼与6号楼之间地下车库顶板事件发生区域后浇带已封闭且顶板覆土未回填的情况下，没有采取及时有效的应急措施，是导致该区域地下车库上浮的直接原因。

监理单位存在对汛期施工应急预案落实不力的情况，在已启动了防汛二级应急响应的汛期未对地下车库局部顶板未覆土情况下的应急响应措施进行有效的监管。

（3）未对主楼结构造成影响，结构破坏仅发生在无梁楼盖区域。

根据检测单位出具的北地块1～19号主楼建筑倾斜率观测报告及地下车库顶板、结构柱、底板观测报告，专家组经查阅设计施工图，认为：本项目地下车库顶板采用了两种现浇楼盖结构，即主楼及外扩一跨纯地下车库顶板范围内采用了梁板结构，其他部位的纯地下车库顶板均采用了无梁楼盖（带柱帽）结构，在纯地下车库顶板上形成了梁板结构及无梁楼盖结构的过渡区域。

1号楼和6号楼之间的局部地下车库（4-17轴交D-N轴）上浮后35个结构柱及部分顶板、底板、柱帽开裂区域仅发生于无梁楼盖结构区域，其顶板、柱帽开裂位置沿无梁楼盖结构邻近梁板结构的过渡区域的内侧发生，此部位的顶板、柱帽开裂后有效释放了该区域地下车库上浮后的附加应力及变形，没有对主楼结构安全造成影响。北地块1～19号主楼建筑倾斜率间隔6天的二次检测报告反映主楼建筑倾斜率均在安全范围内。

（4）地库施工质量满足规范要求，与无梁楼盖结构形式与本次上浮事件无直接因果关系。

根据地下车库施工验收资料及检测单位出具的混凝土芯样检验报告，北地块该区域地下车库施工质量符合设计及验收要求；无梁楼盖结构在此地下车库上浮事件中无直接因果关系。

因地下车库上浮而受损的地下车库顶板、结构柱、柱帽、地板等构件经加固、补强或更换并达到相关规范要求以及地下车库顶板覆土回填达到设计要求后，地下车库可正常安全使用。

【**抗浮计算案例**】2021年全国注册岩土工程师考试抗浮验算题。

题目：位于砂土地基平面为圆形的钢筋混凝土地下结构，基础筏板自外墙挑出1.5m，结构顶板上覆土2.0m，基坑侧壁与地下结构外墙之间填土，如图2-2-17所示。

已知地下结构自重为11000kN，填土、覆土的饱和重度均为19kN/m³，忽略基坑侧壁与填土之间的摩擦力，当地下水位在地表时，该地下结构的抗浮稳定系数最接近下列哪个选项？

(A) 0.8   (B) 1.0   (C) 1.1   (D) 1.2

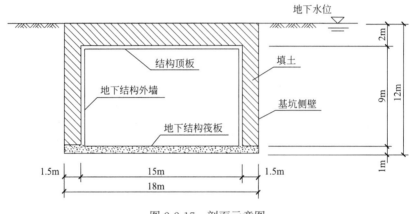

图 2-2-17   剖面示意图

据说当年有以下两种算法：

方法一：采用整体法，土按饱和重度计算。依据《建筑地基基础设计规范》GB 50007-2011 第5.4.3条

$G_k = 3.14 \times (9^2 - 7.5^2) \times 9 \times 19 + 3.14 \times 9^2 \times 2 \times 19 + 11000 = 33954.185 kN$

$N_{w,k} = 3.14 \times 9^2 \times 12 \times 10 = 30520.8 kN$

$G_k / N_{w,k} = 1.11$

选择答案C。

方法二：采用分算法，水土分别计算，土按浮重度。

(1) 侧壁两侧填土浮重 $G_1 = 3.14 \times (9^2 - 7.5^2) \times 9 \times (19 - 10) = 6294.915 kN$

(2) 结构顶部土浮重 $G_2 = 3.14 \times 9^2 \times 2 \times (19 - 10) = 4578.12 kN$

$G_k = G_1 + G_2 + 11000 = 21873.035 kN$

$N_{w,k} = 3.14 \times 7.5^2 \times 9 \times 10 + 3.14 \times 9^2 \times 1 \times 10 = 18439.65 kN$

$G_k / N_{w,k} = 1.19$

选择答案D

标准答案是D。

对于这个计算，笔者认为可以这样考虑：

(1) 浮力就应该等于排开水的体积 $N_{w,k} = 3.14 \times 7.5^2 \times 9 \times 10 + 3.14 \times 9^2 \times 1 \times 10 =$

18439.65kN

（2）填土自重 $G_1 = (3.14 \times 9^2 \times 11 - 3.14 \times 7.5^2 \times 9) \times (19-10) = 10873.035$kN

（3）结构自重 $G_2 = 11000$kN

$G_k = G_1 + G_2 = 21873.035$kN

则 $G_k/N_{w,k} = 1.19$

选择 D，这样更容易理解吧。

笔者针对以上抗浮事故，提醒设计、甲方、监理注意以下问题：

（1）今后如果施工中遇到类似情况，建议顺应自然，不要强行堵水，应该让水自然灌入地下结构，待暴雨之后，再抽水并及时覆盖上部土。

（2）高层结构的周围一般有较低的裙房或地库，当两者作为一个整体验算时，高层部分的结构荷载大，整体抗浮一般没有问题，而较低的裙房或地库结构荷载小，可能出现局部抗浮不足的问题。因此，裙房或地库抗浮设计必须进行整体抗浮和分区、分块的局部抗浮验算。地下室结构在整体上浮力的作用下，其受力可能发生很大的变化，可能跨度变大，有时甚至成为悬臂结构，因此，局部抗浮不能忽略。

（3）有不少设计师只计算上部结构总自重标准值大于总的水浮力值，就认为抗浮设计满足要求，未分析其上部自重荷载的分布和抗浮力的传递途径，造成局部范围因抗浮压力或拉力小于水浮力，导致底板隆起，甚至造成地下室及上部结构构件大面积破坏。

（4）有些设计人员和甲方人员对地表水作用认识不足，当地下室地基为不透水的岩层且支护严密的基坑时，认为不存在水浮力，造成施工期间或使用期间地下室上浮破坏的盲点。此类基坑一旦暴雨来临，地面的地表水可能流入基坑，低洼场区或城区地下排水管道复杂的地段，极易形成"水盆"效应，基坑成为"大水盆"，地下室就是"小水盆"。有些设计人员和施工人员对"水盆"效应认识不足，设计图纸对施工时抗浮措施的要求只字不提，施工人员在施工过程中不关注降水或在抗浮结构未达到设计预定目标时就停止降水，该类地下室上浮事件在南方地区时有发生。

2.1.9　地下水控制工程应采取措施防止地下水水质恶化，不得造成不同水质类别地下水的混融；且不得危及周边建（构）筑物、地下管线、道路、城市轨道交通等市政设施的安全，影响其正常使用。

 延伸阅读与深度理解

（1）本条提出了地下水控制工程不得导致地下水水质恶化，以及水质产生类别上的变化的要求。

（2）本条源自行业标准《建筑与市政工程地下水控制技术规范》JGJ 111-2016 第3.1.9条（强制性条文）。

（3）地表水、地下水体受到污染，会严重影响人们的饮水安全。如果地下水控制工程实施过程中出现问题，会进一步恶化地下水水质，而且地下水的污染几乎是不可逆的，很难修复。

（4）今后越来越多的城市更新工程，都会遇到改扩建施工与现有地下管线交叉等问题，特别是原地下管线资料匮乏，物探精度的限制，搞不好就会出现施工过程中发生意外情况，如大家可能经常会听到某某工程施工中出现燃气、给水排水管破坏的案例。为此本规范规定：不得危及周边建（构）筑物、地下管线、道路、城市轨道交通等市政设施的安全，影响其正常使用。

（5）由于人类活动特别是工业活动对地下水造成了很大影响，特别是我国有很多冶炼工厂，在生产过程中就会产生很多污染介质，如果处理措施不当，就会出现难以修复的污染。

（6）地下水控制设计单位应制定防止地下水水质恶化的措施；施工单位施工期间应严格落实相关措施；监测单位应及时进行监测、检验。

（7）施工单位、监理单位等发现问题应及时报告，分析原因，果断采取处理措施。

【举例说明】《岩土工程勘察规范（2009年版）》GB 50021-2001，对地下水腐蚀等级进行了调整。

2001版是：无腐蚀、弱腐蚀、中等腐蚀、强腐蚀；

2009版是：微腐蚀、弱腐蚀、中等腐蚀、强腐蚀；

笔者解读：也就是说我们国家的地下水已经没有不腐蚀的地域，只是腐蚀强弱的差异而已。

2.1.10 对特殊性岩土、存在不良地质作用和地质灾害的建设场地，应查明情况，分析其对生态环境、拟建工程的影响，提出应对措施，并对应对措施的有效性进行评价。

 延伸阅读与深度理解

（1）岩溶、崩塌、滑坡、泥石流、活动断裂、采空区等不良地质作用和地质灾害，湿陷性黄土、膨胀土、软土、盐渍土、多年冻土等特殊性岩土，由于其类型、成因、构造、分布及规律、岩土性状、工程特性及物理力学性质指标比较特殊，对工程安全和正常使用影响巨大，因此应分析判断其对拟建工程的影响，并提出应对措施，以确保拟建工程的安全。

（2）对于坡地建筑与滑坡

1）在坡地上建筑，除主体建筑外，经常会布置一些为保护主体工程安全使用，而又不可少的围护工程。失败工程案例不止一次地提醒我们，在安排施工顺序上，一定要坚持围护工程施工在前的原则；对于一些危险斜坡，要坚持先支护后开挖的原则。

2）坡地建筑，难免有一定的土石方挖填，不恰当的开挖可能造成斜坡岩土稳定条件的恶化，导致斜坡变形或破坏。大量无组织的堆填除带来土的利用评价问题之外，还会由于土的堆载造成自身或下方斜坡土体的稳定破坏。

2.2 设计

2.2.1 地基基础工程应根据设计工作年限、拟建场地环境类别、场地地质全貌及勘察成果资料、地基基础上的作用和作用组合进行地基基础设计，并应提出施工及验收要求、工程监测要求和正常使用期间的维护要求。

延伸阅读与深度理解

（1）地基基础设计，首先应依据地上主体建筑的设计工作年限确定地基基础的设计工作年限，一般均与上部结构一致。

（2）地基基础除了正常的强度及变形验算外，还应对施工及验收提出相应的要求。

（3）同时，对工程的监测和设计工作年限之内正常维护提出要求。

如《工程结构通用规范》GB 55001-2021：

2.1.7　结构应按设计规定的用途使用，并应定期检查结构状况，进行必要的维护和维修。严禁下列影响结构使用安全的行为：

1　未经技术鉴定或设计许可，擅自改变结构用途和使用环境；

2　损坏或者擅自变动结构体系及抗震设施；

3　擅自增加结构使用荷载；

4　损坏地基基础；

5　违规存放爆炸性、毒害性、放射性、腐蚀性等危险物品；

6　影响毗邻结构使用安全的结构改造与施工。

2.2.2　地基基础设计时，所采用的作用效应与相应的抗力限值应符合下列规定：

1　按地基承载力确定基础底面积及埋深或按单桩承载力确定桩数时，传至基础或承台底面上的作用效应应按正常使用极限状态下作用的标准组合；相应的抗力应采用地基承载力特征值或单桩承载力特征值。

2　计算地基变形时，传至基础底面上的作用效应应按正常使用极限状态下作用的准永久组合，不应计入风荷载和地震作用；相应的限值应为地基变形允许值。

3　计算挡土墙、地基或滑坡稳定以及基础抗浮稳定时，作用效应应按承载能力极限状态下作用的基本组合，但其分项系数均为1.0。

4　在确定基础或桩基承台高度、支挡结构截面、计算基础或支挡结构内力、确定配筋和验算材料强度时，上部结构传来的作用效应和相应的基底反力、挡土墙土压力以及滑坡推力，应按承载能力极限状态下作用的基本组合，采用相应的分项系数；当需要验算基础裂缝宽度时，应按正常使用极限状态下作用的标准组合。

 延伸阅读与深度理解

（1）本条规定源自国家标准《建筑地基基础设计规范》GB 50007-2011 第 3.0.5 条（强制性条文）。

（2）地基基础设计时，所采用作用的最不利组合和相应的抗力限值应符合以下规定：

1）当按地基承载力计算和地基变形计算以确定基础底面积和埋深时，应采用正常使用极限状态，相应的作用效应为标准组合和准永久组合的效应设计值。

2）在计算挡土墙、地基、斜坡的稳定和基础抗浮稳定时，采用承载能力极限状态作用的基本组合，但规定结构重要性系数 γ_0 不应小于 1.0，基本组合的效应设计值 S 中作用的分项系数均为 1.0。

3）在根据材料性质确定基础或桩台的高度、支挡结构截面，计算基础或支挡结构内力、确定配筋和验算材料强度时，应按承载能力极限状态采用作用的基本组合。

4）特别注意，地基基础要求基础裂缝验算采用的是"标准组合"。

但笔者认为这个要求不尽合理，《混凝土结构设计规范（2015 年版）》GB 50010-2010 第 3.4.4 条明确规定普通混凝土构件裂缝验算是采用"准永久组合"。

5）地基承载力特征值可由载荷试验或其他原位测试、公式计算，并结合工程实践经验等方法综合确定。

6）本规范只提出计算地基变形时，考虑的作用效应组合。并未提及哪些情况需要计算变形。笔者建议读者依然可参考《建筑地基基础设计规范》GB 50007-2011 第 3.0.2 条（强条）执行。

① 所有建筑物的地基计算均应满足承载力计算的有关规定。

② 设计等级为甲、乙级的建筑，均应按变形设计。

③ 设计等级为丙级的下列情况之一时应作变形验算。

A. 地基承载力特征值小于 130kPa，且体型复杂的建筑；

B. 在基础上及其附近有地面堆载或相邻基础荷载相差较大，可能引起地基产生过大的不均匀沉降时；

C. 软弱地基上的建筑存在偏心荷载时；

D. 相邻建筑距离近，可能发生倾斜时；

E. 地基内有厚度较大或厚薄不均匀的填土时，自重固结未完成时。

【工程案例 10】2020 年赤峰某工程就是采用地勘的载荷试验与原位测试的综合法确定的天然地基承载力特征值作为基础设计依据。

（1）地勘报告（详勘）的建议

天然地基持力层选择。本工程为明挖工程，从工程地质剖面图中可以看出，结构底板所在地层主要为圆砾层，工程性质较好。建议本工程金街及地下车库可以采用圆砾③为基础持力层，采用钢筋混凝土独立柱基础，1~3 号楼可采用圆砾④层作为持力层，采用筏形基础。

天然地基设计参数：本工程地基基础设计 L1 号、L2 号、L3 号为甲级，地基土承载力利用土工试验成果资料、重型圆锥动力触探资料，根据相关规范，并结合本地区经验综合确定（表 2-2-4）。

天然地基设计参数　　　　　　　　　　　　表 2-2-4

土名及层号	地基承载力特征值 f_{ak}(kPa)	压缩模量 E_{s1-2}(MPa)	变形模量 E_0(MPa)	黏聚力 c(kPa)	内摩擦角 ϕ(°)
杂填土①	—			0.00	15.00
粉土②	135	6.50	—	4.90	25.10
圆砾③	400		35.00	0.00	48.00
圆砾④	480	—	35.00	0.00	52.00

（2）原位测试报告

受赤峰松山××地产发展有限公司的委托，北京××岩土工程技术发展有限责任公司对松山××广场5号地块L1～L3号、S1商铺、地下车库工程进行天然地基浅层平板静载荷试验；并结合岩土工程勘察报告，在场地内共布置3个试验点，试验点选择在基础持力层含有细砂夹层的最不利适当位置，满足了高层场地试验点控制要求，每处试验点最大加载量为1080～1200kPa。目的是确定该场地高层建筑浅部地基土层在承压板下应力主要影响范围内的承载力特征值，为设计单位提供可靠的天然地基承载力特征值。3个点地基承载力特征值实测值及变形模量见表2-2-5。

相关测试数据　　　　　　　　　表 2-2-5

试验区域	试验点号	最终试验荷载		实测承载力特征值		地基承载力特征值(kPa)	变形模量 E_0(MPa)	
		对应荷载(kPa)	对应沉降(mm)	对应荷载(kPa)	对应沉降(mm)		计算值	推荐值
松山××广场5号地块	JZ1	1200	60.46	540	6.68	520	66.39	45
	JZ2	1200	60.54	540	6.97		63.63	45
	JZ3	1080	60.46	480	5.00		78.85	45

（3）试验结论及建议

依据地基土浅层平板静载荷试验结果，场地内3个试验点覆盖了整个项目场地，试验点选择在基础持力层含有细砂夹层的最不利适当位置，本次荷载试验具有代表性，并结合室内土工试验、现场原位测试及地勘报告，综合分析：场地高层建筑物第④层圆砾承载力特征值为460kPa。

基于以上资料，笔者建议设计师这样在设计图中书写：

根据北京××岩土工程技术有限公司《松山××广场5号地块金街、1～3号楼、地下车库岩土工程勘察报告（详细勘察）》工程编号：（2020-S067）建议的持力层为第4层，承载力特征值为480kPa。但依据《试验报告》（北京××BJZJK（2020-S067）），基底持力层为第④层圆砾，地基承载力特征值为460kPa，所以设计按照460kPa进行基础设计。

2.2.3　基坑工程、边坡工程设计时，应根据支护（挡）结构破坏可能产生后果（危及人的生命、造成经济损失、对社会或环境产生影响等）的严重性，采用不同的安全等级。支护（挡）结构安全等级的划分应符合表2.2.3的规定。

表 2.2.3　支护（挡）结构的安全等级

安全等级	破坏后果
一级	很严重
二级	严重
三级	不严重

延伸阅读与深度理解

（1）支护（挡）结构的安全等级划分，是依据国家工程建设强制性规范《工程结构通用规范》GB 55001-2021 对工程结构安全等级的确定原则，按破坏后果严重程度，将支护（挡）结构划分为三个安全等级。

（2）对基坑支护而言，破坏后果具体表现为支护结构破坏、土体过大变形对基坑周边环境及主体结构施工安全的影响。支护结构的安全等级，主要反映在设计时支护结构及其构件的重要性系数和各种稳定性安全系数的取值上。

（3）对边坡支挡结构而言，将支挡结构划分为三个安全等级，如由外倾软弱结构面控制边坡稳定的边坡工程和工程滑坡地段的边坡工程，其边坡稳定性很差，发生边坡塌滑事故的概率高，且破坏后果常很严重，边坡塌滑区内有重要建（构）筑物的边坡工程，破坏后直接危及重要建（构）筑物安全，后果极其严重，对这种边坡工程安全等级应确定为一级。

（4）在此特别提醒，基坑支护单位往往都是依据主体设计单位提供的各建筑地基基础底标高来进行基坑支护方案设计，这对于采用天然地基或桩基础的设计问题不大，但对于进行地基处理，特别是采用换填或压实地基处理时，可能就存在隐患。

如：某地基基础底标高为自然地面以下 8.8m，但设计要求换填深度 2m，此时基坑支护就应按 10.8m 深考虑，而不能按 8.8m 考虑。

2.2.4 地基、基础设计应包括下列内容：

1 作用和作用组合确定；

2 地基、基础承载力计算；

3 地基变形计算和稳定性验算；

4 耐久性设计；

5 受地下水浮力作用的抗浮设计；

6 地基、基础工程施工及验收检验要求；

7 地基、基础工程监测要求。

 延伸阅读与深度理解

（1）本条规定了地基、基础设计应包括的主要内容。

（2）地基、基础设计应满足承载力、变形和稳定性要求；

（3）受地下水浮力作用时，应进行抗浮设计，由于抗浮设计考虑不周引起的工程事故很多，必须引起高度重视。

（4）由于场地与地基条件复杂多变以及岩土特性参数的不确定性，地基设计计算结果和实测结果之间存在差异，加之施工场地也存在各种复杂因素的影响，地基、基础方案能否真实地反映地基、基础工程的实际状况，只能在实施过程中才能得到最终的验证，其中现场监测是验证的重要手段，为此设计中应提出工程监测要求，对保证地基、基础施工与周边环境的安全非常重要。

（5）关于地基基础耐久性设计，主要需要结合地下水或土壤对钢材或混凝土的腐蚀介质及腐蚀等级，读者可按《工业建筑防腐蚀设计标准》GB/T 50046-2018 进行耐久性设计。

（6）关于地基承载力计算，应参照现行《建筑地基基础设计规范》GB 50007-2011 第5.2.4条。

5.2.4　当基础宽度大于3m或埋置深度大于0.5m时，从载荷试验或其他原位测试、经验值等方法确定的地基承载力特征值，尚应按下式修正：

$$f_a = f_{ak} + \eta_b \gamma (b - 3) + \eta_d \gamma_m (d - 0.5) \tag{5.2.4}$$

式中：f_a——修正后的地基承载力特征值（kPa）；

$\quad\ f_{ak}$——地基承载力特征值（kPa），按本规范第5.2.3条的原则确定；

$\ \eta_b$、η_d——基础宽度和埋置深度的地基承载力修正系数，按基底下土的类别查表5.2.4取值；

$\quad\ \gamma$——基础底面以下土的重度（kN/m³），地下水位以下取浮重度；

$\quad\ b$——基础底面宽度（m），当基础底面宽度小于3m时按3m取值，大于6m时按6m取值；

$\quad\ \gamma_m$——基础底面以上土的加权平均重度（kN/m³），位于地下水位以下的土层取有效重度；

$\quad\ d$——基础埋置深度（m），宜自室外地面标高算起。在填方整平地区，可自填土地面标高算起，但填土在上部结构施工后完成时，应从天然地面标高算起。对于地下室，当采用箱形基础或筏基时，基础埋置深度自室外地面标高算起；当采用独立基础或条形基础时，应从室内地面标高算起。

表 5.2.4　承载力修正系数

土的类别		η_b	η_d
淤泥和淤泥质土		0	1.0
人工填土 e 或 I_L 大于等于 0.85 的黏性土		0	1.0
红黏土	含水比 $\alpha_w > 0.8$	0	1.2
	含水比 $\alpha_w \leqslant 0.8$	0.15	1.4
大面积 压实填土	压实系数大于 0.95、黏粒含量 $\rho_c \geqslant 10\%$ 的粉土	0	1.5
	最大干密度大于 2100kg/m³ 的级配砂石	0	2.0
粉土	黏粒含量 $\rho_c \geqslant 10\%$ 的粉土	0.3	1.5
	黏粒含量 $\rho_c < 10\%$ 的粉土	0.5	2.0
e 及 I_L 均小于 0.85 的黏性土		0.3	1.6
粉砂、细砂(不包括很湿与饱和时的稍密状态)		2.0	3.0
中砂、粗砂、砾砂和碎石土		3.0	4.4

注：1　强风化和全风化的岩石，可参照所风化成的相应土类取值，其他状态下的岩石不修正；

　　2　地基承载力特征值按本规范附录D深层平板载荷试验确定时 η_d 取0；

　　3　含水比是指土的天然含水量与液限的比值；

　　4　大面积压实填土是指填土范围大于两倍基础宽度的填土。

特别提醒各位设计师注意：在进行深度、宽度系数选择时，必须仔细阅读地勘报告提供的各项指标。如：对于黏性土（含粉质黏土），需要关注孔隙率 e 及液限指数 I_L。

【工程案例11】2021年河北廊坊大厂某工程。

工程概况：本工程有高层（18F/1B）、多层叠拼（6～8F/1B、洋房6F/1B）及地下车库等建筑物。如图2-2-18所示。

图 2-2-18　工程效果图

地勘报告及设计相关内容：

（1）该场地抗震设防烈度为8度，设计地震基本加速度值为0.30g，设计地震分组为第二组，场地类别为Ⅲ类，设计特征周期为0.55s，无地震液化土层等不良，为建筑抗震一般地段；

（2）该场地标准冻结深度为0.8m；

（3）对于拟建高层等住宅楼，天然地基承载力不能满足设计要求，可采用桩基或复合地基方案，并对处理后的地基进行变形验算；

（4）对于其他拟建多层住宅楼，基础埋深5.0m左右，经初步估算以③层粉质黏土作为持力层，天然地基能够满足设计要求，可采用天然地基、筏板基础形式，③层粉质黏土作为地基持力层，承载力特征值可按 $f_{ak}=100$kPa 考虑；

（5）各土层承载力建议值见表2-2-6。

各土层 f_{ak} 一览表　　　　　　　　　　表 2-2-6

土层名称	f_{ak} 建议值(kPa)
①层素填土	不计
②层粉土	110
②1层粉质黏土	100
③层粉质黏土	100
④层粉土	120
⑤层粉质黏土	110

续表

土层名称	f_{ak} 建议值(kPa)
⑥层粉土	130
⑦层粉质黏土	110
⑧层粉土	150
⑧1层粉质黏土	120
⑨层粉质黏土	130
⑩层粉砂	190
⑪层粉质黏土	140
⑫层粉砂	200
⑫1层粉质黏土	140
⑬层粉质黏土	150

（6）各层土状态指标及侧阻、端阻见表 2-2-7。

各层土状态指标及侧阻、端阻　　　　　　　　表 2-2-7

土层序号	土层名称	土的状态		水下钻孔桩(kPa)		干作业钻孔桩(kPa)	
		e	I_L	q_{slk}	q_{sk}	q_{slk}	q_{pk}
②	粉土	0.780		44		44	
②1	粉质黏土		0.54	42		42	
③	粉质黏土		0.57	43		43	
④	粉土	0.661		46		46	
⑤	粉质黏土		0.58	45		45	
⑥	粉土	0.614		55	500	55	1100
⑦	粉质黏土		0.51	48	450	48	800
⑧	粉土	0.619		60	650	60	1200
⑧1	粉质黏土		0.50	53	450	53	800
⑨	粉质黏土		0.48	55	600	55	1000
⑩	粉砂	密实		64	900	64	1700
⑪	粉质黏土		0.48	55	650	55	1200

本工程四周均为车库，车库及住宅关系图（剖面）如图 2-2-19 所示。

（7）设计师复核的承载力为：

$$f_a = f_{ak} + \eta_b \gamma (b-3) + \eta_d \gamma_m (d-0.5)$$

$$= 100 + 0.3 \times 11 \times (6-3) + 1.6 \times 12 \times (3-0.5) = 157.9 kPa$$

对于地上 6 层：上部结构及基础估算 $= 6 \times 15$（地上）$+ 35$（地下）$= 125 kPa$

对于地上 8 层：上部结构及基础估算 $= 8 \times 15$（地上）$+ 40$（地下）$= 160 kPa$

由以上初步计算可以看出：6～8 层的住宅可以考虑采用天然地基基础。

但在笔者审图时发现，地勘还提供了③层土的孔隙比 e 值为 0.899。

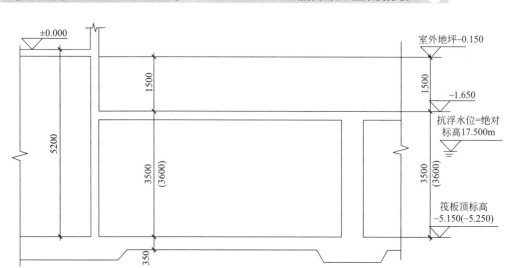

图 2-2-19 住宅与车库局部剖面图

这样，显然原设计估算存在安全隐患了，即深度、宽度修正系数取值不合适。

按③层粉质黏土 e 大于 0.85 考虑，宽度系数 0，深度系数 1.0。

$$f_a = f_{ak} + \eta_b \gamma (b-3) + \eta_d \gamma_m (d-0.5)$$
$$= 100 + 1.0 \times 12 \times (3-0.5) = 130 \text{kPa}$$

显然 8 层住宅采用天然地基基础方案不尽合理。

通过这个案例提醒读者：承载力计算务必仔细阅读地勘报告相关内容，不能仅看报告正文。笔者个人认为这里其实就是一个"坑"。

（7）由近年几个抗浮事故判罚提醒读者注意。

【工程案例 12】山东某地下车库抗浮事故判罚。

法院最终判罚结果：

勘察单位：未提供地下水位变化幅度，补充说明提供的地下水位建议值不准确。勘察判赔 1730 万元（25%）。

设计单位：设计因案涉场地未见地下水，故无需对案涉工程地下室进行抗浮设计的理由并不充分。应当秉持专业的精神，最大限度地尽到专业机构的注意义务。设计判赔 692 万元（10%）。

施工单位：防水混凝土结构厚度不应小于 250mm，其允许偏差应为 +8mm、−5mm，事故的发生是由于施工偏差造成的。施工单位判赔 692 万元（10%）。

【工程案例 13】贵州某医院地下车库抗浮事故判罚。

案涉鉴定意见书已然明确，本案事故的发生系勘察单位错误确定抗浮水位、施工单位的不作为行为所致。

判处勘察单位承担 80%。

施工单位承担 20%。

勘察院在进行本案工程勘察设计工作中，并未按中华人民共和国国家标准《岩土工程勘察规范》GB 50021-2009 中第 7.1.1 条的规定执行。

勘察院出具的地勘报告表述，本案工程的地下水抗浮水位确定参考了遵义县水文地质工作经验，未综合分析黔西县本地区水文地质和气候条件。工程勘察报告中地下室抗浮设防水位的确定方法考虑因素不全面，方法不严谨，地勘报告在确定抗浮水位时，存在低估水位的可能性，贵州地质勘察院对抗浮水位的设定不当是导致建筑物上浮开裂变形的主要原因，应承担本案事故的主要责任。

此处所述暴雨只是本次事故的诱因，并非事故成因，且北京建研院出具的鉴定意见书第 19 页对黔西县历史降水统计的叙述，事故发生日的降水量为 62.3mm，远小于黔西县日最大降水量记录。涉案工程所在地每年 6 月均属于丰水期，工程裂缝发现时间日降水量较大，但对比所提供的降水数据，其降水量是降水期可预期水量。因此，暴雨因素并非本案事故发生的主要原因。

【工程案例 14】浙江某地下车库抗浮事故判罚案例。

法院认为：抗浮设计分两种情况，即地下水的渗出和地表水流入对地下室的抗浮的设计。对地表水的抗浮本身就不属于勘察的范围；对于地下水是否要进行勘察的问题，勘察公司根据建设方提供的规划图纸（无地下室部分的规划）进行了勘察是合法合理的，且其出具的勘察报告，各方均无异议。

地下室局部起拱及部分结构构件受损主要是由于地表水渗入基坑四周，使地下水位上升，导致地下室底板受水浮力，而地下室自重不足以抵抗水浮力所致，鉴定结论为应对地下室采取有效的抗浮措施，对地下室受损构件采取有效的处理措施。

法院认为："设计院对设计失误造成的工程质量事故损失需要承担赔偿责任是知情和明确的，其有关承担 90% 质量事故损失超出合同订立时预期及设计单位最多在设计费范围内承担责任的理由，均无法律和事实依据。"设计院应承担 90%（368609.4 元）的工程加固费用。

从这三起司法宣判的建设工程浮起、地下结构破坏案例看，有以下几个共同特点：

1）勘察时地下水位低于基础底板，基底以上地层以弱透水层为主；

2）都是在当地强降雨之后出现事故；

3）都是地下水基础外肥槽渗入。对造成底板浮起和破坏的原因是地表水渗入基坑肥槽导致基础底板下的地下水压力增加，得到了各责任主体的认可。这种情况通常称为"水盆"效应，它与通常认知的场地地下水上升导致底板浮起和破坏有明显不同。对于这种情况究竟由哪个责任主体负责，相关行业专家看法差异都难以统一，各地法院宣判的结果也有很大差异，有的判勘察单位承担主要责任，有的判设计单位负主要责任，一审判决和二审判决结果也存在较大差异。

（9）通过上述几个案例，笔者想再次提醒各位设计师朋友注意以下几个方面：

1）作为设计师一定要对各方的资料进行必要的评估、咨询，在自己单位的能力范围内确认其无误、有效后方可用于工程设计。比如：抗浮设防水位问题，大家一定要注意现在地勘单位一般都给出抗浮水位建议值，同时后面紧接着会说：如需准确数据，应进行专门的水文地质评价。这里潜台词就是"设计院看是否需要准确数据"吧。比如，某工程地下水水位埋深，经勘察初步查明场区浅层地下水为第四系松散层孔隙潜水，勘察期间稳定水位埋深 5.70～7.20m，标高 4.58～6.22m，高差 1.64m。水位埋深受季节、气候、降水等因素影响而有所变化。地下水年变幅约 1.5m。抗浮设防水位按近年最高水位以地表以下 3.0m 考虑。如需准确数据，应进行专门的水文地质评价。

2）对施工单位施工期间及甲方今后使用维护提出必要的说明。

3）基坑肥槽回填必须重视，仅仅满足理论设计要求不一定合适，必须结合工程各种边界条件提出切实可行的回填方案。

4）同时，也应提出对降雨预防措施。

① 地下结构外围周边地表应设置混凝土等弱透水材料封闭带，范围宜扩至地坑肥槽边缘以外不小于1.0m。

② 场地应设置与渗水井、排水盲沟及泄水沟等形成有组织排水系统的截水沟、排水沟。

③ 给水排水管道的接口、沟、涵等应采取防渗漏措施。

5）基础底不得设置透水性较强的材料垫层，超挖土方宜采用混凝土或预拌流态固化土等回填。

（10）关于肥槽回填材料的合理选择问题讨论及建议。

所谓"肥槽"指基础、地下室外墙与基坑支护内壁之间的空间，目前的基坑越来越深，肥槽的宽度越来越小。如一些基坑的深度近30m，肥槽的宽度只有0.8m。肥槽的回填材料、回填质量对建筑物的整体稳定性、管线的正常使用、基础的安全都至关重要，但常常被相关单位忽视，一些设计人只提设计参数，如土的压实系数要求，不考虑施工单位能否实现；而一些施工和监理单位错误地认为回填土不是结构，对回填土施工质量重视不够。

目前的常见肥槽回填现状：部分工程肥槽回填采用土方车或铲车直接倒入的填土方式，监理也疏于管理，导致肥槽回填质量极差。以北京某大厦肥槽回填为例，采用该方法回填后不到两年时间，由于水的浸泡，导致肥槽部位填土沉降陷落，进而导致该部位埋设的多种管线折断，造成该大厦停电停水停气等严重后果。为了修复肥槽填土使之密实，采用了小型设备（单管旋喷钻机）进行高压旋喷注浆，相关造价近400万元，建设方被迫起诉施工方。这是一起典型的由于肥槽回填施工质量引起的合同纠纷案例。

还有部分工程因肥槽狭窄，无法实施回填土分层夯实，又考虑低强度等级混凝土和砂浆造价较高，选择了级配砂石作回填料，相应采用了"水夯法"（即边填料边用水冲使之密实），这种做法也是不可取的。这些水对该部分建（构）筑物的浮力不可忽视，某工程由于采用水夯法回填肥槽导致底板开裂即是这类案例。

现行相关规范、标准对肥槽回填的要求：

1）《高层建筑混凝土结构技术规程》JGJ 3-2010

12.2.6　高层建筑地下外围回填土应采用级配砂石、砂土或灰土，并分层夯实。

说明：笔者认为这个要求可解决结构地下侧限问题，但阻止不了地表水浸入形成的"水盆"效应。

另外还需注意，有的工程为了解决结构侧向需要以及肥槽发生"水盆"效应，采用低强度等级混凝土回填，这种方法在某些情况下也是不合适的：

12.3.2　高层建筑结构基础嵌入硬质岩石时，可在基础周边及底面设置砂质或其他材质褥垫层，垫层厚度可取50～100mm；不宜采用肥槽填充混凝土做法。

2）《高层建筑筏形与箱形基础技术规范》JGJ 6-2011

6.1.2　地下施工完应及时进行回填，回填土应按设计要求选料，回填分层夯实，压实系数不应小于 0.94。

3）《地下工程防水技术规范》GB 50108-2008

10.0.6　明挖地下工程的混凝土和防水层的保护层验收合格后，应及时回填，并应符合下列要求

1　基坑内杂物应清理干净、无积水。

2　工程周围 800mm 以内宜采用灰土、黏土回填，其中不得含有块石、碎砖、灰渣、有机杂物以及冻土。

3　回填施工应均匀对称进行，并应分层夯实。人工夯实每层厚度不应大于 250mm，机械夯实每层厚度不应大于 300mm，并应采取保护措施。

4）《建筑地基基础设计规范》GB 50007-2011

8.4.24　筏形基础地下施工完毕后，应及时进行地坑回填工作，填土应按设计要求选料，回填时应先清理地坑中的杂物，在其两侧或四周同时回填并分层夯实，回填土的压实系数不应小于 0.94。

5）《建筑桩基技术规范》JGJ 94-2008

4.2.7　承台和地下室外墙与基坑侧壁间隙应灌注素混凝土或搅拌流动性水泥土，或采用灰土、级配砂石、压实性较好的素土分层夯实，其压实系数不应小于 0.94。

6）《建筑工程抗浮技术标准》JGJ 476-2019

6.5.5-3　基坑肥槽回填应采用分层夯实的黏性土、灰土或浇筑预拌流态固化土、素混凝土等弱透水材料。

本部分小结：

1）由以上诸多规范、标准来看，都提到了基坑肥槽回填问题，但各规范都仅基于本规范的要求对回填土提出要求，基本都没有综合考虑地下结构侧限及肥槽"水盆"效应引起的抗浮问题，只有颇受业界"争议"的《建筑工程抗浮技术标准》提出的回填材料兼顾到了侧限及避免"水盆"效应的材料要求。

2）从工程成本角度分析，采用素土、灰土和砂石、预拌流态固化土、素混凝土回填，单方回填综合单价分别约为 30～50 元、130～150 元和 150～180 元、200～300 元、500 元，可以看出素土与灰土、砂石回填成本相差悬殊，采用素混凝土价格更无法接受，由于肥槽回填土方量较大，实际工程中往往仅肥槽回填一项工程成本就可相差几十万甚至上百万乃至上千万元。

这就需要设计选材料时，必须结合工程各种边界条件，选择安全可靠、经济合理的材料。以下对几种常遇到的基坑肥槽回填提出建议：

情况一：如基坑采用天然放坡，肥槽范围比较宽大（图 2-2-20），可以考虑采用黏土分层夯实回填，但施工对黏土要求较高，可能一般施工难以达到。一般要求土中有机质含量不得超过 5%，且不得含有冻土，土中不得夹有砖、瓦、石等；且分层夯实；每一层均需要进行检测，施工周期长。

对于图 2-2-20 也可采用灰土回填，但灰土回填对回填质量要求也比较高，如石灰宜选用新鲜的消石灰，其最大粒径不得大于 5mm；土料宜选用粉质黏土，不宜使用块状黏土，且不得含有松软杂质，土料应过筛且最大粒径不得大于 15mm。

另外，地下水具有酸性腐蚀及地下水位较高时也不应采用灰土回填，同时也应注意灰

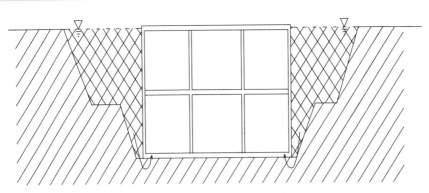

图 2-2-20　自然放坡肥槽示意

土搅拌对环境的影响。目前，很多城市已经禁止使用灰土回填。

情况二：对于采用边坡支护的肥槽，由于工程为了节约投资，往往地下室外墙与竖向围护结构（排桩或帷幕）之间只有 0.8~1.5m（图 2-2-21）。

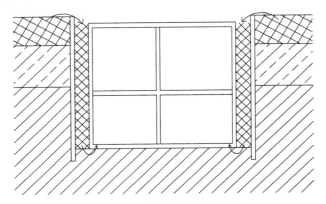

图 2-2-21　支护直立狭窄肥槽

对于这样的基坑肥槽，如果采用素土或灰土，尽管设计要求分层夯实，夯实系数不小于 0.94，实际上施工单位是很难满足这个要求的，如果遇到对工程负责任的施工及甲方，过去往往就直接采用素混凝土填充了。

过去不得已只能采用素混凝土，最大的问题是造价高，且今后维修管道及防水层等都非常困难。

笔者建议可采用近几年研发的预拌流态固化土填筑，应该说是目前比较好的选择。

笔者 2017 年至今先后参加过这个技术研发评审及其工程应用的多次评审，且是《预拌流态固化土填筑工程技术标准》T/BGEA 001-2019 唯一一个结构评审专家，对这项技术有所了解。

2021 年，笔者受邀参加编制中国工程建设标准化协会标准《预拌流态固化土填筑技术标准》T/CECS 1037-2022。2021 年 12 月 26 日组织了该标准的审查会，审查专家首先就该标准的技术内容进行了汇报，在质询和答疑环节，本着工作严谨务实、专业认真负责的态度，对标准文本中的范围、规范性引用文件、术语等各章节内容进行了逐字逐条的热烈讨论和交流，最后形成了审查意见，为使该团体标准今后能在行业领域中广泛和有效推广及应用提出了很多合理化修改建议。审查专家组认为，该标准在编制过程中通过广泛调研，借鉴了国内外相关标准和工程实践经验，反映了我国预拌流态固化土填筑技术的最新科技发展水平和需求，对工程建设领域的质量和安全具有重要意义。该标准技术内容科学合理、适用性强，与现行相关标准相协调，达到国际先进水平。专家组一致同意该标准通过审查。

2022 年 3 月 15 日，中国工程建设标准化协会公告发布《预拌流态固化土填筑技术标准》T/CECS 1037-2022，2022 年 8 月 1 日起实施。

以下简要介绍一下这项解决肥槽回填质量"痛点"的新技术：

这个新技术实际最早是针对北京城市副中心地下管廊肥槽进行的研究，当笔者看到这个新技术之后，立刻就想到这个技术应用在民用建筑地坑肥槽也是非常好的选择，可以解决设计对肥槽回填材料选择的困惑。

什么是预拌流态固化土？

根据工程需要和岩土特性，利用当地的开挖余土、废弃渣土、建筑固废处理还原土等，加入固化剂和水，搅拌成具有一定流动性的混合料；通过浇筑和养护，硬化后形成具有强度的工程材料。

固化剂：是用少量无机胶结料胶结土粒，并激发土粒活性，促进固化反应，提高和改善了土体性能。

工作性：固化土拌合物坍落度可控制在 80～250mm，可泵送也可溜槽施工，流动性强，浇筑时无需振捣。

强度：根据需要和经济成本，强度可以在 0.5～10MPa 之间调整，满足路基、地基、基坑回填的基本要求；强度发展快，只需 24h 即可达到上人进行下一步施工的强度。

体积稳定性：硬化后，体积稳定性好，干缩小，水稳性好。

抗渗性：与天然土相比，抗渗性大幅度提升。

总之，预拌流态固化土施工速度快，固化土强度高，匀质性好，质量可控，成本低，还有抗渗性，适用范围广泛，是一种非常好的工程材料。其技术优势如图 2-2-22 所示。

性能优势
流动性强，水稳性好，是一种长期稳定的新型工程材料。

环保优势
无毒、无害、无污染，可再生，能复垦，是一种环境友好型材料。

生态优势
充分利用原地土，减少开山采石挖砂，可有效节约资源、保护环境，实现可持续发展。

效益优势
就地取材，减少挖方弃土，施工效率高，维护成本低，经济效益、社会效益好。

图 2-2-22 技术优势图

【工程案例 15】北京城市副中心地下管廊基槽回填。

北京城市副中心综合管廊基坑深 18m，基槽宽度分为 3.5m 和 1m 两种。基槽回填存在以下问题：空间狭小，异形空间，回填要求高，材料运输难，施工速度慢。图 2-2-23 为北京城市副中心地下管廊肥槽示意及回填。

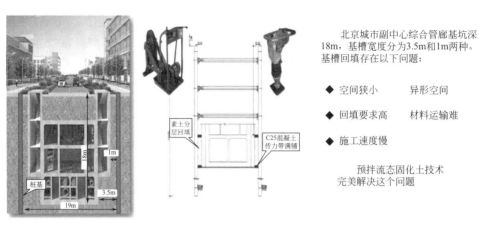

图 2-2-23 北京城市副中心地下管廊肥槽示意及回填

【工程案例 16】中国历史档案馆肥槽回填。

基槽回填作业设计预留宽度 1200mm，根据实际作业情况，扣除 25b/28b 组合钢腰梁、锚具及钢绞线预留长度外，肥槽实际剩余作业空间约 600mm，不具备打夯设备作业条件，有限作业空间安全隐患大。图 2-2-24 为中国历史档案馆肥槽示意及回填。

说明：笔者近年参与了多项地坑肥槽回填专家论证，中国历史档案馆是其中之一。

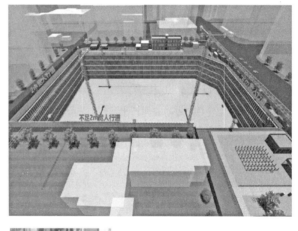

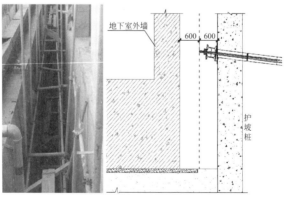

图 2-2-24 中国历史档案馆肥槽示意及回填（一）

图 2-2-24　中国历史档案馆肥槽示意及回填（二）

【工程案例 17】2022 年北京冬奥会 2 个项目，如图 2-2-25 所示。

冬奥冰立方

国家体育馆2022冬奥改建项目

图 2-2-25　2022 北京冬奥场馆项目

【工程案例 18】成都天府国际机场航站区综合管廊肥槽回填。

图 2-2-26 为天府国际机场航站区综合管廊肥槽回填示意。

目前，此项新技术新材料已经在北京、深圳、西安、重庆、成都、广东、苏州等地有所应用。

图 2-2-26 天府国际机场航站区综合管廊肥槽回填示意

（11）注意事项

抗浮设防水位是在一定边界条件下预测出来的，那么就存在超越边界条件后，预测的抗浮设防水位失效的问题。如根据 50 年一遇的降雨量预测，实际降雨量超过了 50 年一遇，场地平整改变了地形地貌，改变了地表水或地下水补给、径流、排泄条件等。因此，为了保证预测的抗浮设防水位有效性，需要对后期设计、施工进行风险提示或提出使用要求，保障工程处于假定的边界条件内。如提出基坑肥槽回填材料以及密实度、渗透系数要求，提出施工开挖、地下水控制要求，提出使用要求。在这里补充说明一下，目前相关规范对基坑肥槽回填合格要求主要是压实度，并无渗透性要求。当使用级配砂石作为回填材料时，即使压实度合格，在强降雨之下地表水也会渗入基坑肥槽内，形成所谓"水盆"效应，导致建设工程基底下地下水压力的快速增加，而造成基础底板上浮、开裂，特别是场地地表及地下排水不畅时。

1）影响预测抗浮设防水位的因素很多。

2）预测的抗浮设防水位是有边界条件的，当超出边界条件时预测值是无法保证的。

3）为保障预测的抗浮设防水位有效性，需要对后期设计、施工及使用提出要求。建设项目各责任主体理应充分认识抗浮设防问题的重要性和复杂性，多一点风险意识，多一点分析研究，类似工程事故应该能够避免。

4）工程各责任主体要注重法律文件的学习和应用，学会使用法律手段保护自己，重视工程合同的责任与义务，明确各方责任。

5）重视验槽、验收工作，充分履行自己的权利和职责，做好现场相关施工情况的验收和监督，注重相关记录的保存。

（12）地下结构抗浮水位到底应该由谁提供？

近年法院宣判了几起因抗浮引起的工程事故，对相关单位尤其是对勘察、设计进行了处罚，引起了业界的强烈反响。出现事故后各方都想方设法摆脱自己的责任，特别是抗浮水位问题，甚至业界有不少人认为应该由结构专业确定。下面我们一起看看相关规范、标准等是如何规定的。

1）《高层建筑岩土工程勘察标准》JGJ/T 72-2017

8.6.1 地下室抗浮评价应包括下列基本内容：

1 分析提出合理的抗浮设防水位建议；

2 根据抗浮设防水位，结合地下室埋深、结构自重等情况，对抗浮有关问题提出建议；

3 对可能设置抗浮锚杆、抗浮桩或采取其他抗浮措施的工程，应提供极限侧阻力和抗拔系数λ等设计计算参数的建议值。

8.6.2 抗浮设防水位的综合确定宜符合下列规定：

1 抗浮设防水位宜取地下室自施工期间到全使用寿命期间可能遇到的最高水位。该水位应根据场地所在地貌单元、地层结构、地下水类型、各层地下水水位及其变化幅度和地下水补给、径流、排泄条件等因素综合确定；当有地下水长期水位观测资料时，应根据实测最高水位以及地下室使用期间的水位变化，并按当地经验修正后确定；

2 施工期间的抗浮设防水位可按勘察时实测的场地最高水位，并考虑季节变化导致地下水位可能升高的因素，以及结构自重和上覆土重尚未施加时，浮力对地下结构的不利影响等因素综合确定；

3 场地具多种类型地下水，各类地下水虽然具有各自的独立水位，但若相对隔水层已属饱和状态、各类地下水有水力联系时，宜按各层水的混合最高水位确定；

4 当地下结构临近江、湖、河、海等大型地表水体，且与本场地地下水有水力联系时，可参照地表水体百年一遇高水位及其波浪雍高，结合地下排水管网等情况，并根据当地经验综合确定抗浮设防水位；

5 对于城市中的低洼地区，应考虑特大暴雨期间可能形成街道被淹的情况确定，对南方地下水位较高、地基土处于饱和状态的地区，抗浮设防水位可取室外地坪高程。

笔者解读理解：这个标准应该说得比较明确，由勘察单位提供抗浮水位。

2）《岩土工程勘察规范（2009年版）》GB 50021-2001

7.1.3 对高层建筑或重大工程，当水文地质条件对地基评价、基础抗浮和工程降水有重大影响时，宜进行专门的水文地质勘察。

笔者解读理解：这个标准应该比较明确，由勘察单位提供抗浮水位，但强调需要进行专门论证。实际很多地勘也是这么建议的，如下面案例。

【工程案例19】北京某工程提供的抗浮水位。

地勘报告：建议结构设计外墙承载力及抗浮整体稳定性验算时水位按20.50m考虑。如有必要，可就此问题委托专项技术咨询或进行专门的水文地质勘察。

3）《房屋建筑和市政基础设施工程勘察文件编制深度规定》（2020年版）

4.5.5　地下水和地表水评价应包括下列内容：

1　分析评价地下水（土）和地表水对建筑材料的腐蚀性；

2　当需要进行地下水控制时，应提出控制措施的建议，提供相关水文地质参数；

3　存在抗浮问题时进行抗浮评价，提出抗浮设防水位，抗浮措施建议，提供抗浮设计所需参数；

4　评价地表水与地下水的相互作用，施工和使用期间可能产生的变化及其对工程和环境的影响，提出地下水监测的建议。

笔者解读理解：这个讲得很明白，抗浮水位由勘察单位提供。

4）《高层建筑筏形与箱形基础技术规范》JGJ 6-2011

4.4.1　应根据场地特点和工程需要，查明下列水文地质状况，并提出相应的工程建议：

1　地下水类型和赋存状态；

2　主要含水层的分布规律及岩性特征；

3　年降水量、蒸发量及其变化规律和对地下水的影响等区域性资料；

4　地下水的补给排泄条件、地表水与地下水的补排关系及其对地下水位的影响；

5　勘察时的地下水位、历史最高水位、近3～5年最高水位、常年水位变化幅度或水位变化趋势及其主要影响因素；

6　当场地内存在对工程有影响的多层地下水时，应分别查明每层地下水的类型、水位和年变化规律，以及地下水分布特征对地基和基础施工可能造成的影响；

7　当地下水可能对地基或基坑开挖造成影响时，应根据地基基础形式或基坑支护方案对地下水控制措施提出建议；

8　当地下水位可能高于基础埋深并存在基础抗浮问题时，应提出与建筑物抗浮有关的建议；

9　应查明场区是否存在对地下水和地表水的污染源及其可能的污染程度，提出相应工程措施的建议。

笔者解读理解：本规范也明确，应由地勘单位提出与建筑物抗浮有关的建议。

5）《工程勘察通用规范》GB 55017-2021

3.2.7　当需进行抗浮设计时，勘探孔深度应满足抗浮设计要求。

条文说明：随着地下空间的开发利用，抗浮问题也越来越突出，本条对需要进行抗浮设计工程的勘探孔深度作出规定，是保障工程安全的一项措施。

3.7.4　地下水评价应包括下列内容：

1　分析评价地下水对建筑材料的腐蚀性；

2　当需要进行地下水控制时，应提供相关水文地质参数，提出控制措施的建议；

3　当有抗浮需要时，应进行抗浮评价，提出抗浮措施建议。

笔者解读理解：这个说得就比较模糊，由字面意思看没有直接提到抗浮水位问题，容易让人误解，但由其实质内涵看，没有抗浮水位从何谈抗浮评价？

经过以上分析可以看出，抗浮水位应由地勘单位提供是毋庸置疑的，但正确确定抗浮设防水位成了一个涉及面广、尚处于发展阶段的工程建设中必须解决的十分关键的问题。虽与勘察有关，但不是只通过详细勘察就能完全解决问题。

地下水的抗浮设防水位是一个有如抗震设防一样重要的技术经济指标，较为复杂。对于重要工程的抗浮设防水位，笔者建议设计院可以提出"建议甲方委托有资质的单位进行专门咨询论证后提供"。

【问题讨论】2022 年 3 月 21 日，有位审图专家在笔者公众号咨询这样一个问题：地基基础计算需要包括以下内容，并不代表所有工程都必须进行每项计算或验算。比如本规范 4.1.1 条 2 款：对地基变形有控制要求时，均应按变形控制。具体哪些工程必须进行计算或验算，依然可以参考现行相关规范（今后可能叫标准），如《建筑地基基础设计规范》GB 50007-2011 第 3.0.2 条相关内容。此处列出供大家共同探讨。

3.0.2　根据建筑物地基基础设计等级及长期荷载作用下地基变形对上部结构的影响程度，地基基础设计应符合下列规定：

1　所有建筑物的地基计算均应满足承载力计算的有关规定；

2　设计等级为甲级、乙级的建筑物，均应按地基变形设计；

3　设计等级为丙级的建筑物有下列情况之一时应作变形验算；

1）地基承载力特征值小于 130kPa，且体型复杂的建筑；

2）在基础上及其附近有地面堆载或相邻基础荷载差异较大，可能引起地基产生过大的不均匀沉降时；

3）软弱地基上的建筑物存在偏心荷载时；

4）相邻建筑距离近，可能发生倾斜时；

5）地基内有厚度较大或厚薄不均的填土，其自重固结未完成时。

4　对经常受水平荷载作用的高层建筑、高耸结构和挡土墙等，以及建造在斜坡上或边坡附近的建筑物和构筑物，尚应验算其稳定性；

5　基坑工程应进行稳定性验算；

6　建筑地下室或地下构筑物存在上浮问题时，尚应进行抗浮验算。

2.2.5　基坑工程设计应包括下列内容：

1　支护结构体系上的作用和作用组合确定；

2　基坑支护体系的稳定性验算；

3　支护结构的承载力、稳定和变形计算；

4　地下水控制设计；

5　对周边环境影响的控制要求；

6　基坑开挖与回填要求；

7　支护结构施工要求；

8　基坑工程施工验收检验要求；

9　基坑工程监测与维护要求。

 延伸阅读与深度理解

随着我国城市建设发展，地下空间开发利用的规模越来越大，高层建筑地下室、城市轨道交通工程、地下商业文化中心、大型市政管网工程大量兴建，极大地推动了基坑工程设计理论及施工技术发展，但由于各种复杂原因也出现了不少基坑支护工程事故。

（1）建筑基坑：为进行建（构）筑物地下部分的施工，由地面向下开挖出的空间简称基坑。

（2）基坑周边环境：在建筑基坑施工及使用阶段，基坑周围可能受基坑影响的或可能影响基坑的既有建（构）筑物、设施、管线、道路、岩土体及水系等的统称。

（3）本条规定了基坑工程设计的主要内容。

（4）为确保基坑工程的安全，在基坑支护结构、地下水控制等设计时必须严格执行，确保基坑周围土体的稳定，不得发生土体的滑动破坏，不得出现流砂、流土、管涌以及支护结构、支撑体系的失稳。

（5）支护结构（包括支撑体系或锚杆结构）的强度应满足构件强度和稳定设计的要求。

（6）基坑开挖造成的地层移动及地下水位变化引起的地面变形，不得超过基坑周边建（构）筑物、地下设施等的变形允许值（这个具体允许值需要参考相关标准，如：确定基坑工程相邻的民用建筑监测预警值时，可以参考《民用建筑可靠性鉴定标准》GB 50292的相关规定，当然各地区可以用地方标准或规定的方式提出符合当地实际的基坑监控量化指标）不得损坏工程桩及影响地下结构的正常施工。

（7）基坑工程设计应进行地下水控制设计，并对基坑开挖与回填、支护结构施工、基坑工程质量检验、基坑工程监测等提出明确要求，以确保基坑工程及周边环境安全。具体要求可参见相关标准。

（8）基坑支护设计工作质量。自20世纪80年代以来，随着我国超高层、高层建筑和地下工程建设的迅猛发展，深、大基坑支护工程项目大量涌现，由于基坑工程往往是在复杂的自然环境和社会环境中进行的，且具有工程量大、工期紧、影响范围广、边界条件复杂、建设方不舍得在支护方面花费投资等特点，所以，一旦发生质量安全事故，势必造成重大人员伤亡和巨大经济损失。基坑支护在建设领域公认属于高风险的技术领域。全国各地基坑支护工程事故的发生率虽然逐年呈降低趋势，但仍在不断出现，究其原因，不合格的基坑支护设计与违规施工是造成这些基坑事故的主要原因。

基坑支护工程不仅涉及土体与支护结构的相互作用问题，还涉及土力学的强度问题和变形问题，是一项综合性很强的系统工程。基坑支护设计工作质量主要表现为基坑支护体系的方案，支撑体系稳定性验算，支护结构材料强度、稳定和变形验算，地下水控制设计，对周边环境影响的控制设计，基坑开挖方案，以及基坑工程监测要求等是否正确、合理并满足基坑支护工程的需要，这也是该部分强制性条文的主要内容。此外，基坑工程包括岩土工程勘察与工程调查、支护结构设计、基坑开挖与支护的施工、地层位移预测与周边工程保护及施工现场量测与监控五个方面内容：

1）岩土工程勘察与工程调查。确定岩土参数与地下水参数，测定城市道路、周围地下埋设物（电缆、光缆、管道等）、邻近建（构）筑物等工程设施的工作现状，并分析其随地层位移的限值。

2）支护结构设计。包括支护结构（如柱列式灌注桩挡墙、地下连续墙）材料强度、稳定和变形验算，支撑体系（如锚杆、内支撑）稳定性验算，地下水控制设计。

3）基坑开挖与基坑支护施工。包括土方工程、基坑支护工程施工和工程施工组织设计与实施。

4）地层位移预测与周边环境保护。地层位移既取决于施工过程和施工工序，也取决于地下水的变化与土体和支护结构的性能。如预测的变形超过允许值，应修改施工方案甚至调整支护结构设计，必要时对周边的重要工程设施采取专门的保护或预加固措施。

5）施工现场监控与量测。根据监测的数据和信息进行基坑工程的状态控制，必要时进行反馈设计，用信息化来指导下一步的施工。

由此可知，基坑支护设计是先导，并且贯穿基坑支护工程始终，因而严把设计关，对降低基坑支护工程质量安全事故具有重要作用。

（9）深基坑工程安全质量问题类型很多，成因也较为复杂。在水土压力作用下，支护结构可能发生破坏，支护结构形式不同，破坏形式也有差异。渗流可能引起流土、流砂、突涌，造成破坏。围护结构变形过大及地下水流失，引起周围建筑物及地下管线破坏也属基坑工程事故。粗略地划分，深基坑工程事故形式可分为以下三类：

1）基坑周边环境破坏。

在深基坑工程施工过程中，会对周围土体有不同程度的扰动，一个重要影响表现为引起周围地表不均匀下沉，从而影响周围建筑、构筑物及地下管线的正常使用，严重的造成工程事故。引起周围地表沉降的因素大体有：基坑墙体变位；基坑回弹、隆起；井点降水引起的地层固结；抽水造成砂土损失、管涌流砂等。基坑周边环境破坏案例如图 2-2-27 所示。

2010年5月，深圳地铁5号线太安站
基坑施工引起周边居民楼及路面裂缝。

图 2-2-27 基坑周边环境破坏案例

因此，如何预测和减小施工引起的地面沉降已成为深基坑工程界亟需解决的难点问题。

2）深基坑支护体系破坏。

包括以下 4 个方面的内容：

① 基坑围护体系折断事故。

主要是由于施工抢进度，超量挖土，支撑架设跟不上，使围护体系缺少大量设计上必须的支撑，或者由于施工单位不按图施工，抱侥幸心理，少加支撑，致使围护体系应力过大而折断或支撑轴力过大而破坏或产生大变形。图 2-2-28 为 2011 年杭州某深基坑围护桩折断事故。

图 2-2-28　某深基坑围护桩折断事故

② 基坑围护体整体失稳事故。

深基坑开挖后，土体沿围护墙体下形成的圆弧滑面或软弱夹层发生整体滑动失稳的破坏。图 2-2-29 为某深基坑围护整体失稳破坏事故。

图 2-2-29　某深基坑围护整体失稳破坏事故

③ 基坑围护"踢脚"破坏。

由于深基坑围护墙体插入基坑底部深度较小，同时由于底部土体强度较低，从而发生围护墙底向基坑内发生较大的"踢脚"变形，同时引起坑内土体隆起。图 2-2-30 为某深基坑发生"踢脚"破坏。

④ 坑内滑坡导致基坑内撑失稳。

在火车站、地铁车站等长条形深基坑内区放坡挖土时，由于放坡较陡、降雨或其他原因引起的滑坡，可能冲毁基坑内先期施工的支撑及立柱，导致基坑破坏。图 2-2-31 为 2009 年杭州地铁 1 号线凤起路站坑内土体滑坡引起的支撑体系破坏。

图 2-2-30　某深基坑发生"踢脚"破坏

图 2-2-31　坑内土体滑坡引起的支撑体系破坏

3）土体渗透破坏。

包括以下 3 个方面内容：

① 基坑壁流土破坏。

在饱和含水地层（特别是有砂层、粉砂层或者其他的夹层等透水性较好的地层），由于围护墙的止水效果不好或止水结构失效，致使大量的水夹带砂粒涌入基坑，严重的水土流失会造成地面塌陷。图 2-2-32 为某深基坑止水帷幕渗漏、桩间流土事故。

② 基坑底突涌破坏。

由于对承压水的降水不当，在隔水层中开挖基坑时，当基底以下承压含水层的水头压力冲破基坑底部土层时，将导致坑底突涌破坏。图 2-2-33 为上海某深基坑坑底内发生承压水突涌。

图 2-2-32　某深基坑止水帷幕渗漏、桩间流土事故

图 2-2-33　某深基坑坑底内发生承压水突涌

③ 基坑底管涌破坏。

在砂层或粉砂底层中开挖基坑时，在不打井点或井点失效后，会产生冒水翻砂（即管涌），严重时会导致基坑失稳。图 2-2-34 为湖南浯溪水电站二期深基坑出现管涌。

图 2-2-34　某深基坑出现管涌

以上深基坑工程安全质量问题，只是从某一种形式上表现了基坑破坏，实际上深基坑工程事故发生的原因往往是多方面的，极其复杂，深基坑工程事故的表现形式往往具有多样性。

2.2.6　边坡工程设计应包括下列内容：

1　支挡结构体系上的作用和作用组合确定；

2　支挡结构体系的稳定性验算；

3　支挡结构承载力、变形和稳定性计算；

4　边坡工程排水与坡面防护设计；

5　边坡工程施工及验收检验要求；

6　边坡工程监测与维护要求。

 延伸阅读与深度理解

（1）本条规定了边坡工程设计的主要内容。

（2）边坡工程涉及工程地质、水文地质、岩土力学、支挡结构、锚固技术、施工及监测等多专业、多技术及多阶段建设活动。

（3）边坡工程在勘察设计、工程施工和使用维护过程中，任一环节出现问题，都可能导致出现不满足安全要求的边坡工程。

（4）边坡工程设计工作质量主要表现为支挡结构体系的方案选择，支挡结构承载力、变形和稳定性计算，坡面防护设计，边坡工程排水设计等，边坡工程施工及监测要求是否正确、合理并满足边坡工程的需要，这些是边坡工程设计的主要内容。

（5）边坡设计工作质量。

建筑边坡（含人工边坡和自然边坡）支护技术，涉及工程地质、水文地质、岩土力学、支护结构、锚固技术、施工及监测等多门学科。近年来，尽管边坡支护理论及技术发展较快，但因勘察、设计、施工不当，已建成的边坡工程仍时有垮塌事故发生，不仅造成国家和人民生命财产严重损失，而且遗留了一些安全度不高、耐久性差以及抗震性能低的建筑边坡支护结构物须加固处理。

通过对一些在建或已建成边坡工程进行调查研究，发现边坡工程在勘察设计、工程施工和使用维护过程中，任一环节出现问题，都可能导致出现不满足安全要求的边坡工程。因此，应充分重视与加强对边坡工程的各个环节的控制和管理。

边坡工程设计工作质量主要表现为是否满足"建筑边坡工程的设计使用年限不应低于被保护建（构）筑物设计使用年限"的基本要求。

【工程案例20】上海闵行区"××小区"一栋在建13层住宅楼整体倒塌。如图2-2-35所示。导致基坑工程事故的主要原因如下：

（1）设计理论不完善。许多计算方法尚处于半经验阶段，理论计算结果尚不能很好地反映工程实际情况。

（2）设计者概念不清、方案不当、计算漏项或错误。

（3）设计、施工人员经验不足。实践表明，工程经验在决定基坑支护设计方案和确保施工安全中起着举足轻重的作用。

图 2-2-35　倒塌图片

【工程案例 21】笔者 2005 年主持的天津某工程。本工程住宅为地上多栋 33～35 层，基础为桩筏基础，如图 2-2-36 所示。

图 2-2-36　部分现场图片

该工程住宅 5 号、6 号、7 号楼体施工过程中，地下车库基坑开挖施工中没有对 5 号、6 号、7 号楼周围的土体进行支护，5 号、6 号、7 号楼基础筏板设计底标高为 -5.45m，而正在开挖的地下车库基础底标高约为 -10.00m，二者间存在 4m 多的高差。2005 年 3 月 31 日，中国有色工程设计研究总院会同业主工程部、施工单位以及现场监理公司对 5 号、6 号、7 号楼现状进行了实际观察和讨论，现 5 号、6 号、7 号楼基础筏板下部，在车库基坑边处的基础桩大部分已外露，桩周边的土体均遭严重破坏，目前情况已和原设计时所假定的力学计算模型完全不符，5号、6号、7号楼桩基及地下室周边的土体对桩和地下室外墙均已失去了侧向约束作用，上部主楼已经施工到地上7层，上部楼层在2～4层墙面、门窗洞口连梁以及窗洞口四角均出现不同程度的斜裂缝和竖向裂缝，且裂缝有不断扩展的趋势。基于以上情况，设计院要求如下：

（1）应立即停止对5号、6号、7号楼的施工。

（2）对5号、6号、7号楼竖向进行观测，查清楼体是否发生整体倾斜。

（3）对已暴露的桩体进行桩身完整性检测。

（4）对已开裂的墙面裂缝等进行及时观测。

后经过专家论证，一致认为裂缝是由于地库开挖，未对主楼基础及桩采取防护措施引起的，建议立即停止主楼施工，尽快处理已经被地库开挖的主楼与地库间的土，尽快施工邻近主楼侧的地库外墙，地库外墙与主楼间采用混凝土填筑密实。

【工程案例22】2019年9月26日21时10分许，成都市金牛区某地块4号商业楼西北侧基坑边坡突然发生局部坍塌，如图2-2-37所示，将正在绑扎基坑墩柱的两名工人和一名管理人员掩埋。事故造成1人当场死亡，其余2人经医院全力抢救，于9月27日凌晨相继死亡。

图 2-2-37　坍塌照片

事故直接原因：4号商业楼基坑开挖放坡系数不足且未支护，基坑壁砂土在重力和外力作用下发生局部坍塌。

（1）基坑开挖放坡系数不足。经现场勘察，基坑深度约4.05m，按基坑设计及支护方案，该基坑采取放坡方式进行施工，设计规定放坡系数为1∶0.4，施工单位编制的《4号楼土方开挖专项施工方案》（以下简称《方案》），确定基坑采用放坡系数为1∶1，分层开挖，实际该基坑9月23日机械一次开挖成形，放坡系数未达到规范要求。

（2）基坑壁土质不良且未支护。事故基坑壁局部为粉质砂土，9月23日机械开挖成形后暴露在空气中，连日晴天导致砂土中水分蒸发土层粘结力下降，同时基坑边缘距现场施工主车道距离过近，边坡承受荷载过大，基坑垮塌部位旁为小型绿化区未硬化封闭，对土质产生不利影响，加之边坡未支护，土层在重力和外力共同作用下发生局部坍塌。

【工程案例23】2020年9月2日上午11点31分，陕西铜川市消防救援支队接警：铜川市新区××路××项目工地发生塌方事故，如图2-2-38所示，有2名人员被困。铜川市消防救援支队立即调派咸丰路消防救援站和锦阳路消防救援站，出动2车14名消防员赶赴现场救援。

图 2-2-38　倒塌现场及救援

救援人员首先对现场进行警戒，经现场侦查发现2名工人被土掩埋，被埋深度达7m左右。一名工人可见身形，另一名完全被土覆盖。消防人员立即展开施救，为防止救援过程中发生二次塌方，现场作业采取大型机械与人工挖掘相结合的方式，尽快解救被困人员。

2.3　施工及验收

2.3.1　地基基础工程施工前，应编制施工组织设计或专项施工方案。

 延伸阅读与深度理解

（1）由于工程地质条件复杂多变以及岩土特性参数的不确定性，岩土工程设计计算预测和实测之间存在差异，尤其是缺乏经验的地基基础工程，其设计成果最终还需通过施工、检验验收来实现。

（2）地基基础工程的规模及大小决定着是编制施工组织设计还是专项施工方案。施工组织设计或专项方案是一份综合性文件，是地基基础工程实施的指导性文件，所以应该综合考虑各种因素，主要是根据设计文件、勘察成果报告、拟建场地环境条件和施工条件编制而成。

2.3.2　地基基础工程施工应采取保证工程安全、人身安全、周边环境安全与劳动防护、绿色施工的技术措施与管理措施。

 延伸阅读与深度理解

（1）地基基础施工时不仅施工本身会带来对工程及人身安全的不利影响，还会对周边的环境产生影响，需要采取必要的技术措施和劳动防护保证工程安全、周边环境及人身安全，同时应采取绿色施工技术措施减少对环境的不利影响，并应采取有效的管理措施对施工进行合理规划与组织，保证地基基础工程的顺序实施。

（2）绿色施工是指工程建设中，在保证质量、安全等基本要求的前提下，通过科学管理和技术进步，最大限度地节约资源，减少对环境负面影响的施工活动。

（3）地基基础工程施工时应合理利用和优化资源配置，减少对资源的占有和消耗，最大限度地提高资源利用效率，积极地促进资源的循环利用，并应尽可能地使用可再生的、清洁的能源，完成绿色施工的目标和任务。

2.3.3 地基基础工程施工过程中遇有文物、化石、古迹遗址或遇到可能危及安全的危险源等，应立即停止施工和采取保护措施，并报有关部门处理。

 延伸阅读与深度理解

（1）文物古迹等是一个国家和民族不可再生的文化历史资源，国家、地方也相继出台了一系列文物保护法律法规文件。

（2）为了避免工程施工中遇文物后，发生破坏、盗窃等违法行为，对此进行了规定。另外，当地基基础施工遇到与地勘、施工组织不符且可能影响施工安全的情况时，应立即停止施工，报告有关部门进行处理。

（3）施工单位在施工中遇有文物、古迹遗址，应立即停止施工并上报有关文物管理部门，同时对现场进行有效的保护，配合建设单位按相关文物管理部门规定执行，根据批复意见进行后续工作，未获得批复意见不得施工。在此期间应加强巡视，保证文物的安全。

2.3.4 地基基础工程施工应根据设计要求或工程施工安全的需要，对涉及施工安全、周边环境安全，以及可能对人身财产安全造成危害的对象或被保护对象进行工程监测。

 延伸阅读与深度理解

（1）地基基础工程的实际工作状态与设计工况往往存在一定的差异，设计值还不能全面而准确地反映工程的各种变化，所以在理论分析指导下有计划地进行现场工程监测就显得十分必要。

（2）在地基基础工程施工期间开展严密的工程监测，才能保证施工安全及周边环境的安全，减少对人身财产安全造成危害，保证工程的顺利进行。

2.3.5 地基基础工程施工质量控制及验收，应符合下列规定：

1 对施工中使用的材料、构件和设备应进行检验，材料、构件以及试块、试件等应有检验报告；

2 各施工工序应进行质量自检，施工工序之间应进行交接质量检验；

3 质量验收应在自检合格的基础上进行，隐蔽工程在隐蔽前应进行验收，并形成检查或验收文件。

 延伸阅读与深度理解

（1）地基基础工程选用的材料、施工的部品部件的质量状况直接影响地基基础的基本功能和技术性能，以及建筑工程安全，需要进行控制。

（2）工程质量验收的前提条件为施工单位自检合格，验收时施工单位对自检中发现的问题已完成整改。

（3）隐蔽工程验收资料中应包含地基验槽记录、钢筋验收记录等隐蔽工程验收资料。

（4）考虑到隐蔽工程在隐蔽后难以检验，因此隐蔽工程在隐蔽前应由施工单位通知监理单位进行验收，验收合格后方可继续施工。

（5）建筑与市政工程地基基础应进行检验验收的工序部位主要有：基槽检验、处理后地基检验、施工完成后的检验、基坑工程支护检验、抗浮构件检验等。

（6）地基基础一般监测范围包括：大面积填方工程、地基处理、基坑工程和边坡工程、桩基工程、加层、扩建、受邻近深基坑开挖施工影响、采用新型结构或基础等。

（7）检验和监测工作质量。由于工程地质条件复杂多变，岩土特性参数的不确定性，岩土工程设计计算的预测和实测之间存在差异，尤其是缺乏经验的地基基础工程，其设计成果最终还需通过施工、检验验收及正常的使用维护来实现。检验和监测是验证地基基础工程施工是否满足设计要求的重要手段和方法。所以，为了保证工程的安全，应不断加强施工过程控制，加大检验及监测工作力度，并对检验结果正确评价，才能把好地基基础工程质量和安全的最后一关。

【工程案例24】隐蔽工程验收谨防"陷阱"。

（1）我们知道每项建设工程，隐蔽工程验收都需要有相关各方参加。必须参加的参建单位是：施工项目部、监理及建设方、设计院、勘察单位。

地基与基础分部、分项工程的隐蔽工程验收由施工项目部申报、监理部查验，双方签证，其中对于地基的隐蔽工程，还需要设计单位、勘察单位，各方查验签证。其他分部工程的隐蔽工程验收，由施工项目部申报、监理部查验签证。

2021年有朋友参加某个工程CFG地基隐蔽工程验收，发现如下情况：

基槽验收时，从一个CFG桩上面踩过去，有点松动感，旁边的监理看见了，过来就掀起来了，质监还站在旁边，问这是什么情况？接着又发现一个……

现场照片如图2-2-39所示。

（2）笔者分析出现这种情况的原因如下：

1）由照片看应该是复合地基（CFG）桩头质量问题。

2）出现这种问题的原因，不外乎以下几种可能：

① 施工单位把桩顶标高搞错了。

② 施工单位在进行桩顶截桩时（保护桩头），采用了不合适的施工方法，造成桩顶质量问题。

图 2-2-39　现场照片

③ 当然也不排除设计院没有在图中注明 CFG 桩顶需要预留 500mm 以上的保护桩头。

3）这种问题的确在实际工程中时有发生，处理的方法也不少。图 2-2-40 所示为笔者审图时，看到的一种比较常用的方法。

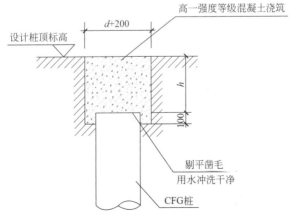

图 2-2-40　CFG 截桩处理

提醒注意：无论采取何种方法，绝对不允许出现图 2-2-39 中这种低劣的掩盖手法。

（3）以下是 CFG 常用的施工机器及截桩头方式，如图 2-2-41 所示。

砂石桩施工机械

砂石桩

振冲碎石地基处理

CFG桩机   CFG桩地基处理

图 2-2-41　CFG 常用的施工机器及截桩头方式

（4）结语及建议。

1）各位设计师去现场验收，特别是针对隐蔽工程的验收，必须严肃认真，睁大双眼，仔细观测每一个细节，因为隐蔽工程安全隐患几乎是不可挽回的。

2）当然，如果出现工程安全问题，相关单位和人员一个也逃脱不了法律法规的制裁。工程施工出现问题并不可怕，也是正常现象，但绝对不允许采用"掩盖"方法蒙混过关，希望相关各方特别注意，出现问题应及时分析原因，采取切实可行的处理方法。

3）目前，建设工程领域复合地基采用 CFG 桩非常普遍，但工程中也经常会出现各种各样的施工问题，希望相关人员对 CFG 设计、施工、检验等相关知识有所熟悉，笔者于2021 年出版发行的《结构工程师综合能力提升与工程案例分析》一书中有一部分这方面的相关知识及工程案例可供各位参考。

（5）知识拓展。

隐蔽工程在隐蔽后发生质量问题，重新覆盖和掩盖，会造成返工等非常大的损失，为了避免资源的浪费和当事人双方的损失，保证工程的质量和工程顺利完成，承包人在隐蔽工程隐蔽以前，应当通知发包人检查，发包人检查合格的，方可进行隐蔽工程。

实践中，当工程具备覆盖、掩盖条件时，承包人应当先进行自检。自检合格后，在隐蔽工程进行隐蔽前，及时通知发包人或发包人派驻的工地代表，对隐蔽工程的条件进行检查并参加隐蔽工程的作业。通知包括承包人的自检记录、隐蔽的内容、检查时间和地点。发包人或其派驻的工地代表接到通知后，应当在要求的时间内到达隐蔽现场，对隐蔽工程的条件进行检查，检查合格的，发包人或者其派驻的工地代表在检查记录上签字，承包人检查合格后方可进行隐蔽施工。发包人检查发现隐蔽工程条件不合格的，有权要求承包人在一定期限内完善工程条件。隐蔽工程条件符合规范要求，发包人检查合格后，发包人或者其派驻工地代表在检查后拒绝在检查记录上签字的，在实践中可视为发包人已经批准，承包人可以进行隐蔽工程施工。

发包人在接到通知后，没有按期对隐蔽工程条件进行检查的，承包人应当催告发包人在合理期限内进行检查。因为发包人不进行检查，承包人就无法进行隐蔽施工，因此承包人通知发包人检查而发包人未能及时进行检查的，承包人有权暂停施工。承包人可以顺延工期，并要求发包人赔偿因此造成的停工、窝工、材料和构件积压等损失。

如果承包人未通知发包人检查而自行进行隐蔽工程施工的，事后发包人有权要求对已隐蔽的工程进行检查，承包人应当按照要求进行剥露，并在检查后重新隐蔽或者修复后隐蔽。如果经检查隐蔽工程不符合要求的，承包人应当返工，重新进行隐蔽。在这种情况下，检查隐蔽工程所发生的费用如检查费用、返工费用、材料费用等由承包人负担，承包人还应承担工期延误的违约责任。

第3章　勘察成果要求

3.1　一般要求

3.1.1　拟建场地的岩土工程勘察成果应包括下列内容：

1 拟建场地的地形、地貌、地质构造条件，地基岩土分类及其分布情况；

2 岩土的物理力学指标；

3 地基基础影响范围内地下水的埋藏条件、类型、水位及其变化；

4 地基土和地下水对地基和基础的主要建筑材料的腐蚀性分析与判定；

5 场地和地基的地震效应评价；

6 场地稳定性和工程建设适宜性的评价。

 延伸阅读与深度理解

（1）本条规定源自国家标准《岩土工程勘察规范（2009年版）》GB 50021-2001 第 14.3.3 条（强制性条文）部分内容，包含对勘察成果的最基本要求。其中：

1）"勘察成果"是在搜集已有资料，工程地质测绘、勘探、测试、检验与监测所得各项原始资料和数据的基础上进行岩土工程专业分析的工作结果，是地基基础设计、施工方案决策和岩土工程风险预防工作的基础依据之一，其最基本的成果形式是岩土工程勘察报告（亦有称"工程地质勘察报告"），可根据相关特殊需要提供专项咨询分析或评价报告。

2）地下水的埋藏条件包括地下水的层数及赋存特性（含水层、补给与排泄、蒸发等特性）。水位应包括勘察时的稳定水位或承压水头标高，以及对历史高水位的调查结果；"水位变化"为地下水动态变化的年变幅和极值发生的时段。

3）"主要建筑材料"专指地下结构、深基础、处理地基及基坑支护和边坡支挡采用的混凝土和钢筋混凝土中的钢材。

4）场地和地基的地震效应评价执行《建筑与市政工程抗震通用规范》GB 55002-2021 的相关规定。

5）笔者提醒设计注意勘察报告常见的几个问题：

① 未进行天然地基均匀性评价。

天然地基分析评价是指针对工程天然地基的状态下对地基进行的评价。主要包括评价采用天然地基可行性、提供天然地基状态下地层承载力、评价地基均匀性。应根据拟建建（构）筑物的基础形式、荷载大小等设计条件提出合理的基础持力层建议。天然地基均匀性，是定性评价，是岩土工程勘察报告基本内容，不可或缺。

有些勘察报告，虽然也涉及天然地基均匀性评价的内容，但绕来绕去就是不肯明确给出评价结论。

还有一些勘察报告，把一个单体建筑拆分成若干区域进行天然地基评价，很不规范。

试想，若采用数学上的微分方法，把一个单体建筑同一基础下的地基微分得足够小，即使是明显不均匀的地基，则每个微单元都可以"变得"均匀，那问题来了，整个地基到底是均匀还是不均匀呢？一个基础下的天然地基均匀性评价只能当作一个整体看待，只能有一个结论。

② 对土的腐蚀性评价无依据、不完整。

未采取土试样，也无《岩土工程勘察规范（2009年版）》GB 50021-2001 所指的"足够经验或充分资料"，就认定拟建场地的土对建筑材料没有腐蚀性的结论，显然缺乏必要、充分的依据。

对于市政工程中管线工程，当管线材质为钢、铸铁金属管道时，仅采取水、土试样进行腐蚀性分析评价，但未进行电阻率测试和腐蚀性分析评价。有的进行了电阻率测试，但未依据测试结果进行腐蚀性分析评价。

还有另外一种情况，当设置隧道、管廊管沟且地下管线置于其中时，则只分析评价水、土对这个"壳"的腐蚀性，即使是置于其中的管线材质为钢、铸铁金属管道时，也无需再进行电阻率测试和腐蚀性分析评价，因为管体并不与水、土直接接触。即任何情况下，都要做到实事求是，合情合理，符合基本理论和基本概念，既不能谨小慎微不顾成本，也不能只考虑成本留下质量安全隐患。

③ 地下水腐蚀性评价不全面、不完整。

当埋深较大的箱筏基础、桩基础、抗拔（浮）桩、抗拔（浮）锚杆、CFG桩体等钢筋混凝土、素混凝土材料穿透多层地下水时，未分层采取水试样进行地下水对建筑材料的腐蚀性试验及分析评价。

当拟建场地比较大，且两个含水层存在水力联系只采取某一层水试样时，应予以明确表述。当承压含水层局部不连续存在"开天窗"的情况时，承压水与上部含水层存在水力联系，不仅影响到地下水的腐蚀性分析评价结论，也会对设计和施工产生影响，也应予以特别提示。

④ 未表述重要的分析评价结论。

比较常见的有，在季节性冻土地区，未提供场地土的标准冻结深度。

还有一些勘察报告，误认为不在山区就可以不描述和评价不良地质作用，也不用分析评价场地稳定性和适宜性。

场地稳定性和适宜性属定性评价，是勘察报告的基本且重要内容，不可或缺。无论是否存在可能影响工程稳定的不良地质作用，均应予以明确描述；如果存在，则应进一步分析评价对工程的危害程度，提出相应的措施建议。

⑤ 未对本工程基坑支护、边坡支挡、地基处理提出方案建议。

不少情况下也提了建议方案，但基本上是把可能的方案均简单罗列，没有对其优缺点进行分析。

（2）在进行地基基础设计和施工方案编制前，应取得具备法律效力的岩土工程勘察成果（实际就是要拿到具有相应资质的地勘单位正式报告）。按照有关法规要求，该成果应当通过施工图审查机构审查（地勘审查单位），建设单位应当对岩土工程勘察报告进行验收（笔者认为主要是形式检验）；笔者建议设计单位也应对相关参数进行确认，发现异常或不清楚之处，应及时通过建设方与勘察单位沟通交流。

（3）地下水分类及其特征。

1）按埋藏条件不同，可分为上层滞水、潜水、承压水。

上层滞水：埋藏在离地表不深、包气带中局部隔水层之上的重力水。一般分布不广，呈季节性变化，雨季出现，干旱季节消失，其动态变化与气候、水文因素的变化密切相关。

潜水：埋藏在地表以下、第一个稳定隔水层以上、具有自由水面的重力水。潜水在自然界中分布很广，一般埋藏在第四系松散沉积物的孔隙及坚硬基岩风化壳的裂隙、溶洞内。

承压水：埋藏并充满两个稳定隔水层之间的含水层中的重力水。承压水受静水压；补给区与分布区不一致；动态变化不显著。承压水不具有潜水那样的自由水面，所以它的运动方式不是在重力作用下的自由流动，而是在静水压力的作用下，以水交替的形式进行运动。如图 2-3-1～图 2-3-3 所示。

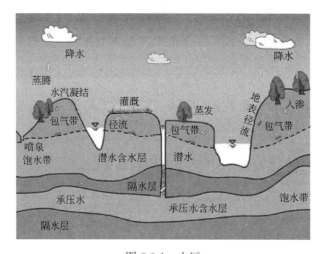

图 2-3-1　山区

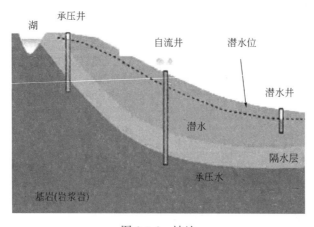

图 2-3-2　坡地

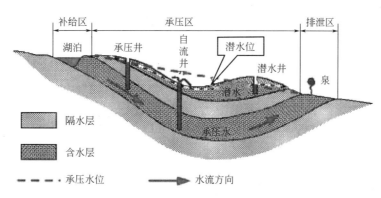

图 2-3-3　自流盆地：形成承压水的向斜或盆地构造

2）按含水层性质分类，可分为孔隙水、裂隙水、岩溶水。

孔隙水：疏松岩石孔隙中的水。孔隙水是储存于第四系松散沉积物及第三系少数胶结不良的沉积物的孔隙中的地下水。沉积物形成时期的沉积环境对于沉积物的特征影响很大，使其空间几何形态、物质成分、粒度以及分选程度等均具有不同的特点。

裂隙水：赋存于坚硬、半坚硬基岩裂隙中的重力水。裂隙水的埋藏和分布具有不均一性和一定的方向性；含水层的形态多种多样；明显受地质构造的因素的控制；水动力条件比较复杂。

岩溶水：赋存于岩溶洞隙中的水。水量丰富而分布不均一，在不均一之中又有相对均一的地段；含水系统中多重含水介质并存，既具有统一水位面的含水网络，又具有相对孤立的管道流；既有向排泄区的运动，又有导水通道与蓄水网络之间的互相补排运动；水质水量动态受岩溶发育程度的控制，在强烈发育区，动态变化大，对大气降水或地表水的补给响应快；岩溶水既是赋存于溶孔、溶隙、溶洞中的水，又是改造其赋存环境的动力，不断促进含水空间的演化。如图 2-3-4 所示。

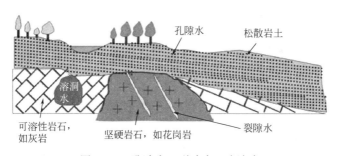

图 2-3-4　孔隙水、裂隙水、岩溶水

3）按起源不同，可将地下水分为渗入水、凝结水、初生水、埋藏水和包气带水。

渗入水：降水渗入地下形成渗入水。

凝结水：水汽凝结形成的地下水称为凝结水。当地面的温度低于空气的温度时，空气中的水汽便要进入土壤和岩石的空隙中，在颗粒和岩石表面凝结形成地下水。

初生水：既不是降水渗入，也不是水汽凝结形成的，而是由岩浆中分离出来的气体冷凝形成的,这种水是岩浆作用的结果,称为初生水。

埋藏水:与沉积物同时生成或海水渗入到原生沉积物的孔隙中而形成的地下水称为埋藏水。

包气带水:指潜水面以上包气带中的水,这里有吸着水、薄膜水、毛管水、气态水和暂时存在的重力水。包气带中局部隔水层之上季节性地存在的水称上层滞水。赋存在地下岩土孔隙中的水。含水岩土分为两个带,上部是包气带,即非饱和带,在这里,除水以外,还有气体。下部为饱水带,即饱和带。饱水带岩土中的孔隙充满水。狭义的地下水是指饱水带中的水。

4)透水性。

透水性是指在一定压力梯度下岩石允许水透过的性能。取决于孔隙直径的大小和连通程度,其次是孔隙的多少。

岩土根据透水性好坏可分为:

① 透水岩土。砂、砾、卵石、砂岩、裂隙与岩溶发育的坚硬岩石。

② 半透水岩土。粉质黏土、粉土、黄土、裂隙与岩溶不太发育的坚硬岩石。

③ 不透水岩土。黏土、淤泥、泥岩、页岩、裂隙与岩溶不发育的坚硬岩石。

注:表示岩土透水性能大小的指标,称为渗透系数,单位 m/d。

不透水层一般是指渗透系数不大于 1×10^{-5} cm/s 的土层。

(4)含水层和隔水层。

含水层:指能够透过并给出相当数量水的岩层。

隔水层:不能透过并给出水,或透过和给出水的数量微不足道的岩层(渗透系数<0.001m/d)。如图 2-3-5 所示。

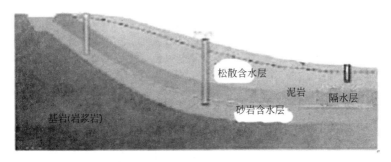

图 2-3-5 含水层、隔水层示意

(5)关于场地稳定性。

场地勘察应对建筑场地稳定性进行分析评价,场地稳定性分级应符合表 2-3-1 的规定。

场地稳定性分级   表 2-3-1

级别	分级考虑要素
不稳定	1)建筑抗震危险地段 2)不良地质作用和地质灾害发育强烈 3)工程建设遭受地质灾害的可能性大,引发、加剧地质灾害的可能性大,危险性大,防治难度大 4)地形和地貌类型复杂

续表

级别	分级考虑要素
稳定性差	1）建筑抗震不利地段 2）不良地质作用和地质灾害发育中等 3）工程建设遭受地质灾害的可能性中等，引发、加剧地质灾害的可能性中等，危险性中等，但可采取措施予以处理 4）地形和地貌类型较复杂
基本稳定	1）建筑抗震一般地段 2）不良地质作用和地质灾害发育小 3）工程建设遭受地质灾害的可能性小，引发、加剧地质灾害的可能性小，危险性小，易于处理 4）地形和地貌类型较简单
稳定	1）建筑抗震有利地段 2）不良地质作用和地质灾害不发育 3）地形和地貌类型简单平缓

3.1.2　岩土工程勘察应综合拟建场地的岩土特性及其分布、拟建项目的设计条件，提供岩土设计参数和地基承载力建议值，提出地基、基础的方案建议和基坑支护体系、边坡支挡体系的选型建议。

 延伸阅读与深度理解

请读者注意这里都是"建议"，既然是建议就未必是最后确定的方案，因为地勘单位不像结构设计单位对整个结构的情况熟悉，所以实际工程的合理地基、基础方案还应结合地勘建议与上部结构情况综合考虑确定，如果方案与地勘建议不吻合，还应与地勘沟通交流，请地勘补充完善确定方案。

3.2　特定要求

3.2.1　当场地与地基存在特殊性岩土时，岩土工程勘察成果除应符合本规范第3.1节规定外，尚应包括下列内容：

1　对湿陷性土，应确定湿陷等级，判定湿陷类型和湿陷下限深度；

2　对多年冻土，应确定融沉等级和冻胀性等级，判定存在厚层地下冰、冰椎、冰丘、冻土沼泽、热融滑塌、热融湖塘、冻融泥流等不良地质作用的可能性；

3　对膨胀土，应测定膨胀力，计算膨胀变形量、收缩变形量和胀缩变形量，确定胀缩等级、大气影响深度及场地类型；

4　对盐渍土，应测定其易溶盐含量，确定含盐类型，评价溶陷性、盐胀性和腐蚀性；

5　对红黏土，应明确原生或次生类型，分析裂隙发育特征，评价地基均匀性；

6　对填土，应查明堆填或填筑的方式和形成时间，分析填料性质、分布范围，评价填土地基的密实度、均匀性和地基稳定性；

7　对软土，应查明成因类型、分布特征，分析固结历史、结构性和灵敏度，评价软土地基的稳定性和均匀性；

8 对风化岩和残积土，应查明母岩性质、风化程度，判断岩脉、孤石的分布状况，评价风化岩的均匀性；

9 对污染土场地，应调查污染源、污染史、污染途径、污染物成分和污染的影响，查明污染土的空间分布并评价其危害性。

 延伸阅读与深度理解

（1）我国幅员辽阔，地域宽广，各种特殊性岩土具有独特的成因、成分、地域分布等特征和特殊的岩土工程特性，如果勘察评价策划执行不到位、设计考虑缺乏针对性，对工程的安全和正常使用影响很大。本条综合国标《岩土工程勘察规范（2009 年版）》GB 50021-2001 主要特殊性岩土的勘察要点和行业标准《冻土地区建筑地基基础设计规范》JGJ 118-2011 第 3.2.1 条（强制性条文）的规定，对几种特殊性岩土的勘察成果提出基本要求。

（2）本条对拟建工程场地分布有特殊性岩土提出了岩土工程勘察成果的基本要求。

（3）当拟建场地遇有湿陷性土、多年冻土、膨胀土、盐渍土、红黏土、填土、软土、风化岩和残积土、污染土等特殊性岩土时，岩土工程勘察成果应有专门的分析评价。

（4）当拟建场地遇有上述特殊性岩土时，应检查所取得的岩土工程勘察成果是否提供了本条要求的相应的分析评价结论。不满足就必须书面通知地勘单位补充完善。

（5）岩土工程勘察报告的结论与建议。

1）结论与建议的重要性和必要性。

① 根据住房和城乡建设部《房屋建筑和市政基础设施工程勘察文件编制深度规定》（2020 年版）规定，结论与建议是勘察报告的重要组成部分；

② 岩土工程勘察报告的结论与建议，重点突出，能够引起建设、设计、施工相关使用人员的重视，便于使用和防范风险；

③ 岩土工程勘察报告的结论与建议，应与岩土工程分析评价密切相关，既不能错漏，也不能"无中生有"。

2）结论与建议应有明确的针对性，其包括的内容有：

① 岩土工程评价的重要结论；

② 工程设计施工应注意的问题；

③ 工程施工对环境的影响及防治措施的建议；

④ 其他相关问题及处置建议。

3）岩土工程评价的重要结论应包括的内容：

① 场地稳定性评价；

② 场地适宜性评价；

③ 场地地震效应评价；

④ 土和水对建筑材料的腐蚀性；

⑤ 地基基础方案的建议；

⑥ 季节性冻土地区应提供标准冻结深度；

⑦ 其他重要结论。

4）待完成工作的处置建议。

对尚不具备现场勘察条件的勘探点，应明确下一步的工作要求，提出完成工作的条件。对确实无法满足工作条件的勘探点，应提出解决问题的方法和建议。应说明未完成工作量对勘察报告使用的影响，即有条件使用本报告。否则容易造成使用者的误会，导致使用者误以为不用补充勘察或进行必要的核实验证工作就可以直接使用本勘察报告，因而为工程质量安全留下隐患。

5）施工勘察、超前地质预报或专项勘察建议。

对钻孔无法实施、地质条件复杂的地段应提出施工勘察、超前地质预报的建议或专项勘察的建议。

6）工程地质风险提示。

《危险性较大的分部分项工程安全管理规定》（中华人民共和国住房和城乡建设部令第37号）自2018年6月1日起施行，其第六条规定："勘察单位应当根据工程实际及工程周边环境资料，在勘察文件中说明地质条件可能造成的工程风险。"

7）勘察报告的全面性和正确性。

① 勘察报告是设计的法定依据之一，因此勘察报告应满足设计要求。设计所需岩土（水）的参数应予提供，并应充分且满足设计要求，涉及两个方面，即建议采用方案以及可能采用方案。比如，建议采用挤密碎石桩复合地基方案，但也可能采用CFG复合地基方案，如果未提供CFG桩设计所需岩土参数就应视为不全面、不充分。

② 由于岩土工程的复杂性，很难做到相关结论的准确性，但应确保其正确性，即不能存在方向性错误，这是基本要求，或者说是底线要求。

③ 在重视勘察报告的全面性和正确性的同时，也应注意界线问题，即不该说的不说，没有确凿依据和试验、测试数据的，不能随意下结论。

8）勘察数据的时效性。

① 有些勘察数据具有时效性，典型的如地下水位、水土污染性（腐蚀性）评价结论可能随着时间推移和环境工程地质条件变化（如周边工程建设）而变化，甚至活动断裂、滑坡、泥石流、大面积地面沉降等不良地质作用的分析评价结论也会因时间推移和气象、水文、人类活动的变化而变化。关于这些影响因素，应在勘察报告中予以说明或强调。

② 有必要在勘察报告中说明，岩土工程勘察报告所提供的岩土、水（地下水、地表水）试验、测试结果以及岩土工程分析评价、结论建议均是基于勘察时的场地条件（拟建场地工程地质水文地质条件、周边环境条件）、设计条件（地上及地下层数、结构类型、基础形式、基础埋深）、工程建设与周边环境的相互作用及合同条件，当前述条件发生变化时，均可能导致勘察报告所提供的岩土、水（地下水、地表水）试验、测试结果以及岩土工程分析评价、结论建议整体或部分不一定再继续适用。提示使用方应注意此类风险，根据条件变化对工程的影响程度，评估原勘察报告的持续适宜性，必要时应进行专家论证或进行补充勘察。

③ 岩土工程勘察报告的时效性问题，既可能引发工程质量安全风险，也可能引发合同双方的纠纷，对这种情况进行相关说明、提示是非常必要的。

3.2.2   当拟建场地及附近存在不良地质作用和地质灾害时，岩土工程勘察成果除应符合本规范第3.1节规定外，尚应包括下列内容：

1   应查明不良地质作用和潜在地质灾害的类型、成因、分布，分析其对工程的危害；

2   对溶洞、土洞和其他洞穴，应评价其稳定性及对工程的影响，提出防治措施；

3   对潜在的崩塌、滑坡、泥石流等地质灾害，应查明其形成条件，分析其可能的发展及影响，提出防治要求与方案建议；

4   对存在的断裂，应明确其位置、活动性和对工程的影响，提出相关处理建议；

5   对采空区，应分析判定采空区的稳定性和工程建设的适宜性，并提出防治方案建议。

 延伸阅读与深度理解

（1）因选址不当和勘察设计工作不到位，国内已经发生多起滑坡引起的房屋倒塌事故，必须加以高度重视。

（2）本条是针对存在不良地质作用和潜在地质灾害的场地岩土工程勘察成果的基本要求。

（3）溶洞、土洞、崩塌、滑坡、泥石流是最典型的不良地质作用，在一定条件下可能发生地质灾害，危及工程的安全。

（4）采空区的冒落、塌陷及伴存的严重不均匀地基和活动断裂带等都会对建设工程质量和安全产生严重的威胁。

（5）当拟建工程的场地及附近存在不良地质作用和发生过地震灾害，岩土工程勘察成果应有专门的分析评价，并应检查所取得的岩土工程勘察成果是否提供了符合本条的相应的分析评价结论。如果没有就需要书面告知勘察单位补充完善。

（6）关于溶洞问题。

实际工程中，经常会遇到地勘报告提出，本场地持力层含有大小不等的溶洞。一般都建议结合工程进行施工勘察，探明溶洞具体情况，并进行必要的处理。

1）施工勘察工作量应根据建筑工程地基基础设计要求和场地复杂程度确定。应重点查明基底以下对地基稳定性影响范围内的溶洞（隙）、溶沟（槽）、石芽、溶蚀漏斗的分布、发育程度和发育规律，并应对地基稳定性作出评价。

2）勘探孔深度宜进入持力层3~5倍基础短边宽度或桩基底面直径的3倍，且不小于5m。

3）岩溶微发育及中等发育地段，柱下独立基础应一柱基一孔，条形基础应6~12m一孔。岩溶强发育地段，柱下独立基础宜一柱基多孔，条形基础应不大于6m一孔。

【工程案例】2018年河北某山地工程遇到的溶洞问题。

（1）场地稳定性和适宜性

场地地势起伏较大，拟建场地除301号、302号、304号、311号、314号、324号、401号、607号、648号、657号、663号、676号钻孔发现岩溶洞外，无其他不良地质作用。基岩裂隙水对工程建设有一定影响，排水条件尚可，场地稳定性较好，场地工程建设适宜性分类为较适宜。

（2）地基基础方案

1）拟建建筑物 20-1 号楼，地上 34 层，地下 3 层，基底标高约为 134.50m，直接持力层为强风化石灰岩②层、中等～微风化石灰岩③层，建议采用天然地基。拟建建筑物范围在 301 号、302 号钻孔位置基底标高以下发现岩溶洞，当基础底面揭露到岩溶洞时，建议将岩溶洞充填物全部挖除，采用浆砌石或混凝土充填等处理措施；基底面以下埋藏较深的岩溶洞，建议采用混凝土灌填或灌注桩穿越等处理措施。具体处理措施，应在基槽开挖至基底设计标高后对建筑物地基进行施工勘察（如物探法结合地质钻探法），查明基槽以下岩溶洞的发育情况及性质，根据对地基稳定性的影响程度采取相应的工程措施。

2）由于本工程采用大直径旋挖成孔灌注桩筏基础，所以设计要求对每个桩端进行超前钻，探明桩端是否有岩溶。

（3）施工勘察报告给出结论

1）前言

受××地产开发有限公司的委托，按照北京××建筑设计有限责任公司施工设计图提出的要求，××公司对一渡项目八期 3-1 号地块超前钻-20 号楼桩基础进行了超前钻施工勘察。

2）超前钻给出的桩长控制及成桩建议（由于篇幅，仅给出部分）

见表 2-3-2 所列。

成桩控制建议表   表 2-3-2

桩号	设计桩长(m)	超前钻孔口标高(m)	建议桩底标高(m)	建议桩身长度(以超前钻孔口标高起算,m)	施工建议
20-1 号	≥16.0	133.35	116.85	16.5	冲击钻至 16.5m 后进行下道工序
20-2 号	≥15.0	133.35	117.85	15.5	冲击钻至 15.5m 后进行下道工序
20-3 号	≥24.0	133.35	108.85	24.5	冲击钻至 24.5m 后进行下道工序
20-4 号	≥25.0	133.35	107.85	25.5	冲击钻至 25.5m 后进行下道工序
20-5 号	≥25.0	133.35	107.25	26.1	冲击钻至 26.1m 后进行下道工序
20-6 号	≥25.0	133.35	107.85	25.5	冲击钻至 25.5m 后进行下道工序
20-7 号	≥17.0	133.35	116.05	17.3	冲击钻至 17.3m 后进行下道工序
20-8 号	≥17.0	133.35	115.85	17.5	冲击钻至 17.5m 后进行下道工序
20-9 号	≥24.0	133.35	108.75	24.6	冲击钻至 24.6m 后进行下道工序
20-10 号	≥24.0	133.35	109.05	24.3	冲击钻至 24.3m 后进行下道工序
20-11 号	≥25.0	133.35	107.35	26.0	冲击钻至 26.0m 后进行下道工序
20-12 号	≥25.0	133.35	107.55	25.8	冲击钻至 25.8m 后进行下道工序
20-13 号	≥16.0	133.25	117.05	16.2	冲击钻至 16.2m 后进行下道工序
20-14 号	≥16.0	133.35	117.05	16.3	冲击钻至 16.3m 后进行下道工序
20-15 号	≥25.0	133.35	108.05	25.3	冲击钻至 25.3m 后进行下道工序
20-16 号	≥25.0	133.35	107.85	25.5	冲击钻至 25.5m 后进行下道工序

续表

桩号	设计桩长(m)	超前钻孔口标高(m)	建议桩底标高(m)	建议桩身长度(以超前钻孔口标高起算,m)	施工建议
20-17 号	≥26.0	133.35	106.65	26.7	冲击钻至26.7m后进行下道工序
20-18 号	≥27.5	133.35	105.15	28.2	冲击钻至28.2m后进行下道工序
20-19 号	≥16.0	133.35	117.35	16.0	冲击钻至16.0m后进行下道工序
20-20 号	≥16.0	133.35	117.05	16.3	冲击钻至16.3m后进行下道工序
20-21 号	≥15.0	133.35	117.85	15.5	冲击钻至15.5m后进行下道工序
20-22 号	≥25.5	133.35	107.25	26.1	冲击钻至26.1m后进行下道工序
20-23 号	≥25.0	133.35	107.85	25.5	冲击钻至25.5m后进行下道工序
20-24 号	≥26.0	133.35	106.85	26.5	冲击钻至26.5m后进行下道工序
20-25 号	≥24.0	133.35	108.85	24.5	冲击钻至24.5m后进行下道工序
20-26 号	≥25.0	133.35	108.15	25.2	冲击钻至25.2m后进行下道工序
20-27 号	≥22.0	133.35	111.35	22.0	冲击钻至22.0m后进行下道工序
20-28 号	≥24.0	133.35	108.85	24.4	冲击钻至24.4m后进行下道工序
20-29 号	≥16.0	133.35	116.75	16.6	冲击钻至16.6m后进行下道工序
20-30 号	≥16.0	133.35	116.55	16.8	冲击钻至16.8m后进行下道工序
20-31 号	≥15.0	133.35	117.85	15.5	冲击钻至15.5m后进行下道工序
20-32 号	≥24.0	133.35	108.35	25.0	冲击钻至25.0m后进行下道工序
20-33 号	≥25.0	133.35	108.15	25.2	冲击钻至25.2m后进行下道工序
20-34 号	≥22.0	133.35	110.15	23.2	冲击钻至23.2m后进行下道工序
20-35 号	≥20.0	133.35	113.35	20.2	冲击钻至20.2m后进行下道工序
20-36 号	≥21.0	133.35	111.35	22.0	冲击钻至22.0m后进行下道工序
20-37 号	≥22.0	133.35	110.75	22.6	冲击钻至22.6m后进行下道工序
20-38 号	≥17.0	133.35	115.35	18.0	冲击钻至18.0m后进行下道工序
20-39 号	≥15.0	133.35	117.75	15.6	冲击钻至15.6m后进行下道工序
20-40 号	≥16.0	133.35	116.85	16.5	冲击钻至16.5m后进行下道工序
20-41 号	≥22.0	133.35	110.85	22.5	冲击钻至22.5m后进行下道工序
20-42 号	≥22.5	133.35	110.25	23.1	冲击钻至23.1m后进行下道工序
20-43 号	≥21.0	133.35	111.15	22.2	冲击钻至22.2m后进行下道工序
20-44 号	≥15.0	133.35	118.35	15.0	冲击钻至15.0m后进行下道工序
20-45 号	≥24.0	133.35	108.85	24.5	冲击钻至24.5m后进行下道工序
20-46 号	≥25.0	133.35	108.35	25.0	冲击钻至25.0m后进行下道工序
20-47 号	≥23.0	133.35	109.95	23.4	冲击钻至23.4m后进行下道工序
20-48 号	≥22.0	133.35	111.15	22.2	冲击钻至22.2m后进行下道工序

注:桩底标高以桩端进入基岩内2.0m计。

3)结论与建议

① 施工勘察表明,桩基础施工勘察场地范围内无活动性大断裂构造通过,拟建场地

和地基基本稳定。

②因超前钻口径较小，施工勘察时难以查明桩端岩体顶面是否倾斜，施工时应采取有效的护壁措施，以免发生桩孔垮塌，影响桩基施工的顺利进行。桩底必须嵌在较完整的中等风化白云质灰岩中，当遇基岩顶部较破碎时，可加大桩孔深度。

③桩基成孔建议按照"成桩控制建议表"建议的桩底标高进行成孔。若成孔过程中出现异常情况，应及时与相关单位沟通。必要时进行补勘。

④通过对冲击成孔灌注桩超前钻勘察，其桩底岩性为蓟县群雾迷山组白云质灰岩，桩端持力层为中等风化白云质灰岩④2时，其饱和单轴抗压强度标准值按20.0MPa采用。

⑤施工勘察时，在钻透（泥浆护壁）基岩上部覆盖层时，出现一定比例的塌孔、埋钻等情况。该情况显示基岩上部覆盖岩土层均匀性差，粒径不均，钻孔时孔壁有塌孔的可能。

⑥杂填土（人工填土）层含粒径较大的灰岩碎块，应在选择施工工艺和施工机械时予以充分考虑。钻探过程中揭示部分位置存在粒径较大的强风化块石，但由于钻孔口径相对于桩径（800mm）较小，钻进块石由于存在节理、风化程度不一等原因，取出块石岩心不一定能完全揭示块石的粒径，因而在桩体成孔范围内未揭示块石的位置也有可能存在块石。

⑦根据施工勘察成果，该场地桩端持力层层顶标高变化较大，部分位置基岩上部较破碎。地基基础在满足承载力要求的同时，建议加强基础刚度和整体性，必要时可采用筏板基础、加大基础梁。

⑧基础施工期间，建议加强施工验槽、验桩工作，以及时解决在施工中出现的岩土工程问题，确保施工的顺利进行。

⑨桩基完成后应按要求进行桩基检测，经检测合格后，方可进行下道工序，若经检测不能满足设计要求时，可加强基础刚度。

⑩冲击成孔灌注桩灌注混凝土前，必须经专业技术人员现场验收，验收合格后，才能灌注桩身混凝土。在灌注桩身混凝土前必须清孔，清孔时应按《建筑桩基技术规范》JGJ 94-2008第6.3.17条规定完成后，才能进行下道工序施工。

⑪场地内岩土层的分布及其物理力学性质等均见"本场地详勘阶段勘察报告书"。

第4章 天然地基与处理地基

4.1 一般规定

4.1.1 地基设计应符合下列规定：

1 地基计算均应满足承载力计算的要求；

2 对地基变形有控制要求的工程结构，均应按地基变形设计；

3 对受水平荷载作用的工程结构或位于斜坡上的工程结构，应进行地基稳定性验算。

 延伸阅读与深度理解

（1）本条规定源自国家标准《建筑地基基础设计规范》GB 50007-2011 第 3.0.2 条（强制性条文）。

（2）本条规定了地基设计的基本原则，为确保地基设计的安全，在进行地基设计时必须严格执行。

（3）地基基础受水平力作用时应进行地基稳定性验算。

（4）地基设计的原则如下：

1）各类建筑物的地基计算均应满足承载力计算的要求。

2）地基基础设计等级为甲、乙级的建筑物均应按地基变形设计，这是由于因地基变形造成上部结构的破坏和裂缝的事例很多，因此控制地基变形成为地基基础设计的主要原则，在满足承载力计算的前提下，应按控制地基变形的正常使用极限状态设计。

3）对经常受水平荷载作用、建造在边坡附近的建筑物和构筑物以及基坑工程应进行稳定性验算。本次修订增加了对地下水埋藏较浅，而地下室或地下建筑存在上浮问题时，应进行抗浮验算的规定。

（5）问题讨论：地基承载力控制与变形控制是什么关系？

当土体承受荷载时，土体内部产生应力和应变。在剪应力没有超过土的抗剪强度时，土体处于弹性状态，应变积累到地面就形成地表的沉降，沉降问题从一开始就发生，建筑物也随之下沉。

当荷载比较大的时候，土体中某些点的剪应力会超过土体的抗剪强度，该点产生塑性破坏，这样的点多了，就形成滑动面，地基就发生整体破坏，这个时候的荷载就称为极限荷载。当然，实际的破坏现象要复杂得多，可能不是整体破坏，而是局部破坏，也可能是刺入剪切破坏，尽管破坏的形态不同，但地基都不能再继续承载的结果是一样的。

在竖向荷载作用下，建筑物地基的破坏通常是由于承载力不足而发生的剪切破坏。地基剪切破坏可分为整体剪切破坏、局部剪切破坏、刺入剪切破坏三种。如图 2-4-1 所示。

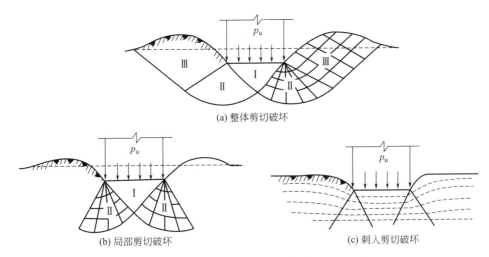

(a) 整体剪切破坏

(b) 局部剪切破坏　　　　　　　　　　(c) 刺入剪切破坏

图 2-4-1　地基破坏模式

设计时，为控制地基不会产生破坏，必须采用一定的安全系数，一般取安全系数为2.0，极限荷载除以安全系数就得到地基承载力特征值（实质就是强度条件下的容许承载力），这就是地基设计的强度问题。

在满足地基承载力的条件下，还必须满足变形的要求。沉降大了，尤其是不均匀沉降大了，会使结构发生破坏，或者影响正常的使用。各种不同类型的建筑物和构筑物，控制性的变形指标是不同的，如，高耸结构物由倾斜控制、框架结构由沉降差控制等。

从载荷试验得到的地基承载力，只给出了相当压板宽度 2～3 倍范围内土层的承载力和变形模量，作为持力层，可以为设计提供地基承载力参数。但影响建筑物沉降的土层可能很厚，载荷试验无法反映这么深的土层的变形性质，也无法控制建筑物的沉降，所以建筑物的变形控制与从载荷试验结果选取承载力时的变形取值之间没有任何的联系。

载荷试验 $p\text{-}s$ 曲线上的拐点是土体的弹性阶段结束的标志，用 $s/b=0.015$ 取用的地基承载力只是按压板的相对变形确定承载力的一种经验方法，与将来建筑物建成以后发生的沉降量完全没有关系，与变形控制设计也没有任何的必然联系。

最大沉降量是一个相对的概念，一般是指实测沉降中的最大值，无法事先计算清楚，也没有严格的定义。

承载力极限状态和正常使用极限状态是地基基础设计必须同时满足的两个基本要求，缺一不可。设计时必须同时进行承载力的控制与地基变形的控制验算。只是在有些情况下，满足承载力的要求，变形要求也就自然满足，这时地基承载力是控制的条件；有些时候，变形是控制性的，只要满足了变形的要求，承载力也自然满足。但在很多时候，这两个条件不一定是同时满足的，所以要进行验算。

（6）地基处理设计工作质量。

随着我国城镇化建设的不断推进，城镇建设用地正在逐年减少，新增建设用地需要进行地基处理的工程大量增加。尽管我国地基处理设计水平不断提高，地基处理施工工艺和施工设备不断更新，地基处理技术有了很大发展，但是，由于工程建设的需要，建筑使用功能要求也在不断提高，需要地基处理的工程项目不断增多，场地类型及其范围进一步扩大，用于地基处理的费用在工程建设投资中所占比重也在不断增大。因此，地基处理的设计和施工不仅需要做到安全适用、技术先进和经济合理，更应达到确保质量、保护环境的要求。

地基处理设计工作质量主要表现为处理后地基应满足建筑物地基承载力、变形和稳定性要求。

【工程案例1】2020年5月笔者参与论证评审的北京某工程，甲方为了节省投资，将主楼基础与地下车库基础高差保持在2层（7m左右），如图2-4-2、图2-4-3所示。设计院咨询笔者，笔者认为这样的方案存在比较大的安全隐患，建议设计院或甲方找专家论证。

实际工程中，地库比主楼基础深1层近年比较常见，但高2层比较少见，无论是差1层还是差2层，这些做法均不符合常规的概念。常规概念是希望主楼基础比裙房或车库深一些，至少应一样深。

图 2-4-2　工程图片

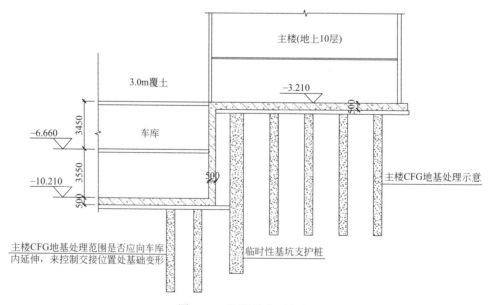

图 2-4-3　原设计典型方案

（1）设计院提出关于基础论证内容

1）关于主楼和车库之间基础底标高存在 2 层高差，主楼均为 CFG 复合地基，二者仅在车库顶板和主楼基础交接处相连，如何控制高差基础间的变形，二者之间沉降差控制在多少较为妥当。主楼 CFG 地基处理是否应向车库延伸一定范围，来更好地控制主楼和车库交接处基础变形。即使控制了变形，对于连接位置处是否应采取别的加强措施。

2）对于本项目，场地第④层砂质粉土、黏质粉土，⑥1 层黏质粉土及⑦1 层黏质粉土为可液化土层。由此判定本建筑场地属于对建筑抗震不利地段。其中液化程度为轻微和中等液化，属于丙类建筑，结合本项目基础自身特点，是否需要采取部分消除液化措施。

3）关于基础底标高高差为 2 层时，挡土外墙的计算假定是否合理。

（2）论证会上笔者认为目前方案存在的问题

1）车库与主楼高差太大（一般希望主楼地下比裙房或车库深，如图 2-4-4 所示），且场地具有中等液化。考虑边坡支护等无法控制差异变形，主要是沉降根本无法计算清楚。

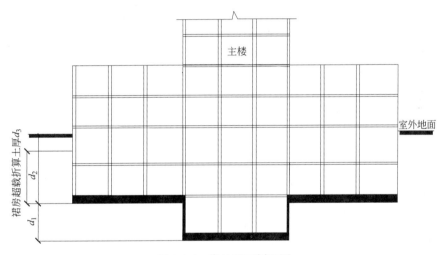

图 2-4-4 常见地下剖面图

2）更主要的问题是主体一侧与车库相连接，造成不均匀沉降更加难控。

3）施工比较复杂，工序受到制约，会影响工期。

（3）论证会笔者个人提出的建议方案

方案一：主楼地下再下移一层，如图 2-4-5 所示。

主楼地下下移一层，取消护坡桩，采用放坡处理，这样有利于控制沉降差。下移一层，如图 2-4-5 所示，这样可以使主体附加应力减小 50％左右，进而减小差异沉降。

方案二：维持原方案。

当然考虑本工程主体高度不算太高（10 层左右），如果保持原方案，则建议进行必要的仔细分析，同时采取切实可行的技术加强措施。

1）在非车库临土侧可以考虑采用墙下桩基础。

2）建议采用有限元对整体进行沉降分析，严控沉降差不大

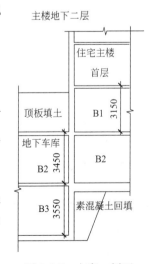

图 2-4-5 方案一剖面

于 0.1%。

3）控制筏板刚度，要求满足筏板整体挠度不大于 0.05%。

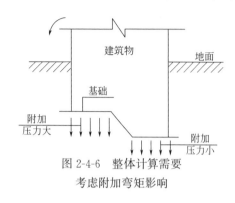

图 2-4-6　整体计算需要
考虑附加弯矩影响

4）车库计算需要考虑主体结构附加应力影响，同时需要车库顶板局部加强，以便主体地震作用的传递。

5）主体结构整体计算需要考虑差异沉降引起的附加弯矩影响。如图 2-4-6 所示。

6）需要有详细的施工组织设计说明

如：先进行地坑支护（支护桩需要严控顶点水平位移），开挖车库并施工，待地库施工完成，回填肥槽（压实系数 0.94），再施工主体 CFG 桩等。

（4）专家论证意见

专家听取了地基基础设计方案汇报，审阅了相关资料，经过质询和讨论，形成如下专家论证意见：

1）方案设计资料齐全，符合论证要求。

2）地基基础设计方案基本可行。

3）建议采取以下加强措施：

① 主楼考虑中等液化影响。1 号、2 号、3 号、6 号、8 号、12 号、15 号、7 号、13 号、5 号楼结构主体非临车库外墙墙下做桩基，控制主楼和车库之间的沉降差，沉降差按照《建筑地基基础设计规范》GB 50007-2011 第 8.4.22 条执行。同时，控制基础筏板挠度，复合地基的褥垫层厚度取 150mm。

② 主楼和车库有 2 层高差位置处，车库地下一层顶板加腋，加腋满足 1：6 要求。

③ 高差为 2 层地下室外墙按照静止土压力计算，静止土压力系数建议取值 0.7。

④ 地库与主楼高差为 2 层时，地库地下二层顶板向车库内延伸一跨范围内结构板厚取值 160mm，配筋为双层双向，受力方向最小配筋率按 0.25% 控制。

⑤ 对于高差为 2 层时，若先施工 CFG 桩后开挖车库，支护桩变形应严格控制，桩顶水平变形控制在 10mm 以内。

【工程案例 2】2020 年，某工程开发商选择全部拆除重建，改成桩基础，确保不再有沉降。

重庆××项目，如图 2-4-7 所示，据资料介绍，原方案是采用强夯处理深杂填土后直接作为建筑的持力层。

2020 年 3 月 7 日，重庆某区建管局在疫情复工复产巡查中发现，在某地产项目内，某地块洋房地基出现沉降现象，行业主管部门立即下发整改通知书，同时，作为此项目的责任单位，重庆某房地产开发有限公司随即响应并停工；3 月 25 日，该项目委托第三方专业机构对楼栋地基进行检测和监测；7 月 18 日得出结果：楼栋基础处于持续下沉状态，沉降未达到稳定状态，房屋出现结构裂缝及部分指标超规范要求；7 月 30 日，公司决定返工推倒重建。

据一些新闻称，本项目本次拆除的洋房楼栋，真正出现明显沉降现象的只有其中少部分楼栋，其他洋房楼栋都没有出现问题。但是因为其他楼栋地基工艺仍有沉降风险，所以

图 2-4-7　工程图片

开发商选择全部都拆除，改成桩基础，保障后续不会再有沉降问题出现。

出现这样的事情，并且引发了诸多关注，对于该项目的开发商来说是一个不小的挑战。在事件发生之后，开发商也没有任何推脱，第一时间站出来承担责任，并表示："为给业主交付一个安心的家，发生沉降的楼栋全部返工重建，并且将在近期开工，预计 2021 年年内交房。"同时，开发商也为购房者提供了 2 种赔偿方案：如业主选择继续履行合同，开发商将与业主签订补充协议，依照购房合同约定，按已付房款的 0.01%/日向业主支付逾期交房违约金；如业主不同意逾期交付，可选择退房，开发商将与业主签订解除协议，按购房合同约定退还业主已付房价款及利息（按银行同期贷款利率计算），并支付已付房价款 1% 的违约金。并且也表示，在后期，开发商也将严格按照相关规定为广大业主做好后续服务。

笔者提醒各位设计师：对于高填方地基处理还是要谨慎选择安全可靠的地基处理方案，必要时建议对方案进行专家论证。由于强夯处理杂填土地基造价比较低，不少工程在条件许可时都优先选择这种处理方案。目前，在我国强夯处理深度理论上可以达 10m 左右，比较常用的是 5m 左右，但业界传说强夯可以一次性达到 20m，甚至更深的土层。依据笔者职业生涯的工程经验，理论与实际还是有不小的差距的，强夯适合对不均匀沉降不太敏感的多层建筑，对于高层建筑一般都是先采用强夯处理，然后主要建筑下还是要设置桩基比较稳妥。

比如 2020 年葫芦岛某工程，由于场地具有湿陷性，整个场地就先采用强夯处理，别墅类多层建筑就直接利用强夯后作为持力层，高层建筑下依然采用桩基础。

近些年，不达标就拆的案例在全国各地都有不少。2010 年 7 月底，北京某三角地的住宅项目，被检查的部分楼栋混凝土存在质量问题，经检测和专家论证，市、区两级建设行政主管部门决定拆除 B、C 区 6 栋楼地上结构部分，另外 2 栋楼进行局部加固。

2014 年 10 月，北京某自住房项目，因部分混凝土强度不达标而被勒令停工。而出现质量问题的 3 栋楼要求全部返工重建。2017 年，河北廊坊香河县还发生过开发商拆楼套路事件。据相关媒体报道，在香河县某小区买的房子临近交房但因质量验收不合格，开发商表示要将已建好的楼房炸掉重建，但要再交 3000 元/m² 的成本费。2018 年 8 月，据每日经济新闻报道，天津某项目 18 栋住宅主体完成，却因混凝土问题将全部拆除重建。2018 年 10 月，山东济南某公馆二期曝出车库坍塌事件，业主维权近 10 个月，时隔很久才发布了关于某公馆二期客户维权协调答复意见通告，业主将面临"有条件"退房和加固＋优惠补偿等选择。

笔者观点：对于建筑，如果施工质量不合格，且经过评估加固补强比较困难，不如推倒重建，否则社会影响不好，另外有时由于加固难度大，付出的代价并不比推倒重建小，且给购房者心里留下永久的隐患。但这样的推倒重建对实现"双碳"目标极为不利。基于此，笔者还是希望各产业链上的每个环节，把问题与隐患解决在项目的实施阶段，这样利国利民利己。

4.1.2 地基基槽（坑）开挖到设计标高后，应进行基槽（坑）检验。

 延伸阅读与深度理解

（1）本条规定源自国家标准《建筑地基基础设计规范》GB 50007-2011 第 10.2.1 条（强制性条文）。

（2）勘察、设计、监理、施工、建设等各方相关技术人员应共同参加验槽。

1）验槽时，现场应具备岩土工程勘察报告、轻型动力触探记录（可不进行轻型动力触探的情况除外）、地基基础设计文件、地基处理或深基础施工质量检测报告等。

2）验槽应在基坑或基槽开挖至设计标高后进行，留置保护土层厚度不应超过100～200mm；槽底应为无扰动的原状土。

（3）基槽开挖后进行基槽检验，是建筑物开始施工后最初的重要工序，也是岩土工程勘察的最后一个重要环节。基槽检验有两个主要目的：一是检验勘察成果是否符合实际情况，通常勘察孔的数量有限，基槽全面开挖后，地基持力层全部暴露出来，可以比较直观地检验工程勘察成果与实际情况的吻合性，勘察报告给出的结论与建议是否正确和切实可行；二是解决遗留问题和发现新的问题，当发现基槽检验和勘察报告提供参数不一致或遇到异常情况时，应提出处理意见及建议。

（4）天然地基验槽。

天然地基验槽应检验下列内容：

1）根据勘察、设计文件核对基坑的位置、平面尺寸、坑底标高。

2）根据勘察报告核对基坑底、坑边岩土体和地下水情况。

3）检查空穴、古墓、古井、暗沟、防空掩体及地下埋设物的情况，并应查明其位置、深度和性状。

4）检查基坑底土质的扰动情况以及扰动的范围和程度。

5）检查基坑底土质受到冰冻、干裂，受水冲刷或浸泡等扰动情况，并应查明影响范围和深度。

6）天然地基验槽前应在基坑或基槽底普遍进行轻型动力触探检验，检验数据作为验槽依据。

7）遇下列情况之一时，可不进行轻型动力触探：

① 承压水头可能高于基坑底面标高，触探可造成冒水涌砂时；

② 基础持力层为砾石层或卵石层，且基底以下砾石层或卵石层厚度大于 1m 时；

③ 基础持力层为均匀、密实砂层，且基底以下厚度大于 1.5m 时。

（5）地基处理工程验槽。

1）对于换填地基、强夯地基，应现场检查处理后的地基均匀性、密实度等检测报告和承载力检测资料。

2）对于增强体复合地基，应现场检查桩位、桩头、桩间土情况和复合地基施工质量检测报告。

3）对于特殊土地基，应现场检查处理后地基的湿陷性、地震液化、冻土保温、膨胀土隔水、盐渍土改良等方面的处理效果检测资料。

特别注意：如果采用地基处理，则需要预留厚度不小于 0.5m；待桩施工完成后，先清理桩间土，待桩身混凝土达到一定强度后将保护桩头凿除；清土和截桩时，应采用小型机械或人工剔除等措施，不得造成桩顶标高以下桩身断裂或桩间土扰动。如图 2-4-8 所示。

CFG桩(水泥粉煤灰碎石桩)
桩头清理

施工桩顶标高宜高出设计桩顶标高不少于0.5m。清土和截桩时，不得造成桩顶标高以下桩身断裂和扰动桩间土

只能采用切割，或人工剔凿，不得动力扰动

图 2-4-8　CFG复合地基截桩示意

（6）桩基工程验槽。

1）设计计算中考虑桩筏基础、低桩承台等桩间土共同作用时，应在开挖清理至设计标高后对桩间土进行检验。

2）对人工挖孔桩，应在桩孔清理完毕后，对桩端持力层进行检验。对大直径挖孔桩，应逐孔检验孔底的岩土情况。

4.1.3　处理后的地基应进行地基承载力和变形评价、处理范围和有效加固深度内地基均匀性评价。复合地基应进行增强体强度及桩身完整性和单桩竖向承载力检验以及单桩或多桩复合地基载荷试验，施工工艺对桩间土承载力有影响时尚应进行桩间土承载力检验。

 延伸阅读与深度理解

（1）本条是地基处理工程验收检验的基本要求。

（2）换填垫层、预压地基、压实地基、夯实地基和注浆加固地基的检测，主要通过静载荷试验、静力或动力触探、标准贯入或土工试验等检验处理地基的均匀性和承载力。

（3）对于复合地基，不仅要做上述检验，还应对增强体的质量进行检验，需要时可采用钻芯取样进行增强体强度复核。

（4）采用强夯、振冲法、沉管法等处理地基时，由于在地基处理过程中原状土的结构受到不同程度的扰动，强度会有所降低，特别是饱和土地基，一定范围内土的孔隙水压力上升，待休止一段时间后，孔隙水压力会消散，强度会逐渐恢复，恢复期的长短是根据土的性质而定，原则上应待孔压消散后进行检验。

（5）采用水泥土搅拌桩复合地基、灰土挤密桩和土挤密桩复合地基、水泥粉煤灰碎石桩复合地基、柱锤冲扩桩复合地基等时，由于桩体强度发展需要一定的时间，复合地基承载力是随着时间增长逐步提高的，因此，复合地基承载力的检验也应在施工结束、满足间隔期后进行。

（6）当复合地基以刚性灌注桩或管桩作为增强体时，其桩身质量应采用低应变法、钻芯法等进行检验。检测具体方法和数量应按现行行业标准《建筑基桩检测技术规范》JGJ 106执行。

（7）桩间土状改善程度，宜根据土类型选用静力触探、十字板剪切试验、圆锥动力触探、标准贯入试验和钻探取土试验等方法进行检验。

（8）复合地基变形计算深度需要注意的几个问题。

1）《建筑地基处理技术规范》JGJ 79-2012

7.1.7 复合地基变形计算应符合现行国家标准《建筑地基基础设计规范》GB 50007的有关规定，地基变形计算深度应大于复合土层的深度……

2）《建筑地基基础设计规范》GB 50007-2011

5.3.7 地基变形计算深度 z_n（图 5.3.5），应符合式（5.3.7）的规定。当计算深度下部仍有较软土层时，应继续计算。

$$\Delta s'_n \leqslant 0.025 \sum_{i=1}^{n} \Delta s'_i \tag{5.3.7}$$

式中 $\Delta s'_i$——在计算深度范围内，第 i 层土的计算变形值（mm）；

　　　$\Delta s'_n$——在由计算深度向上取厚度为 Δz 的土层计算变形值（mm），Δz 见图 5.3.5
　　　　　　并按表 5.3.7 确定。

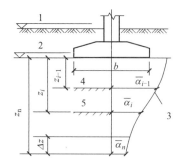

图 5.3.5 基础沉降计算的分层示意

1—天然地面标高；2—基底标高；3—平均附加应力系数 $\overline{\alpha}$ 曲线；4—$i-1$ 层；5—i 层

表 5.3.7　Δz

b(m)	≤2	2<b≤4	4<b≤8	b>8
Δz(m)	0.3	0.6	0.8	1.0

3）《北京地区建筑地基基础勘察设计规范》DBJ 11-501-2009（2016 年版）第 11.5.4 条第 7 款规定，水泥粉煤灰碎石桩复合地基变形计算应符合本规定第 7.4 节变形计算的有关规定，地基变形计算深度应大于复合土层的深度。

7.4.7　计算建筑物地基变形时，地基内的应力分布可采用各向同性均质线性变形体理论，按下式计算其最终沉降量：

$$s = \psi_s s_c = \psi_s \sum_{i=1}^{n} \frac{p_0}{E_{si}} (z_i \bar{\alpha}_i - z_{i-1} \bar{\alpha}_{i-1}) \tag{7.4.7}$$

式中　n——地基计算深度范围内所划分的土层数，地基变形的计算深度，对于中、低压缩性土取附加压力等于自重压力 20％的深度；对于高压缩性土取附加压力等于自重压力 10％的深度。

4）以上分析可以看出，在不同规范中，复合地基变形计算深度的规定是不同的，《建筑地基基础设计规范》GB 50007 采用的是变形比法，北京地区规范采用的是应力比法。对于有粘结强度材料的复合地基，由于桩是具有粘结材料的刚性体，它能够将基础压力传递到地基深处，既不会对基础范围外的土层产生过大的附加压力，也不同于天然地基一样产生的附加压力扩散。

根据经验，如果桩端持力层为砂卵石等硬层时，两者计算沉降量基本一致；如果桩端持力层为黏性土等较软层时，按北京规范计算的复合地基变形计算沉降量偏小。

5）复合地基变形计算深度时需要注意以下问题：

① 复合地基变形计算深度应大于复合土层的深度。

这就要求在勘察报告中，需要地基处理的建（构）筑物，其钻孔深度应符合规范的有关规定，尤其是控制孔深度应满足地基变形计算要求。

② 复合地基变形计算公式的选用。复合地基变形计算深度的确定，建议采用《建筑地基基础设计规范》GB 50007-2011 第 5.3.7 条规定的应变比法。北京地区复合地基变形计算也可以采用《北京地区建筑地基基础勘察设计规范》DBJ 11-501-2009（2016 年版）第 7.4 节变形计算规定的应力比法。根据经验，如果桩端持力层为砂卵石等硬层时，两者计算深度基本一致；如果桩端持力层为黏性土等较软层时，按北京规范计算的复合地基变形计算深度偏浅。

③ 当计算深度下部仍有较软土层时，应继续计算。

④ 复合地基最大沉降量计算应计算建筑物基础中心点沉降。

（9）关于复合地基压缩模量取值问题。

1）《建筑地基处理技术规范》JGJ 79-2012

7.1.7　复合地基变形计算应符合国家标准《建筑地基基础设计规范》GB 50007 的有关规定，地基变形计算深度应大于复合土层的深度。复合土层的分层与天然地基相同，各复合土层的压缩模量等于该层天然地基压缩模量的 ζ 倍，ζ 值可按下式确定：

$$\zeta = \frac{f_{spk}}{f_{ak}} \tag{7.1.7}$$

式中：f_{ak}——基础底面下天然地基承载力特征值（kPa）。

特别说明：

① f_{ak} 应为基础底面下天然地基承载力特征值，而不是基础底面下各层土的天然承载力特征值，在计算放大系数 ζ 时，天然地基承载力 f_{ak} 是唯一值。如果基础底面第二层土层承载力小于第一层持力层承载力，且第一层土层以薄层或透镜体状呈现，宜取第二层土天然地基承载力特征值。本公式中的 f_{ak} 取值还应与《建筑地基处理技术规范》JGJ 79-2012 的式（7.1.5-2）中 f_{ak} 取值一致。

② 复合地基承载力特征值 f_{spk} 取值。

这里分两种情况，即地基处理是按强度控制设计还是按变形控制设计。当承载力满足设计要求，变形计算亦满足设计要求时，可按强度控制设计，f_{spk} 取设计要求的复合地基承载力特征值，工程验收承载力检测时，静载荷试验最大加载量不应小于按设计要求的承载力特征值的 2 倍。

当承载力满足设计要求，变形计算不能满足设计要求时，可按变形控制设计，f_{spk} 取按《建筑地基处理技术规范》JGJ 79-2012 式（7.1.5-2）计算出来的复合地基承载力特征值，工程验收承载力检测时，静载荷试验最大加载量不应小于按公式计算的承载力特征值的 2 倍。

7.1.8　复合地基的沉降计算经验系数 ψ_s 可根据地区沉降观测资料统计值确定，无经验取值时，可采用表 7.1.8 的数值。

表 7.1.8　沉降计算经验系数 ψ_s

$\overline{E}_s$(MPa)	4.0	7.0	15.0	20.0	35.0
ψ_s	1.0	0.7	0.4	0.25	0.2

注：$\overline{E}_s$ 为变形计算深度范围内压缩模量的当量值，应按下式计算：

$$\overline{E}_s = \frac{\sum_{i=1}^{n} A_i + \sum_{j=1}^{m} A_j}{\sum_{i=1}^{n} \dfrac{A_i}{E_{spi}} + \sum_{j=1}^{m} \dfrac{A_j}{E_{sj}}} \tag{7.1.8}$$

式中：A_i——加固土层第 i 层土附加应力系数沿土层厚度的积分值；

A_j——加固土层下第 j 层土附加应力系数沿土层厚度的积分值。

2）《高层建筑岩土工程勘察标准》JGJ/T 72-2017

鉴于复合地基承载力特征值和变形模量由桩间土和增强体的不同组合共同提供，情况变化复杂，难于准确计算求得，加上施工条件、施工质量难于控制，故一般标准都强调复合地基的承载力和变形模量应采用单桩或多桩复合地基荷载试验确定。但现行《建筑地基基础设计规范》GB 50007 和行业标准《建筑地基处理技术规范》JGJ 79 均将复合地基承载力特征值应按复合地基荷载试验及单桩荷载试验确定作为强制性条文。既然做了单桩或多桩复合地基荷载试验，不仅可以得到复合地基承载力特征值，还可以同时获得复合地基的变形模量，但是过去对此重要参数没有加以利用。

（10）关于复合地基处理 CFG 相关问题。

【问题 1】何为 CFG 桩复合地基。

1）天然地基中设置一定比例的增强体（桩），并由原土和增强体共同承担建筑物的荷载。这样的一种人工地基称为复合地基。

2）CFG 桩复合地基就是非柔性基础条件下，由褥垫层、刚性的 CFG 桩和原土组成的复合地基。褥垫层以下，一般由复合土层（桩长范围）和天然土层（下卧层）两部分组成，如图 2-4-9 所示。

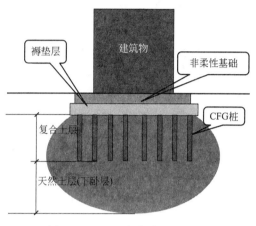

图 2-4-9　CFG 桩复合地基示意

【问题 2】CFG 桩满足什么条件，筏板基础下才可以满堂均匀布桩。

1）筏板基础下的 CFG 桩复合地基，能否满堂均匀布桩取决于两方面的条件：

① 基础底面压力受轴心荷载作用；

② 基底压力满足荷载线性分布条件。

2）基底压力线性分布的条件：

① 地基土比较均匀；

② 上部结构刚度比较好；

③ 梁板式或平板式筏基，板的厚跨比不小于 1/6；

④ 相邻柱荷载及柱间距的变化不超过 20%。

满足以上 4 个条件，则可以认为基底压力按线性分布，如图 2-4-10 所示，筏板下可以均匀布桩，如图 2-4-11 所示。

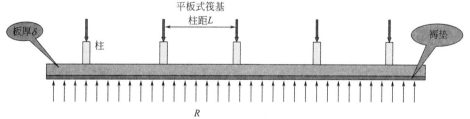

当 $h/L \geqslant 1/6$ 时，且相邻柱荷载及柱间距的变化不超过 20%，基底压力线性分布，中心荷载条件下，基底压力均匀分布

图 2-4-10　荷载均匀分布示意

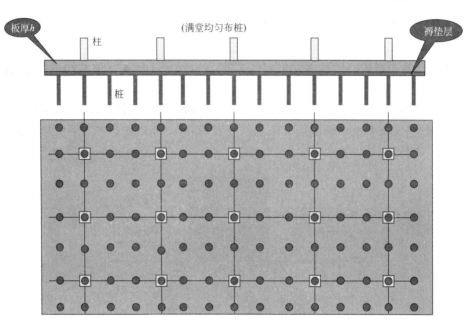

图 2-4-11　平板式筏基满足整体均匀时的布桩

【问题 3】基底压力不满足整体压力均匀分布，但满足局部均匀分布时，CFG 布桩应注意的问题。

1)《建筑地基处理技术规范》JGJ 79-2012 第 7.7.2-5 条规定：

① 筏板厚度与跨距之比小于 1/6 的平板式筏基、梁的高跨比大于 1/6 且板的厚跨比小于 1/6 的梁板式筏基，应在柱和梁边缘每边外扩 2.5 倍板厚的面积范围内布桩；

② 对荷载水平不高的墙下条形基础，可采用墙下单排布桩（桩距可选用 3~6 倍桩径）。

2) 当平板式筏板不满足板厚与柱距之比大于 1/6 时，可以偏于安全地认为压力筋在 2.5 倍筏板厚度范围内均匀，如图 2-4-12 所示。

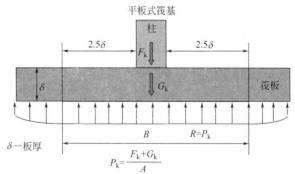

$$P_k = \frac{F_k + G_k}{A}$$

G_k—面积 A（从柱边扩出 2.5δ），厚度为 δ 的板重
F_k—柱荷载标准值
A—外扩 2.5 倍范围基础面积

图 2-4-12　应力按 2.5 倍筏板厚度均匀扩散

对于平板式筏基、板的厚跨比小于 1/6 时，且相邻柱荷载及柱间距的变化不超过 20%，荷载非均匀分布，可在柱边 2.5 倍板厚范围内布 CFG 桩，如图 2-4-13 所示。基底

压力按布桩范围作为基础面积计算。

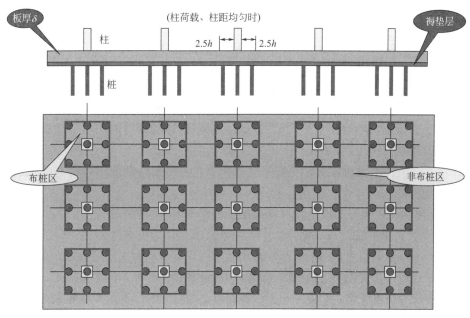

图 2-4-13 平板式筏基不满足整体均匀时的布桩

3）梁板式筏基，梁的高跨比大于 1/6，板的厚跨比小于 1/6，且相邻柱荷载及柱间距的变化不超过 20％，可在梁边 2.5 倍板厚范围内布 CFG 桩，如图 2-4-14 所示。基底压力按布桩范围作为基础面积计算。

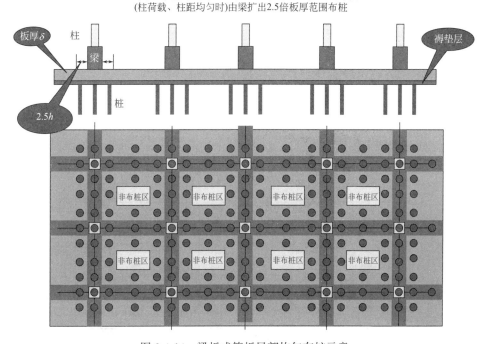

图 2-4-14 梁板式筏板局部均匀布桩示意

4）无论平板筏板还是梁板筏板，当不满足整体均匀布桩时，基底压力应按下式验算：

$$P = P_k = \frac{F_k + G_k}{A - A_f}$$

式中　A——基础总面积；

　　　A_f——非布桩面积总和。

【问题4】如何正确选择桩端持力层，CFG桩复合地基是否必须选用摩擦型桩。

《建筑地基处理技术规范》JGJ 79-2012第7.7.1条：水泥粉煤灰碎石桩复合地基适用于处理黏性土、粉土、砂土和自重固结已完成的素填土地基。对淤泥质土应按地区经验或通过现场试验确定其适用性。

第7.7.2-1条：水泥粉煤灰碎石桩，应选择承载力和压缩模量相对较高的土层作为桩端持力层。

1）应选择承载力和压缩模量相对较高的土层作为CFG桩桩端持力层。大量工程实践表明，密实砂层、卵石层、强风化岩、中风化岩是非常好的桩端持力层。

笔者观点：刚性桩复合地基的桩端还是不宜采用以端承桩为主的持力层。理由是：在使用过程中，通过桩与土变形协调使桩与土共同承担荷载是复合地基的本质和形成条件。由于端承型桩几乎没有沉降变形，只能通过垫层协调桩土相对变形，不可知因素较多，如地下水位下降引起地基沉降，由于各种原因，当基础与桩间土上垫层脱开后，桩间土将不再承担荷载。因此，本规范指出刚性桩复合地基中刚度桩应为摩擦型桩，对端承型桩进行限制。

2）CFG桩并非只能选用摩擦型桩。

【问题5】关于复合地基面积置换率公式的适用性。

《建筑地基处理技术规范》给出了散体材料桩复合地基面积置换率公式：

$$m = d^2/d_e^2$$

式中　d——桩径；

　　　d_e——根桩分担地基处理面积的等效圆直径。

等边三角形布桩：$d_e = 1.05s$

正方形布桩：$d_e = 1.13s$

矩形布桩：$d_e = 1.13\sqrt{s_1 s_2}$

s、s_1、s_2分别为桩间距、纵向间距和横向间距。

对于独立柱基础如果按照《建筑地基处理技术规范》给出的面积置换率计算，就会出现以下情况：如图2-4-15所示为正方形布置面积置换率差异。

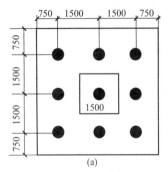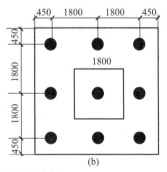

图2-4-15　正方形布置示意

按图 2-4-15 （a）布置时：4.5m×4.5m 正方形布置，桩径 0.4m，桩距 1.5m，则置换率 $m_a = 0.4^2 / (1.13 \times 1.5)^2 = 0.056$。

按图 2-4-15 （b）布置时：4.5m×4.5m 正方形布置，桩径 0.4m，桩距 1.8m，则置换率 $m_b = 0.4^2 / (1.13 \times 1.8)^2 = 0.039$。

$$m_a > m_b$$

由于两个基础平面尺寸均为 4.5m×4.5m，总桩数均为 9 个，直径均为 0.4m，显然这样计算置换率是不合理的。说明如下：

1）具有粘结强度桩复合地基承载力的基本表达式有以下形式。

① 用集中力表达的承载力表达式：

$$P \leqslant n\lambda R_a + \beta f_{sk} A_s \tag{1}$$

桩提供的承载力　　　桩间土提供的承载力

② 单位面积力表示的承载力表达式：

式（1）除以 A，即为单位面积力表示的承载力表达式

$$f_{spk} = n\lambda R_a / A + \beta f_{sk} A_s / A \tag{2}$$

式中　R_a——单桩承载力特征值（kN）；

　　　f_{sk}——桩间土承载力特征值（kPa）；

　　　λ——单桩承载力发挥系数；

　　　β——桩间土承载力发挥系数；

　　　A——独立基础底面积（m²）；

　　　A_s——独立基础面积减去桩面积之和（m²）；

$A_s = A - nA_p$，A_p 为桩面积（m²）。

③ 承载力另一种形式的表达式：

$$\begin{aligned} f_{spk} &= n\lambda R_a / A + \beta f_{sk} A_s / A \\ &= n\lambda R_a A_p / A_p A + \beta f_{sk} (A - nA_p) / A \\ &= \lambda m R_a / A_p + \beta (1-m) f_{sk} \\ m &= nA_p / A \end{aligned} \tag{3}$$

结论：

① 式（3）是普遍的表达式，适用于各种复合地基，适用于正方形、三角形、矩形布桩且每根桩分担的面积相等，基础面积较大条件下的复合地基。

② 对于独立基础下的布桩，此时可以采用 $m = nA_p / A$ 计算置换率，但对于如图 2-4-16 所示，不是等边三角形，而是等腰三角形，此时只能通过 $m = nA_p / A$ 计算置换率，然后再按式（3）计算复合地基承载力。

③ 对于墙下条形基础单排布桩，其置换率也只能按一个桩承担的面积计算，即 $m = A_p / A$。

笔者理解：独立基础下的总桩面积除以基础总面积就是最准确

图 2-4-16　独立基础
等腰三角形布桩

的置换率。规范给出的近似按正方形、等边三角形、矩形布置是基于面积较大的筏板基础。

【工程案例 3】笔者 2016 年对某工程进行的分析比较。

以某柱为例（六桩承台），如图 2-4-17 所示，由整体模型计算结果可以得知，基础尺寸为 4.4m×2.8m×1.0m（厚）。

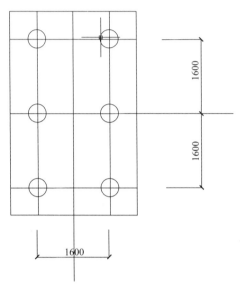

图 2-4-17　六桩 CFG 布置示意

柱下布置 6 桩，桩长 $L=10$m，桩径 $D400$。

置换率 $m=0.2×0.2×3.14×6/（4.4×2.8）=0.061$

如果按《建筑地基处理技术规范》，则置换率 $m=[0.4/（1.13×1.6）]^2=0.0489$

再以某柱为例（四桩承台），如图 2-4-18 所示，由整体模型计算结果可以得知，基础尺寸为 2.6m×2.6m×1.0m。

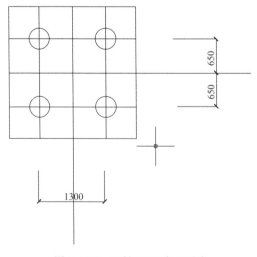

图 2-4-18　四桩 CFG 布置示意

柱下布置 4 桩，桩长 $L=8m$，桩径 $D400$。

置换率 $m=0.2\times0.2\times3.14\times4/(2.6\times2.6)=0.0743$

如果按《建筑地基处理技术规范》，则置换率 $m=[0.4/(1.13\times1.3)]^2=0.0741$

通过以上说明及工程案例，建议今后设计师完全可以依据基础地下总桩数面积除以基础总面积来计算置换率（当然前提是桩布置满足规范均匀布置的要求）。

【问题 6】设计应关注 CFG 桩复合地基检测的几个问题。

1）检测条件

① 桩体强度应满足检测要求，一般建议宜在桩施工 28d 后进行。

② 恢复期：指土体侧阻、端阻的恢复。

③ 复合地基载荷试验的加载方式应采用慢速维持荷载法。

2）检测内容

① 采用低应变动力试验检测桩身完整性。

② 静载荷试验：复合地基、单桩静载试验。

③ 工程桩验收检测荷载最大加载量不应小于设计承载力特征值的 2 倍；为设计提供依据的荷载试验应加载至复合地基达到破坏状态。

3）检测数量

① 低应变试验：不低于总桩数的 10%。

② 复合地基＋单桩静载荷试验：总桩数的 1.0%；

复合地基不少于 3 个点，单桩试验也不少于 3 个点；

《建筑地基检测技术规范》JGJ 340-2015 规定，复合地基载荷试验的检测数量应符合下列要求：单位工程检测数量不应少于总桩数的 0.5%，且不应少于 3 点。

4）试验点选择

① 复合地基静载试验点在平面上应均匀分布，当土性分布不均匀时，试验点选择应考虑土性对复合地基承载力的影响。

② 低应变检测试验点：

A. 平面上应均匀分布。

B. 注意随机选点，以保证缺陷桩统计比例的真实性。

C. 北京地区多用抽取桩尾号数字来确定，比如，抽取总桩数的 10% 进行低应变检测，选尾号数字 3，则 3、13、23、33、43……即为所选被检测桩。

D. 监理旁站发现施工可能有问题的桩，可另做检测，不参与统计。

【工程案例 4】某工程因机械清土不当，造成桩浅部水平断裂，随机选取 143 根桩进行低应变检测，发现 25 根桩有水平断裂缺陷，缺陷桩为被检测桩的 17%，又增加 143 根桩进行低应变检测，缺陷桩为被检测桩的 16.8%。

【问题 7】复合地基布桩需要注意的几个问题。

1）筏板基础下的复合地基，不是什么情况都可以均匀满堂布置的。

2）对复合地基，基底压力分布与基础形式和布桩形式密切相关，当满足基底压力为线性分布条件时，方可在基础下满堂布置。

3）复合地基承载力不能超过天然地基承载力的 3 倍。

笔者观点：没有这个规定，应依据理论计算和试验数据确定。

【工程案例5】2014年笔者主持的北京某框架核心筒超高层（120m），采用CFG地基处理，地基天然承载力特征值为180kPa，CFG处理后的承载力特征值核心筒为750kPa。

【工程案例6】某工程，基础底面下天然地基承载力特征值120kPa，建33层楼，采用CFG桩复合地基，桩长21m，桩距1.3m，桩端持力层为细砂。要求复合地基承载力特征值为570kPa。

4）对于框架-核心筒结构筏板基础布桩建议。

由于核心筒荷载大、外框柱荷载小，建议可以考虑核心筒与外框柱荷载分别提供，可以依据基底压力分别设置CFG桩，如图2-4-19所示。

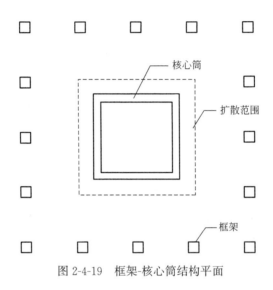

图 2-4-19　框架-核心筒结构平面

5）对于相邻柱荷载水平相差很大时的处理。

结构工程师根据勘察报告选择不同的桩端持力层（不同桩长），分别计算单桩承载力、不同桩距（3d、4d、5d）时复合地基承载力，柱荷载小的选用较小承载力，柱荷载大的选用较大承载力确定基础面积（非等承载力设计方法），容易控制柱间沉降差满足规范要求。且应进行相邻基础沉降差计算控制。

6）尽量采用较高复合地基承载力，较小基础面积，比较经济。

独立基础和条形基础与筏基、箱基条件下复合地基设计不同在于，前者根据地基承载力不同，可以选择不同基础尺寸。独立基础和条形基础尽量选用较大的承载力、较小基础尺寸。

7）刚性桩复合地基中的桩体可采用钢筋混凝土桩、素混凝土桩、预应力管桩、大直径薄壁筒桩、水泥粉煤灰碎石桩（CFG桩）、二灰混凝土桩和钢管桩等刚性桩。钢筋混凝土桩和素混凝土桩应包括现浇、预制、实体、空心以及异形桩等。

8）复合地基静载试验最大加载量可以适当大于设计要求特征值的2.0倍。例如，设计要求的承载力特征值是500kPa，试验要求2.0倍与2.1倍对比见表2-4-1。由表中可以看出，如果按2.0倍就不满足设计要求500kPa，按2.1倍试验就满足500kPa。

某工程 CFG 桩承载力特征值试验结果　　　　　　　　表 2-4-1

最大加载压力 2.0f_{spk}＝1000kPa		最大加载压力 2.1f_{spk}＝1050kPa		备注
试 1(kPa)	1000÷2＝500	试 4(kPa)	1050÷2＝525	承载力由最大加载压力的一半来控制
试 2(kPa)	1000÷2＝500	试 5(kPa)	1050÷2＝525	
试 3(kPa)	950÷2＝475	试 6(kPa)	950÷2＝475	
极差	5%＜30%	极差	9.8%＜30%	
平均值(kPa)	491.7＜500 不满足要求	平均值(kPa)	508＞500 满足设计要求	

4.2　地基设计

4.2.1　当轴心荷载作用时，基础底面的压力应符合下式规定：

$$p_k \leqslant f_a \tag{4.2.1}$$

式中：p_k——相应于作用的标准组合时，基础底面处的平均压力值（kPa）；

f_a——修正后的地基承载力特征值（kPa）。

4.2.2　当偏心荷载作用时，基础底面的压力除应符合式（4.2.1）要求外，尚应符合下式规定：

$$p_{kmax} \leqslant 1.2f_a \tag{4.2.2}$$

式中：p_{kmax}——相应于作用的标准组合时，基础底面边缘的最大压力值（kPa）。

 延伸阅读与深度理解

（1）本条是地基设计的基本原则之一。本条是由《建筑地基基础设计规范》GB 50007-2011 第 5.2.1 条（非强制性条文）改为强制性条文。

（2）本条规定了基础底面压力应不大于地基的允许承载力，地基承载力设计计算的核心是上部结构通过基础传给地基的平均压力（基底压力）的最大值不应使地基处于塑性变形的状态中，它是保证建筑结构安全的基本要求。

（3）由于土为大变形材料，当荷载增加时，随着地基变形的相应增长，地基承载力也在逐渐加大，很难界定出一个真正的"极限值"；另外，建筑物的使用有一个功能要求，常常是地基承载力还有潜力可挖，而变形已达到或超过按正常使用的限值。因之，地基设计采用正常使用极限状态这一原则，所选定的地基承载力是在地基土的压力变形曲线线性变形段内相应于不超过比例界限点的地基压力值，即允许承载力。

4.2.3　天然地基承载力特征值应通过载荷试验或其他原位测试、公式计算，并结合工程实践经验等方法综合确定。

 延伸阅读与深度理解

本条是由《建筑地基基础设计规范》GB 50007-2011 第 5.2.3 条（非强制性条文）调

整为强制性条文。

（1）天然地基承载力特征值的确定方法主要有三类：

1）根据土的抗剪强度指标以理论公式计算，计算结果为地基承载力极限值或地基临界承载力。地基极限承载力除以安全系数后可得到地基承载力特征值，其中，安全系数的取值与地基基础设计等级、荷载性质、土的抗剪强度指标的可靠程度以及地基条件等因素有关，具有一定主观性。

2）由现场静载荷试验确定。现场静载荷试验法是根据各级荷载以及相应的沉降稳定的观测数据，绘出荷载 p 与稳定沉降 s 的关系曲线（p-s 曲线），并根据 p-s 曲线可确定地基承载力特征值。

3）根据原位测试与地基承载力特征值之间的经验关系间接推定地基承载力特征值。

上述方法中，由现场静载荷试验确定的天然地基承载力特征值是最准确、可靠的方法。

（2）载荷试验有浅层平板载荷试验、深层平板载荷试验和岩石地基载荷试验。

规范规定，同一土层参加统计的试验点不应少于 3 点，各试验实测值极差不得超过平均值的 30%，取此平均值作为该土层的地基承载力特征值。但对于岩石地基，取最小值为岩石地基承载力的特征值。

浅层平板载荷试验适用于确定浅层地基土、破碎极破碎岩石地基的承载力和变形参数；深层平板载荷试验适用于确定深层地基土和大直径桩桩端土的承载力和变形参数，深层平板载荷试验的试验深度不应小于 5m；岩基载荷试验适用于确定完整、较完整、较破碎岩石地基的承载力和变形参数。

1）浅层平板载荷试验

平板载荷试验是一种古老的并被广泛应用的岩土原位测试方法，是基础的一种缩尺试验，模拟建筑物基础地基土的受荷条件，比较直观地反映地基土的承载力和变形特性。

平板载荷试验是在板底平整的刚性承压板上加荷，荷载通过承压板传给地基，测定天然埋藏条件下地基土的变形特性，评定地基土的承载力、计算地基土的变形量，并预估实体基础的沉降量。

地基载荷试验的承压板可采用圆形、正方形钢板或钢筋混凝土板。浅层平板载荷试验承压板面积不应小于 $0.25m^2$，换填垫层和压实地基承压板面积不应小于 $1.0m^2$，强夯地基承压板面积不应小于 $2.0m^2$。浅层平板载荷试验的试坑宽度或直径不应小于承压板边宽或直径的 3 倍。

2）深层平板载荷试验

早在 20 世纪 50 年代，我国已经流行一种深层载荷试验。这种试验的要点是，在试验点地面上用钻机钻一孔达到预定试验深度，钻孔直径约 400mm，然后用钻杆向钻孔内放入一个叫"括刀"的工具，旋转钻杆将孔底括平，取出括刀，放入刚性承压板，用钢管与地面的加荷装置连接，然后分级加荷并观测沉降，得到一条压力与沉降关系曲线，再用浅层载荷试验的公式计算变形模量。

由于这种方法存在两个关键问题，一是孔底极难平整，用括刀括平的效果很差，而且无法检查，对试验成果的影响极大而又无法估计和修正；二是用浅层载荷试验的公式计算变形模量，其应力状态与实际不符。因此，20 世纪 60 年代以后逐渐被淘汰，70 年代以后已经停止使用。

深层平板载荷试验的承压板直径不应小于 0.8m。岩基载荷试验的承压板直径不应小于 0.3m。深层平板载荷试验的试井直径宜等于承压板直径，当试井直径需要大于承压板直径时，紧靠承压板周围土的高度不应小于承压板直径。

深层与浅层平板载荷试验类似，深层载荷试验的影响深度也是有限的，要求承压板下 2 倍直径范围内为均质土。不同的是，浅层平板载荷试验位于半无限空间的表面，而深层载荷试验位于半无限空间的内部，故确定地基承载力时，浅层需要深度修正，深层不能修正。这也正是《建筑地基基础设计规范》GB 50007-2011 第 5.2.4 条中表 5.2.4 注 2 "地基承载力特征值按深层平板载荷试验确定时，深度修正系数取 0" 的缘故。

4.2.4　复合地基承载力特征值应通过现场复合地基载荷试验确定，或采用增强体载荷试验结果和其周边土的承载力特征值结合经验确定。复合地基静载荷试验应采用慢速维持荷载法。

 延伸阅读与深度理解

（1）本条规定源自国家标准《建筑地基基础设计规范》GB 50007-2011 第 7.2.8 条（强制性条文）及行业标准《建筑地基检测技术规范》JGJ 340-2014 第 5.1.5 条（非强制性条文）。

（2）复合地基承载力特征值的确定方法，应采用复合地基静载荷试验的方法，多桩型复合地基应采用多桩型复合地基静载荷试验确定。桩体强度较高的增强体，可以将荷载传递到桩端土层。

（3）当桩长较长时，由于静载荷试验的载荷板尺寸都较小，不能全面反映复合地基的承载特性。因此，采用单桩复合地基静载荷试验的结果确定复合地基承载力特征值，可能会由于试验的荷载板刚度或褥垫层厚度对复合地基静载荷试验结果产生影响。鉴于此，还应采用增强体静载荷试验结果和其周边土的承载力特征值结合经验对复合地基承载力特征值进行复核。

（4）复合地基承载力特征值应通过现场试验确定，且试验条件应与设计条件相一致。

（5）单桩复合地基试验的压板面积应与设计的单桩复合的地基面积相同。

（6）如采用增强体的荷载试验结果和其周边土的承载力特征值相结合经验确定时，经验数据应具有地区代表性或有可靠的依据。

（7）复合地基承载力特征值的试验应在增强体和周边岩土性质满足复合地基条件下进行，并符合建（构）筑物或市政设施使用期间的工程地质、水位地质条件。

（8）实施与检查时，应根据检验条件与工程实际使用情况的差异确定检验方法。

（9）复合地基检测应注意以下几个问题：

由于地基土的复杂多变，影响复合地基承载力的因素较多，虽然已有一些计算复合地基承载力的经验公式，但这些公式主要还是提供给设计人员在初步设计时估算承载力之用，复合地基承载力还应通过现场复合地基载荷试验确定。

1）复合地基载荷试验工程上大多采用单桩复合地基或多桩复合地基载荷试验。

无论单桩还是多桩，正确选用承压板面积和褥垫层厚度是确保试验结果准确的重要环节，承压板面积必须与单根增强体或实际多根增强体所承担的处理面积相等。这样做可以较正确地反映基础下桩与桩间土共同作用的实际情况，其试验结果是检验复合地基承载力的主要手段和建立计算承载力经验公式的主要依据。所以本规范规定应通过复合地基载荷试验确定其承载力特征值。

对于桩体强度较高的刚性桩（如 CFG）复合地基，桩可将荷载传递到桩端土层。当桩长较长时，由于载荷试验的载荷板宽度较小，不能全面反映复合地基的承载力特性。因此，单纯采用单桩复合地基载荷试验的结果确定复合地基承载力特征值，可能由于试验的载荷板面积或由于褥垫层厚度对复合地基载荷试验结果产生影响。因此对复合地基承载力特征值的试验方法，当采用设计褥垫层厚度进行试验时，对于独立基础或条形基础宜采用基础宽度相等的载荷板进行试验，当基础宽度较大试验有困难而采用较小宽度的载荷板进行试验时，应考虑褥垫层厚度对试验结果的影响，必要时应进行多桩复合地基载荷试验确定。

2）复合地基载荷试验承压板底面标高与设计要求标高相一致。

3）对于复合地基，单桩复合地基载荷试验的承压板可用圆形或方形，面积为一根桩承担的处理面积；多桩复合地基载荷试验的承压板可用方形或矩形，其尺寸按实际桩数所承担的处理面积确定，宜采用预制或现场制作并应具有足够刚度。试验时承压板中心应与增强体的中心（或形心）保持一致，并应与荷载作用点相重合。试坑宽度和长度不应小于承压板尺寸的 3 倍。

4）每栋楼低应变检测不少于每栋楼总桩数的 20%。

5）工程验收检测载荷试验最大加载量不应小于设计承载力特征值的 2 倍，为设计提供依据的载荷试验应加载至复合地基达到破坏状态。

提醒特别注意：如果场地有液化土层，试验时应考虑液化土层的影响。

6）特别强调复合地基载荷试验的加载方式应采用慢速维持荷载法。

说明：慢速维持荷载法是我国公认且已沿用几十年的标准试验方法，是行业关于复合地基设计参数规定值获取的最直接方法。

7）根据规范要求，静载荷试验宜在施工结束 28d 后进行，其桩身强度应满足试验荷载条件。

8）从成桩到开始试验的间歇时间：在桩身强度达到设计要求的前提下，对于砂类土不应少于 10d；对于粉土和黏性土不应少于 15d。

9）复合地基载荷试验的检测数量应符合下列规定：

① 单位工程检测数量不应少于总桩数的 0.5%，且不应少于 3 点；

② 单位工程复合地基载荷试验可根据所用的处理方法及地基土层情况，选择多桩复合地基载荷试验或单桩复合地基载荷试验。

特别说明：本条明确规定复合地基应进行载荷试验。载荷试验的形式可根据实际情况和设计要求采取以下三种形式之一：

第一，单桩复合地基载荷试验；第二，多桩复合地基载荷试验；第三，一部分试验为单桩试验，另一部分试验为多桩复合地基试验。选择多桩复合地基平板载荷试验时，应考虑试验设备和试验场地的可行性。无论采取哪种形式载荷试验，总的试验点数量（而不是受检桩数量）应满足要求。

10）成桩后，应进行成桩质量检测。检测方法应采用可靠的动测法，抽检数量不应少于总桩数的 10%，且不少于 10 根。复合地基设计等级为甲级或设计有要求时，不少于总桩数的 30% 抽检；对成桩可靠性差的，应按 100% 检测。

4.2.5　天然地基或经处理后的地基，当在受力层范围内存在软弱下卧层时，应进行软弱下卧层的地基承载力验算。

 延伸阅读与深度理解

（1）本条规定源自国家标准《建筑地基基础设计规范》GB 50007-2011 第 5.2.7 条（非强制性条文）及行业标准《建筑地基处理技术规范》JGJ 79-2012 第 3.0.5 条（强制性条文）。

（2）软弱下卧层是持力层下面，地基土受力范围内强度相对软弱的土层。由于软弱下卧层的地基承载力较小，在地基附加应力作用下容易出现承载力不足而破坏的现象，危及上部结构的安全，因而需要对软弱下卧层顶面处进行地基承载力验算。

【工程案例 7】2020 年 6 月 15 日有朋友咨询笔者：

CFG 地基处理时，基础底标高位置的地基承载力为 160kPa，此土层 2～3m 厚，下一层土承载力是 120kPa，地质剖面如图 2-4-20 所示。计算复核地基承载力时规范没有提下卧层验算。请问魏老师，我们这里有人认为要验算 CFG 范围 120kPa 这层作为软弱下卧层，您认为合适吗？

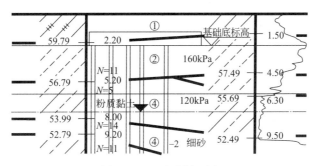

图 2-4-20　地质剖面图

笔者答复：由概念分析判断，在 CFG 桩长范围内部不需要验算，但如果桩端以下有软弱下卧层，应进行验算。

事后笔者查阅了相关标准供读者参考。

（1）《建筑地基处理技术规范》JGJ 79-2012。

3.0.5-1　经处理后的地基，当在受力层范围内仍存在软弱下卧层时，应进行软弱下卧层地基承载力验算。

条文解释：处理地基的软弱下卧层验算，对压实、夯实、注浆加固地基及散体材料增强体复合地基等应按压力扩散角，按现行国家标准《建筑地基基础设计规范》GB 50007 进行验算；对有粘结强度的增强体复合地基，按其荷载传递特性，可按实体深基础法验算。但并没有给出具体验算方法。

（2）河北省工程建设标准《长螺旋钻孔泵压混凝土桩复合地基技术规程》DB 13 (J) /T123—2011。

4.3.9 当桩端以下存在软弱下卧层时，应按《建筑地基基础设计规范》GB 50007 有关规定验算软弱下卧层承载力。

（3）《河南省建筑地基基础勘察设计规范》DBJ 41/138-2014 上有介绍复合地基的下卧层验算的补充方法。

第9.1.11条条文说明：现行国家标准《建筑地基基础设计规范》GB 50007-2011 和《建筑地基处理技术规范》JGJ 79-2012 中没有关于复合地基软弱下卧层验算的条款，而在实际工程中常常会遇到复合地基下一定深度范围内存在软弱下卧层的情况。规范编制组结合河南省地区经验和相关研究成果，以及少量的工程实测资料，提出了应力扩散法的验算方法，并对应力扩散角的取值进行了规定。工程实践表明，通过该方法进行软弱下卧层验算的工程无一出现软弱下卧层地基承载力不足的问题，因此，采用该方法进行下卧层承载力验算对工程而言是安全的。

读者具体可参考正文内容。

第9.1.11条：复合地基增强体底端以下存在软弱下卧层时，应进行软弱下卧层地基承载力验算，验算方法可采用应力扩散法（本书图 2-4-21）。复合土层顶部应力扩散角，对大面积处理的散体材料桩复合地基，可取处理后复合土层有效内摩擦角的$1/3 \sim 1/2$，对仅在基础下布置增强体的复合地基，可取土体内摩擦角 $2/3$。

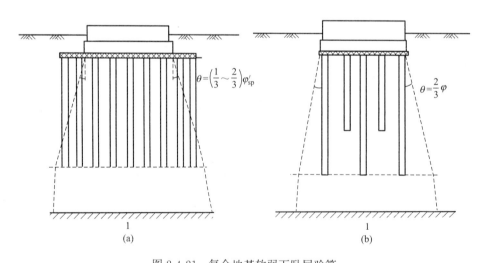

图 2-4-21 复合地基软弱下卧层验算

（a）散体材料桩复合地基；（b）仅在基础下布置增强体的复合地基

1—软弱下卧层；φ'_{sp}—处理后复合土层有效内摩擦角；φ—处理前地基土的内摩擦角

（3）复合地基下卧层验算时，深度修正系数如何选取？

上面提到对于复合地基软弱下卧层验算，《建筑地基处理技术规范》JGJ 79-2012 仅指出了"尚应验算下卧层的地基承载力"，但没有明确验算时深度修正系数如何选取问题。笔者认为，从整个规范的体系可以看出，对软弱下卧层的地基承载力验算深度修正系数取值应采用与《建筑地基基础设计规范》GB 50007-2011 对于天然地基软弱下卧层深度修正系数一样的方法，而不是采用《建筑地基处理技术规范》JGJ 79-2012 中基础深度系数为1.0 的方法。

4.2.6 地基变形计算值不应大于地基变形允许值。地基变形允许值应根据上部结构对地基变形的适应能力和使用上的要求确定。

 延伸阅读与深度理解

（1）本条规定部分源自国家标准《建筑地基基础设计规范》GB 50007-2011 第 5.3.1条（强制性条文），地基变形计算是地基设计中的一个重要组成部分。

（2）当建筑物在荷载作用下产生过大的沉降或倾斜时，对于工业或民用建筑来说，都可能影响正常的生产或生活，危及人们的安全，影响人的心理状态等。因此，必须对建筑物地基变形进行限定。

（3）地基变形特征可分为沉降量、沉降差、倾斜和局部倾斜。

（4）倾斜计算需要注意的问题：

1）筏板基础。计算倾斜最大值，宜采用容易倾斜方向的两点计算，如长边的两个中点或短边的两个角点。计算参数应采用相对应的荷载、钻孔等参数。注意角点沉降计算公式与中心点沉降计算公式的区别。

2）独立柱基。应采用相邻柱基最大沉降差计算。

3）主楼和地库沉降差。当主体结构设计提出主楼和地库沉降差计算时，应计算主楼和地库之间相连构件两端的沉降差。

4）对于砌体承重结构（条形基础）应由局部倾斜值控制。

（5）必要情况下，需要分别预估建筑物在施工期间和使用期间的地基变形值，以便预留建筑物有关部分之间的净空，选择连接方法和施工顺序。

一般多层建筑物在施工期间完成的沉降量，对于碎石或砂土可认为其最终沉降量已完成 80% 以上，对于其他低压缩性土可认为已完成最终沉降量的 50%～80%，对于中压缩性土可认为已完成 20%～50%，对于高压缩性土可认为已完成 5%～20%。

（6）本条部分源自国家标准《建筑地基基础设计规范》GB 50007-2011 第 5.3.4 条（强制性条文，部分内容修改）。但注意，《建筑地基基础设计规范》GB 50007-2011 第5.3.4 条给出附表 5.3.4 具体变形允许值，本规范不再给出具体值。

（7）提醒设计师注意：目前工程常遇到单塔或多塔大底部结构，由于建筑等的需要，往往裙房与主楼连在一起。对于这样的工程，往往按《建筑地基基础设计规范》GB 50007-2011 第 4.2.6 条中表 4.2.6 控制，显得不尽合理，为此建议设计师参考《建筑地基基础设计规范》GB 50007-2011 第 8.4.22 条控制。对于带裙房的高层建筑下的大面积整体筏板基础，其主楼下筏板的整体挠度值不宜大于 0.05%，主楼与相邻的裙房柱的差异沉降不应大于 0.1%。

（8）高层建筑筏形与箱形基础地基的沉降计算与一般中小型基础有所不同，高层建筑具有基础底面积大、埋置深、尚有地基回弹再压缩等影响。因此，计算高层建筑筏形与箱形基础地基的沉降时，还需特别注意以下几个问题：

1) 关于计算荷载取值问题

我国地基沉降变形计算是以附加压力作为计算荷载，并且已经积累了很多经验。一些高层建筑基础埋置较深，根据使用要求及地质条件，有时将筏形与箱形基础做成补偿基础，此种情况下，附加压力很小或等于零。如果此时依然按附加压力作为计算荷载，则其沉降也很小或等于零。但实际上并非如此，由于筏形或箱形基础的地坑面积大，基坑开挖深度深，基坑底土回弹不能忽视，当建筑物荷载增加到一定程度时，基础仍然会有沉降变形，该变形即为回弹再压缩变形。

为了使沉降计算与实际变形接近，采用总荷载（注意不是附加应力荷载）作为地基沉降计算压力的建议，对于埋置深度很深、面积很大的基础是适宜的。也比采用附加压力计算合理。一方面近似考虑了深埋基础（或补偿基础）计算中的复杂问题，另一方面也近似解决了大面积开挖基坑的回弹再压缩问题。

当采用土的变形模量计算筏形与箱形的最终沉降量 s 时，应按下式计算：

$$s = p_k b \eta \sum_{i=1}^{n} \frac{\delta_i - \delta_{i-1}}{E_{0i}}$$

式中 p_k ——长期效应组合下的基础底面积处的平均压力标准值（kPa）；

b ——基础底面宽度（m）；

δ_i，δ_{i-1} ——与基础长宽比 L/b 及基础底面至第 i 层土和 $i-1$ 层土底面的距离深度 z 有关的无因次系数，可按《高层建筑筏形与箱形基础技术规范》JGJ 6-2011 附录 C 确定；

E_{0i} ——基础底面下第 i 层土的变形模量（MPa），通过试验或按地区经验确定；

η ——沉降计算修正系数，可按表 2-4-2 确定。

修正系数 η 表 2-4-2

$M = 2z_n/b$	$0 < m \leqslant 0.5$	$0.5 < m \leqslant 1$	$1 < m \leqslant 2$	$2 < m \leqslant 3$	$3 < m \leqslant 5$	$5 < m \leqslant \infty$
η	1.00	0.95	0.90	0.80	0.75	0.70

2) 关于地基变形模量取值问题

采用野外荷载试验资料算得的变形模量 E_0，基本上解决了试验土样扰动的问题。土中应力状态在载荷板下与实际情况比较吻合。因此，有关资料指出，在地基沉降计算公式中采用原位载荷试验所确定的变形模量最理想。缺点是试验工作量大，时间较长。目前，我国采用旁压仪确定变形模量或标准贯入试验及触探资料，间接推算与原位载荷试验建立关系以确定变形模量，也是一种有前途的方法。

3) 大基础的地基压缩层深度问题

高层建筑筏形及箱形基础宽度一般大于 10m，可按大基础考虑。进行沉降计算时，沉降计算深度 z_n 宜按下式计算：

$$z_n = (z_m + \xi b)\beta$$

式中 z_m ——与基础长宽比有关的经验值（m），可按表 2-4-3 确定；

ξ ——折减系数，可按表 2-4-3 确定；

β——调整系数，可按表 2-4-4 确定；

b——基础宽度（m）。

z_m 和折减系数 ξ 取值　　　　　　　　　　　　　　表 2-4-3

L/b	≤1	2	3	4	≥5
z_m	11.6	12.4	12.5	12.7	13.2
ξ	0.42	0.40	0.53	0.60	1.00

调整系数 β　　　　　　　　　　　　　　表 2-4-4

土类	碎石	砂土	粉土	黏性土	软土
β	0.30	0.50	0.60	0.75	1.00

注：1. 碎石，粒径大于 2mm 的颗粒质量超过总质量 50% 的土（含圆砾、碎石、卵石、块石、漂石）。

　　2. 软土，天然孔隙比不小于 1.0，且天然含水量大于液限的细粒土，包括淤泥、淤泥土、泥炭、泥炭质土等。

（9）工程中几个问题的讨论。

1）基础压力等于附加压力吗？

附加压力是基础底面的总压力减去基础底面标高处的有效自重压力，是指施加于地基土上，超过有效自重压力的那部分压力，是向下作用于地基土面的。有效自重压力是从时间维度上看，固结已经完成，作用于土体骨架上的有效应力，也称为常驻应力。附加压力用于计算地基的沉降，其原理是土层在自重压力下的沉降已经完成，因此只需要计算在附加压力下发生的沉降量。这就意味着是对正常固结的土层而言的，对于欠固结土或超固结土就不能简单地类推了。

净压力是指基础底面的总压力减去基础材料的自重，是指施加于基础底面超过基础自重的压力，是向上作用于基础底面的。基础材料的自重是材料与生俱来的，不是材料的强度形成以后再施加的，因此不考虑其对基础结构内力的影响。净压力用于计算基础结构的内力以验算截面承载力，配置钢筋。其计算原理是基础板的自重（向下作用的）与由自重产生的反力（向上作用的）相互平衡，只有超过自重的那部分反力才会产生结构的内力。

在一般情况下，两者在数值上也相差很大。如：某工程筏板基础底面压力是 400kPa，埋置深度 8m，基础底面标高处土的有效自重压力为 128kPa，则用于计算沉降的附加压力为 400－128＝272kPa；计算基础筏板内力时，基础底板厚度 1.0m，底板自重 25kPa，则计算筏板配筋时，净反力则为 400－25＝375kPa。

对于有些情况，这两个压力在数值上是接近或相等的，如：无地下室的独立基础，地面压力 350kPa，埋置深度 2.0m，基础底面标高处土的有效自重压力为 32kPa，则用于计算沉降的附加应力为 350－32＝318kPa；计算独立基础内力时，基础底板厚度 0.8m，基础及上部土自重 1.2×16＋0.8×25＝39.2kPa，则计算独立基础配筋时，净反力则为 350－39.2＝310.8kPa。

2）计算土的自重压力时是否从地下地坪算起？

朋友问题是：有地下室的工程，在验算垫层下卧层时，垫层地面处土的自重压力值是自室外地面算还是自地下室地面算。笔者也请教了几位专家，回答各不相同，查资料例题都是无地下室的。

笔者答复：验算软弱下卧层时采用的是总压力的验算方法，将附加压力扩散到软弱下卧层顶面以后再和该处的自重压力相加，比较总压力和经过深度修正后的地基承载力。因此，在附加压力和自重压力相加时，这个自重压力是表示土层的常驻压力，即在工程尚未施工时在该处已经存在的压力，因此与是否设置地下室没有任何关系，总是从自然地面算起的。

【朋友问题】2021 年 1 月 24 日，有位朋友咨询笔者以下问题。

对于高层建筑倾斜值的控制，是取图上（图 2-4-22）这三对数据的平均值判断，还是任意一对数据超限值就算超了呢？有明确的说法吗？

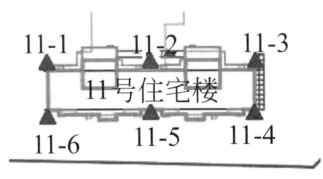

图 2-4-22　沉降观测点

笔者答复：首先规范没有明确的说法。如果按照最不利一组控制，恐怕大家都比较容易接受，但笔者认为这种处理方法虽然安全，但未必合理。

由于规范是指整个建筑的倾斜问题，且高层建筑一般均是筏板整体基础，因此笔者认为完全可以参考《建筑基桩检测技术规范》JGJ 106-2014 第 4.4.3 条：对参加算术平均值的试验桩检测结果，当极差不超过平均值的 30% 时，可取其平均值为单桩竖向抗压极限承载力；即笔者认为完全可以取 11-1、11-2、11-3 及 11-4、11-5、11-6 的极差不超过平均值的 30% 来控制。

【工程案例 8】美国旧金山豪宅大厦已倾斜 66cm，还越修越歪？

工程概况：美国旧金山市中心的千禧大厦高 197m，58 层，共有 419 个住宅单元，设施齐全且豪华，曾被称为"旧金山最好的公寓"，如图 2-4-23 所示，单间房价从 160 万美元至超过 1000 万美元不等。然而，这栋大厦如今却无人敢买——因为它在不断倾斜。

图 2-4-23　住宅大堂

　　早在 2016 年，大厦业主就被告知它正在下沉，并且下沉并不均匀，因此正在发生倾斜。2018 年 9 月，高层居民曾表示听到了大楼发出的吱吱声和爆裂声，窗户也出现了裂缝。停车场的天花板和地板上，也都出现了裂缝。如图 2-4-24 所示。

图 2-4-24　出现裂缝墙体图

　　根据原先的预测，大楼到 2028 年才会下沉 14cm，然而截至 2021 年底，它已经下沉了 43～46cm，倾斜了 56cm。根据工程师的预测，大厦还会继续以每年 2.5cm 的速度下沉，以每年 7.6cm 的速度倾斜。图 2-4-25 为外立面及事故处理现场。

图 2-4-25　外立面及事故处理现场

　　业主们认为，开发商打桩时偷工减料，对此负有责任。开发商则表示，大厦之所以倾斜，是旁边新建的城市交通枢纽地铁隧道工程的错，地铁隧道施工时抽取了数百万加仑的地下水，破坏了大厦地下的土壤，所以楼才歪了。而负责地铁隧道的政府部门则称，大厦的倾斜和下沉是由于地基不牢固，与他们无关。施工现场如图 2-4-26 所示。

图 2-4-26　施工现场

尽管市政府相关部门表示，大厦仍然是安全的，但业主并不买账。有人在得知大厦下沉倾斜后立即甩卖搬家，而更多业主则发起了一系列诉讼。经过多年的调解，相关方达成协议，没有人为此负责，业主房价的损失会得到补偿，大厦也会得到修复。由于在现有地基的基础上安装 300 根微型桩的成本高达 5 亿美元，远超大厦 3.5 亿美元的造价，开发商工程师提出了在下沉更多的两侧打入 52 根加强桩。

令人没想到的是，经过几个月的施工，大厦的倾斜更严重了，已经达到了 66cm，维修被紧急叫停。工程师分析称，可能是在打加强桩时清除了更多土壤，因此导致大厦进一步下沉和倾斜，最终决定将加强桩减少到 18 根。

目前，修复工程仍在继续，投资者和网友无奈笑称，这栋大厦现在已经变成了"旧金山的斜塔"。如图 2-4-27 所示。何时能够稳定，笔者认为还难以预料，处理问题远比设计难度要大，各种复杂边界条件均需要考虑。

图 2-4-27　整体外立面图（"旧金山的斜塔"）

4.3 特殊性岩土地基设计

4.3.1 膨胀土地区建(构)筑物的基础埋置深度不应小于 1m。膨胀土地基稳定性验算时应计取水平膨胀力的作用。膨胀土地区建(构)筑物应采取预防胀缩变形的地基基础措施、建筑措施与结构措施。

 延伸阅读与深度理解

(1) 本条规定源自国家标准《膨胀土地区建筑技术规范》GB 50112-2013 第 5.2.2 条(强制性条文)。

(2) 本规范规定膨胀土地基上的建筑物基础埋置深度不应小于 1m。这是由于膨胀土场地大量的分层测标、含水量和地温等多年观测结果表明:在大气应力的作用下,近地表土层长期受湿胀干缩循环变形的影响,土中裂隙发育,土的强度指标特别是凝聚力严重降低,坡地上的大量浅层滑动也往往发生在地表下 1m 的范围内。

(3) 建筑、地基基础、结构措施等,读者可以参见《膨胀土地区建筑技术规范》GB 50112-2013 相关技术措施。笔者认为这里的各种措施要比计算更加有效。

(4) 读者注意:鉴于膨胀土发育着不同方向的众多裂隙,有时还存在薄的软弱夹层,特别是吸水膨胀后土的抗剪强度指标值呈较大幅度降低的特性,膨胀土地基承载力计算时,不考虑宽度修正,只进行深度修正,且深度修正系数取 1.0,深度由 1.0m 开始修正。

4.3.2 湿陷性黄土地基的湿陷变形、压缩变形或承载力不能满足设计要求时,应针对不同土质条件和建筑物的类别以及湿陷性黄土地基的湿陷变形、压缩变形和承载力设计等要求,采用相应的建筑措施、结构措施、地基处理和防水处理措施。

 延伸阅读与深度理解

(1) 湿陷变形是作用于地基上的荷载不改变,仅由于地基浸水引起的附加变形。

(2) 由于浸水范围的不确定性,此附加变形经常是局部和突然发生的,而且很不均匀。在地基浸水初期,黄土的湿陷量较大,上部结构很难适应和抵抗这种量大、速率快、不均匀的地基变形,对建筑物的破坏性大,危害严重。

(3) 如地基湿陷性不消除,仅采用防水措施和结构措施,实践证明是不能保证建筑物的安全和正常使用的。

(4) 读者注意:湿陷性土的修正深度自 1.5m 起,主要是考虑黄土的表层一般沉积年代较短,密度较低,比较松软。另外基础宽度和基础埋深的承载力修正系数也有自己的规定,读者可以参考《湿陷性黄土地区建筑标准》GB 50025-2018 的相关规定。

(5) 读者如果遇到湿陷性黄土地基可以参考《湿陷性黄土地区建筑标准》GB 50025-2018 的相关规定。

【工程案例 9】2021 年,有朋友咨询笔者这样的"湿陷性黄土"问题。

先解释几个名词：

1）湿陷性黄土：在一定压力下受水浸湿，土结构迅速破坏，并产生显著附加下沉的黄土；

2）非湿陷性黄土：在一定压力下受水浸湿，不发生显著附加下沉的黄土；

3）自重湿陷性黄土：在上覆土的自重压力下受水浸湿，发生显著附加下沉的湿陷性黄土；

4）非自重湿陷性黄土：在上覆土的自重压力下受水浸湿，不发生显著附加下沉的湿陷性黄土。

咨询问题回顾：

"湿陷性黄土规范中的这一条：在非自重湿陷性黄土里面，要是黄土的自重湿陷量大于50mm的时候，饱和状态下的正侧阻力是不是就不能计入了？不知道我这样理解对不对？"

这个问题笔者一看就知道是已经作废规范的说法（这个问题笔者以前就质疑过），先看看已经作废的规范中的说法吧——《湿陷性黄土地区建筑规范》GB 50025-2004 第5.7.5 条：

5.7.5　在非自重湿陷性黄土场地，当自重湿陷量的计算值小于50mm 时，单桩竖向承载力的计算应计入湿陷性黄土层内的桩长按饱和状态下的正侧阻力。在自重湿陷性黄土场地，除不计湿陷性黄土层内的桩长按饱和状态下的侧阻力外，尚应扣除侧阻的负摩擦力。

笔者答复如下：这条显然有问题，前面说在非自重湿陷性黄土场地，马上又说"当自重湿陷量…"。其实当年笔者就发现这条说法有问题，且电话咨询过编者，也答复的确说法不合适。

我们再看看新规范如何说——《湿陷性黄土地区建筑标准》GB 50025-2018 第5.7.5 条：

5.7.5　在非自重湿陷性黄土场地，计算单桩竖向承载力时，湿陷性黄土层内的桩长部分可取桩周土在饱和状态下的正侧阻力。

笔者解答：新规范取消了"在自重湿陷性…"，这样就读得懂了。显然编者也承认原规范第5.7.5 条有不妥之处。

由这个问题，笔者也想提醒各位读者："如果阅读规范时，发现有些概念不正确，也不一定必须按规范字面意思执行。"关于常用规范一些疑难及热点问题，读者可以参考笔者已出版的几本书。

4.3.3　多年冻土地基设计时，应保证建筑物正常使用期间冻土地基的地温保持在允许范围内。多年冻土地基承载力计算时，应计入地基土的温度影响。地基的热工计算应包括地温特征值计算、地基冻结深度计算、地基融化深度计算等。建筑场地应设置排水措施，对按冻结状态设计的地基，冬季应及时清除积雪；供热与给水管道应采取隔热措施。

延伸阅读与深度理解

（1）本条规定源自行业标准《冻土地区建筑地基基础设计规范》JGJ 118-2011 第 6.1.1 条（强制性条文）。

（2）在多年冻土地区进行工程建设时，和非冻土地区一样，需要进行地基承载力、变形及稳定性计算。但是，作为地基土的冻土，其强度、承载力等数值，除了与地基土的物质成分、孔隙比等因素有关外，还与冻土中的冰的含量有很大关系。冻土中未冻水量的变化直接影响着冻土的含冰率及冰—土的胶结强度：地温升高，冻土中的未冻水量增大，强度降低；地温降低，未冻水量减少，强度增大。

（3）采取必要的建筑、结构、机电设备措施是非常有效的技术手段。

4.3.4 当地基土为欠固结土、湿陷性黄土、可液化土等特殊性岩土时，复合地基设计采用的增强体和施工工艺，应满足处理后地基土和增强体共同承担荷载的技术要求。

延伸阅读与深度理解

（1）本条规定源自国家标准《建筑地基基础设计规范》GB 50007-2011 第 7.2.7 条（强制性条文）。

（2）当地基土为欠固结土、湿陷性黄土、可液化土等特殊土时，设计时应综合考虑土体的特殊性质，选用适当的增强体和施工工艺，以保证处理后的地基土和增强体共同承担荷载。.

（3）欠固结土、湿陷性黄土、可液化土中进行复合地基设计时，需要采用挤密、振密等方法形成复合地基增强体的同时增加桩间土的密度，防止使用期间桩间土产生较大的固结沉降或湿陷量，形成由增强体承担全部或绝大部分荷载的状态。

（4）当地基土为欠固结土、膨胀土、湿陷性黄土、可液化土等特殊的岩土时，必须有保证处理后的地基土能与增强体共同承担荷载的能力。

（5）在没有经验的地区使用复合地基处理技术时，应进行试验研究，取得必要的设计参数和施工参数。

（6）在建（构）筑物使用期间发生水浸和地下水位降低等情况时，设计应考虑其对复合地基共同承担荷载的条件的影响。

（7）增强体设计也是保证复合地基工作的必要条件。

（8）处理后地基性状的基本认知辨析。处理后的地基与天然地基的工程性状有较大差异，工程设计时必须了解、确认处理后的地基工程特性。在处理后的地基上进行工程设计时，应掌握下列一些基本概念：

1）处理后的地基，其承载力和变形的测试指标与天然地基基本一致时，长期荷载作用下的变形要大于天然地基。这也就是实际工程为何要求处理地基的最大变形及沉降差宜严于天然地基的缘故。

2）由于土的成因或历史不同，相同的天然地基土性标准，采用相同的地基处理工法，处理后的地基性状不尽相同，且有时可能存在较大差异。

3）采用多种复合地基处理方法综合使用，其最终结果不一定是"1+1"。

4）地基处理的效果，在竖向承载力、变形的检验结果满足设计要求时，工程不一定不存在问题，平面或竖向不均匀也可能引起建筑开裂等问题，检测技术的局限性可能会使工程存在某些隐患。所以，笔者建议必须对计算结果、检测结果进行分析判断，确认其合理有效方可用于工程。

5）某些地基处理工法比较成熟，但不同施工队伍的施工质量不尽相同。

6）由于处理地基过程中，原桩土受到不同程度的扰动，强度会有所降低；其强度是随时间逐渐恢复和提高的；桩体强度的恢复与发展也需要一定的时间。因此，承载力检测不能马上进行。

① 对强夯处理：经强夯或强夯置换的地基，其强度是随时间逐渐恢复和提高的，因此，承载力检验应在施工完成一定时间后进行。对于碎石土或砂土地基，间隔时间宜为7~14d；粉土或黏性土，间隔时间宜为14~28d；采用强夯置换地基宜为28d。

② 对挤密处理：考虑桩体强度的恢复与发展需要一定的时间，通常需要待成桩之后14~28d再进行承载力检验。

③ 振冲处理：由于在施工桩过程中经振冲处理的地基，其强度是随时间逐渐恢复和提高的，因此，承载力检验应在施工完成一定时间后进行。对于粉质黏土，间隔时间不宜少于21d；对粉土地基，间隔时间不宜少于14d；对砂土或杂填土，不宜少于7d；对于饱和黏土，间隔时间不宜少于28d。

（9）针对地基处理设计的基本概念，地基处理工程应有设计对策。

1）地基处理工程在处理结果的基础上，对承载力、变形的取值，应比天然地基严格。地基处理规范对处理后地基载荷试验，对变形取值可取 s/b 或 s/d 等于0.01所对应的压力（s 为静载试验承压板的沉降量；b 和 d 分别为承压板宽度和直径）；对有经验的地区，可按当地经验确定相对变形值，但原地基土为高压缩性土层时，相对变形值的最大值不应大于0.015，体现复合地基比天然地基严格。

2）地基处理采用的地勘报告，应重视对土的应力历史进行评价。现在大部分地勘报告并不重视这项工作，这是目前地基处理工程设计的薄弱环节，以至于对地基处理结果的评价差异巨大，应引起注意。

3）对于多种地基处理方法综合使用的处理效果评价，应采用接近工程实际的大载荷板试验进行评价，消除对单一处理结果评价的欠缺。

4）处理地基的验收检验，不仅应进行竖向承载力和变形检验评价，还应对处理的均匀性进行检验评价（这方面不少设计者没有关注），才能保证工程不均匀沉降。

5）每一项工法，都有其严格的施工工艺及操作程序。但由于目前工程管理对施工工艺流程的监督以及施工队伍自己的管理不到位，因此施工质量达不到设计要求，施工质量事故时有发生（笔者近些年参加过不少地基处理事故分析论证会）。比较常见的是：长螺旋钻压灌混凝土成桩工艺，提拔套管时保持一定压灌力才能形成较大的桩端阻力，但某些施工队伍由于不明白这个工艺或为了进度，就先提管再实施压灌，其结果必然造成桩端阻力明显降低（桩端虚土），所以请读者注意，在设计说明中必须明确"严禁采用先提管后压混凝土施工"；在提管过程中如果速度过快，可能会节省施工时间及节约混凝土，但会带来的隐患是桩侧阻明显比速度较慢的带压力罐注的要低，为此设计也要依据采用的施工工艺，对提管速度加以说明，如沉管灌注成桩工艺要求"提管速度宜 1.2～1.5m/min"。

4.3.5　当利用压实填土作为建筑工程的地基持力层时，在平整场地前，应根据结构类型、填料性能和现场条件等，对拟压实的填土提出质量要求。未经检验查明以及不符合质量要求的压实填土，均不得作为建筑工程的地基持力层。

 延伸阅读与深度理解

（1）本条规定源自国家标准《建筑地基基础设计规范》GB 50007-2011 第 6.3.1 条（强制性条文）。

（2）本条为利用压实填土作为建筑工程的地基持力层时的设计原则。

（3）近几年城镇建设高速发展，在新城区的建设过程中，形成了大量的填土场地，但多数情况是未经填方设计，直接将开山的岩屑倾倒填筑到沟谷地带的填土。这类填土软弱不均匀、变形大，有些填土还具有湿陷性。当利用其作为建筑物地基时，应进行详细的工程地质勘察工作，按照设计的具体要求，选择合适的方法进行处理。

（4）不允许将未经检验查明的以及不符合要求的填土作为建筑工程的地基持力层。当利用压实填土作为建筑工程的地基持力层时，应在平整场地前，根据结构类型、填料性能和现场条件，对拟压实填土的质量提出要求；压实填土的质量应符合设计要求；压实填土地基承载力特征值应通过现场原位测试结果确定。

（5）采用换填压实地基，处理选择不当易引发工程事故。

所谓换填就是将基础底面以下一定范围、深度的软弱层（淤泥、淤泥质土、冲填土、杂填土或高压缩性土层构成的地基）或其他不均匀土层挖出，换填其他性能稳定、无侵蚀性、强度较高的材料，并分层压实形成的垫层。

换填是一种浅层地基处理常用方法，通过垫层的应力扩散作用，满足地基承载力及变形设计要求。

换填垫层一般适用于处理各类浅层软弱地基，所谓浅层一般理论上指处理深度不超过 5m，但笔者认为换填垫层最好不超过 3m（超过 3m 施工质量不易控制，且经济性也不合适）。

一般利用基坑开挖、分层换土回填并分层压实，理论上也可以处理较深的软弱土层，但往往都因地下水位高而需要采用可靠的降水措施，或因开挖深度大而需要坑壁放坡，占地面积大、施工土方量大、弃土多，或需要基坑支护等，往往会使处理费用增加、工期加长。

【工程案例 10】2018 年 8 月 31 日，某设计师咨询笔者如下问题。

（1）工程概况及问题

某项目，剪力墙结构带 2 层的沿街商业（辅跨），沿街商业只有地上 2 层（无地下），主楼地下 2 层，地上 18 层。主楼 CFG 地基处理，筏板基础。沿街商业做的独立基础。工程竣工后半年，商业基础出现下沉，其中一个比较重要的原因是：主楼的污水管通过商业的地面出来接到外面的市政，结果管道破裂，商业的地面被水泡了。商业的部分梁柱出现裂缝，施工单位采用基础注浆处理。商业与主体之间没有设置沉降后浇带，仅设置了施工沉降后浇带。

以下是本工程地勘资料（图 2-4-28）。

土层编号	土层名称	桩侧阻力特征值(kPa)	桩端阻力特征值(kPa)	地基承载力特征值(kPa)	压缩模量(MPa)	土层编号	土层名称	桩侧阻力特征值(kPa)	桩端阻力特征值(kPa)	地基承载力特征值(kPa)	压缩模量(MPa)
(2)	粉土	15		100	8.2	(6)	粉质黏土	25	350	160	6.1
(2-1)	粉质黏土	15		100	6.2	(6-1)	中砂	30		180	15.0
(2-2)	细砂	15		110	13.0	(6-2)	卵石	65		300	30.0
(3)	粉质黏土	15		110	4.2	(7)	黏土	35	500	220	9.0
(4)	粉质黏土	20		120	4.6	(7-1)	粉质黏土	35	450	180	7.2
(5)	粉质黏土	20		140	5.6	(7-2)	细砂	30		200	15.0
(5-1)	粉质黏土混姜石	25		150	7.0	(7-3)	黏土混姜石	40	550	250	11.0
(5-2)	中砂	25		160	15.0	(7-4)	卵石	70		300	30.0
(5-3)	卵石	60		280	25.0	以下各层详岩土工程勘察报告					

图 2-4-28　地勘资料

场地水对混凝土具有微腐蚀性，干湿交替情况下对钢筋混凝土中的钢筋具有弱腐蚀性。

设计师说：现在施工单位说注浆加固花了 300 万元，说有设计院设计的不合理造成的责任，要求设计院承担部分费用。我们如何对待。

（2）笔者请设计师回答几个问题

问题：原设计商业独立基础是如何处理的？

解答：原设计独立柱基础采用 3∶7 灰土分层夯实处理，要求压实系数为 0.96。

问题：灰土垫层厚度多少？

解答：最深柱底 3～4m，最浅处没有换填。

问题：地下水位情况如何？

解答：地勘报告建议抗浮水位在±0.00 以下 3.0m，稳定水位在±0.00 以下 4.0m。

问题：地勘单位是否对这部分地基处理提供了建议？

解答：勘察报告上没有提及关于这个沿街商业的地基处理建议。

（3）针对以上问题的简要了解，笔者分析观点如下：

本工程事故尽管直接的原因是水管爆裂引起，但结构处理方案也是值得思考的。我认为主要是 3∶7 灰土垫层太厚且不均匀，太厚的灰土垫层施工质量难以保证。

灰土垫层不得在水下施工，因此当基坑底位于水位以下时必须采取排水措施，保证灰土垫层在无水条件下施工，且夯实的灰土在 3d 内不得浸水。同时，灰土垫层铺设完成后，应及时修建基础和回填基坑，或做临时遮盖、防止雨淋日晒。

【工程案例 11】2017 年北京某设计单位设计的山西某学校工程

（1）工程概况

原设计 2 栋教学楼，地上 5 层，地下 1 层，两幢教学主楼之间有一个 3～5 层连廊，连廊无地下结构，连廊与主楼之间设有防震缝，连廊采用框架结构，基础采用独立柱基础，埋深 5.2m，基础下设有 3m 厚的级配砂石垫层。

（2）问题发生

2017 年 5 月，突如其来的一场暴雨之后，发现连廊部分结构框架梁出现比较严重的裂缝，如图 2-4-29 所示。沉降观测资料如图 2-4-30 所示，图 2-4-31 为框架梁裂缝分布示意。

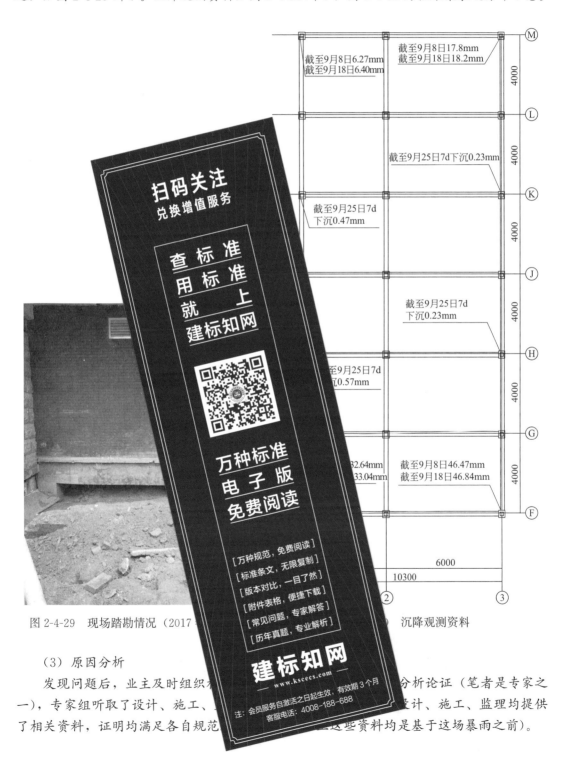

图 2-4-29 现场踏勘情况（2017 ... 沉降观测资料

（3）原因分析

发现问题后，业主及时组织 ... 分析论证（笔者是专家之一），专家组听取了设计、施工、... 设计、施工、监理均提供了相关资料，证明均满足各自规范 ... 这些资料均是基于这场暴雨之前）。

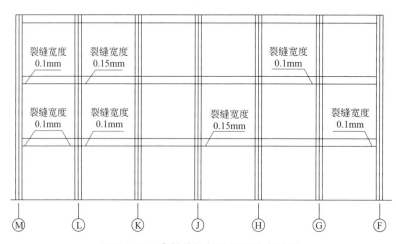

图 2-4-31 ②轴线框架梁裂缝分布示意

但暴雨之后，经过检测，连廊框架发生了比较严重的不均匀沉降，最大沉降 46mm，最小沉降只有 6mm。

后来只好对连廊进行彻底的加固处理，同时也要求对建筑附近地面防水做好处理，以免今后再遇到暴雨时出现问题。

会后笔者思考：本工程采用超大厚度级配砂石换填，方案选择存在很大的不合理性（当然这个观点也和设计进行了沟通，主要原因是设计师工程经验不足），这种厚度的换填既存在安全隐患，又非常不经济，建议今后吸取经验教训。

（4）规范是如何规定的

1)《建筑地基处理技术规范》JGJ 79-2012 第 4.1.4 条：换填垫层的厚度应根据置换软弱土的深度以及下卧层的承载力确定，厚度宜为 0.5～3.0m。

规范为何规定换填厚度宜 0.5～3.0m 呢？

一般认为，过薄换填效果不明显，垫层的作用难以发挥；太厚施工质量难以保证，且经济性很不合理。

所以，目前工程界很多建设方就明确规定，换填厚度不宜超过 2m，超过 2m 就需要设计院考虑其他处理方法。

2)《工业建筑防腐蚀设计标准》GB/T 50046-2018

当土中含有氢离子或硫酸根离子介质时，不应采用灰土垫层、石灰桩、灰土挤密桩等加固方法。

笔者建议在地下水位较高的地域也不应采用灰土换填处理地基。

（5）关于换填垫层的相关知识

1）换填垫层的作用与适用范围

换填垫层适用于处理各类浅层软弱地基，所谓浅层一般指处理深度不超过地面以下 5m 范围内，换填垫层一般换填厚度在 3m 以内；所谓软弱地基主要指由淤泥、淤泥质土、冲填土、杂填土或其他高压缩性土层构成的地基。

利用基坑开挖、分层换土回填并夯实，也可处理较深的软弱土层，但常因地下水位高而需要采取降水措施，或因开挖深度大而需要坑壁放坡，占地面积大、施工土方量大、弃土多，或需要基坑支护等，使处理费用增高、工期拖长。因而换填垫层法一般只用于处理深度不大的各类软弱土层。

当软弱土地基承载力、稳定性和变形不能满足建筑物（或构筑物）的要求，而软弱层的厚度又不是很大时，采用换填垫层法能取得较好的效果。对于轻型建筑，采用换填垫层处理局部软弱土时，由于建筑物基础底面的基底压力不大，通过垫层传递到下卧层的附加压力很小，一般也可取得较好的经济效益。但对于上部结构刚度较差、体形复杂、荷载较大或不均匀的建筑，在软弱土层较深厚的情况下，采用换填垫层仅进行局部软弱土层处理时，可提高持力层的承载力，但是由于传递到下卧层的附加压力较大或不均匀，下卧软弱土层在荷载作用下的长期变形可能依然很大，地基仍可能产生较大的变形及不均匀变形，因此一般不可采用该方法进行地基处理。

换填垫层适用于淤泥、淤泥质土、湿陷性黄土、膨胀土、冲填土、杂填土地基。一般为砂石、粉质黏土、灰土、粉煤灰或矿渣等工业废渣等。

2）垫层的主要作用有哪些

① 提高地基承载力

由于将基底下的软弱土挖去换填为抗剪强度较高的材料，使持力层的承载力提高同时，筋材可进一步提高垫层的承载力。

② 减少地基沉降量

一般地基浅层部分的沉降量在总沉降量中所占的比例是比较大的。以条形基础为例，相当于基础宽度的深度范围内的沉降量约占总沉降量的50%。低压缩性的土层，就可以减少这部分土层的沉降量。同时，由于垫层的应力扩散作用，使作用在垫层下的软弱土层上的附加压力减小，也减小了软弱下卧层的沉降量。另外，如果采用加筋垫层，通过加筋的作用，可以减少不均匀沉降。

（6）问题思考及建议

1）规范规定的要求是结构设计的最低要求，并不是满足规范或强制性条文要求的设计就等于是安全的，设计师应根据项目具体情况，科学合理应用规范，方可保证工程质量。

2）规范规定了设计的基本原则，只解决结构设计中的共性技术问题。规范并不解决所有结构工程中的具体技术问题，因为规范不是包罗所有问题的百科全书。规范要求设计人员在对规范理解的基础之上能够灵活应用规范的原则，而不是只能够照猫画虎地照搬照抄，遇到稍复杂的工程问题就束手无策。设计者应根据规范的设计原则，分析具体工程情况，解决实际问题并促进技术创新和进步，真正做到"对工程负责"而不是机械地"对规范负责"。

3）大多数结构设计师对地基处理并不熟悉，有的地勘单位有时也不熟悉当地的地基处理经验做法，盲目根据自己的"经验"给设计单位提供地基处理方案建议，如果设计不结合工程实际情况加以分析，就采用地勘报告的建议，难免会出现很多问题。

4）有的设计误认为施工图已经经过施工图审查，责任应由审查单位承担。这个想法是错误的，任何情况下施工图审查机构均不会承担设计质量责任。审查要点所列审查内容只是保证工程设计符合工程建设标准和法规规定的基本要求，并不是工程设计的全部内容。即使通过了施工图审查，设计责任也是由设计单位承担，设计单位和设计人员应全面执行工程建设标准和法规的规定，结合工程的实际情况进行工程设计，并对其设计质量负责。

5）对于比较复杂的地基处理方案选择，应结合地区经验及工程特点，综合分析，必要时，建议组织专家评审，选择安全可靠、经济合理的方案。

6）大面积采用级配砂石等垫层回填处理地基，深度最好控制在不超过2m为宜。

4.4 施工及验收

4.4.1 地基施工前，应编制地基工程施工组织设计或地基工程施工方案，其内容应包括：地基施工技术参数、地基施工工艺流程、地基施工方法、地基施工安全技术措施、应急预案、工程监测要求等。

 延伸阅读与深度理解

（1）制定施工组织设计或专项施工方案是保障地基工程安全、顺利实施的基础，其内容应包括地基基础施工技术参数、技术指标、工艺流程等。

（2）天然地基与处理地基的施工组织设计或专项施工方案主要是根据基坑支护、地下结构设计、勘察成果报告、拟建场地环境条件和现场施工条件等编制而成。

（3）笔者认为施工组织设计一定要把控好本工程的技术及施工难点，对安全重要部位及节点应有多种预案准备，另外监测预警也是必不可少的内容。

（4）地基工程施工组织设计或专项施工方案应具有完整性、准确性和可操作性，且经过审批后方可实施。

（5）对于施工后检测不满足设计要求的，应及时组织相关专家论证评审处理。

【工程案例12】2020年10月16日，笔者参与论证的北京某工程，工程抗浮桩抗拔承载力不满足设计要求的处理论证会

（1）工程概况

某工程位于北京通州区，原设计为大型城市综合体公共建筑群，地上高层建筑10栋，包括超高层公寓、超高层办公楼、超高层LOFT，高层建筑裙房为其商业及配套设施与地下车库，共4层。

地勘报告2013年6月提供本场地有三层地下水，均为承压水。

潜水～微承压水（一）：存赋于③粉砂层及第④大层的砂层中。水位埋深9.60～17.30m。

承压水（二）：含水层岩性为第⑥、⑦大层的砂土，与潜水～微承压水（一）以第⑤层为隔水层。水位埋深18.7～21.2m。

承压水（三）：含水层岩性为第⑨大层的砂土，与承压水（二）以第⑧大层作为隔水层。水位埋深23.1～25.6m。

本工程主体建筑物采用桩基础，车库由于抗浮需要采用直径为600mm、有效桩长25m的旋挖灌注桩，设计要求的单桩抗拔承载力特征值为1500kN。本工程地坑开挖于2014年，开挖后就进行了桩基础施工，2014年1月对抗拔桩进行了抽检，检测结果见表2-4-5。

Ⅷ-13 地块原检测单位单桩竖向抗压静载荷试验结果汇总　　表 2-4-5

桩号	试验最大加载值（kN）	最大加载值对应的上拔量（mm）	实测单桩竖向抗拔极限承载力（kN）	单桩竖向抗拔极限承载力对应的上拔量（mm）	单桩竖向抗拔极限承载力的判定依据	实测单桩竖向抗拔承载力特征值（kN）	是否满足设计要求
558	3000	79.24	3000	79.4	取施加的最大荷载值	1500	是
453	2100	105.96	1800	39.65	取 U-δ 曲线陡升起始点对应的荷载值	900	否
636	1500	110.57	900	5.45	取 U-δ 曲线陡升起始点对应的荷载值	450	否
690	2400	114.66	1800	15.66	取 U-δ 曲线陡升起始点对应的荷载值	900	否
638	1500	105.38	900	11.7	取 U-δ 曲线陡升起始点对应的荷载值	450	否
639	3000	105.53	2700	84.74	上拔量超过 100mm 的前一级荷载值	1350	否

当时检测完后，由于种种原因停建了，所以也一直未进行处理。

（2）现状检测

2020 年，甲方准备开始继续建设，于是委托中国建筑科学研究院对工程进行检测咨询。2020 年 8 月，建筑研究院对本工程进行了单桩竖向抗拔承载力检测、抗拔桩钻芯检测、抗拔桩磁测井检测，抗拔桩开挖检测。图 2-4-32、图 2-4-33 为现场相关图。

图 2-4-32　现场整体基坑图

(a) 单桩竖向抗压静载试验加载图

(b) 单桩竖向抗拔静载试验加载图

图 2-4-33　各种开挖检测示意图（一）

(c) 抗拔桩取芯现场图

(d) 抗拔桩桩芯样图

(e) 抗拔桩磁测井孔现场钻探图

(f) 抗拔桩磁测井现场测试图

(g) 桩基开挖现场测试图(一)

(h) 桩基开挖现场测试图(二)

图 2-4-33　各种开挖检测示意图（二）

(i) 桩开挖图

(j) 桩侧软泥图

图 2-4-33　各种开挖检测示意图（三）

检测结论：工程桩完整性合格，单桩承载力检测了 5 根，仅一根满足设计要求 1500kN，其余 4 根仅 600～1050kN，见表 2-4-6 所列。

Ⅷ-13 地块单桩竖向抗压静载荷试验结果汇总　　　　　　　表 2-4-6

桩号	试验最大加载值（kN）	最大加载值对应的上拔量（mm）	实测单桩竖向抗拔极限承载力（kN）	单桩竖向抗拔极限承载力对应的上拔量（mm）	单桩竖向抗拔极限承载力的判定依据	实测单桩竖向抗拔承载力特征值（kN）	是否满足设计要求
Z1-438	3000	18.44	3000	18.44	取施加的最大荷载值	1500	是
Z1-579	2700	86.52	1500	12.15	取 U-δ 曲线陡升起始点对应的荷载值	750	否
Z1-684	2400	85.27	2100	8.42	取 U-δ 曲线陡升起始点对应的荷载值	1050	否
Z1-560	1500	69.99	1200	1.56	取 U-δ 曲线陡升起始点对应的荷载值	600	否
Z1-569	1500	67.35	1200	2.80	取 U-δ 曲线陡升起始点对应的荷载值	600	否
Z1-688	2700	98.19	1800	21.90	取 U-δ 曲线陡升起始点对应的荷载值	900	否

（3）原因分析

1）地下水的复杂性是造成本次桩承载力不满足设计要求的主要原因，成孔过程中承压水在孔内流动使桩侧土松弛，同时局部位置存在孔洞，引起桩侧摩阻力降低，造成承载力不足；

2）桩顶开挖 1～4m 范围内的泥皮厚度（2～21mm）可知，泥皮厚度与抗拔桩竖向承载力特征值有一定相关关系，泥皮越厚承载力越低。

笔者在会上补充：造成承载力不满足的原因也与地坑长久（2014～2020 年）暴露在室外，且地下还在不断抽水，地坑在不断回弹，造成桩侧阻降低有关。

（4）处理建议

建议此区域单桩抗拔承载力按 600kN 考虑，建议补桩处理。

（5）设计院处理方案

方案 1：补桩依然采用 25m，但需要采用后压浆技术。

方案 2：把桩加长到 30m。

（6）专家论证意见及建议

2020 年 10 月 16 日，甲方组织有关专家对加固补桩方案进行了论证，如图 2-4-34 所示。专家论证意见如下：

1）设计单位提出的补桩方案基本合理。

2）专家认为两种提高桩抗拔承载力的方案均可行（加后压浆、加长桩），优先推荐后注浆方案。

3）设计单位需要考虑后补桩对原基础及上部结构的影响。

图 2-4-34　论证评审会图片

4.4.2　处理地基施工前，应通过现场试验确定地基处理方法的适用性和处理效果；当处理地基施工采用振动或挤土方法施工时，应采取措施控制振动和侧向挤压对邻近建（构）筑物及周边环境产生有害影响。

 延伸阅读与深度理解

（1）由于地质条件的差异性，处理方法的多样性，每一种处理方法的适用性和处理效果也不尽相同，所以待处理地基在施工前都应进行现场试验或试验性施工，以检验处理地基方法的适用性，同时也对勘察报告进行一定的验证。

（2）由于处理地基有些方法会产生挤压或振动，会对邻近建（构）筑物产生一定的危害，在选择施工时，应采取一定的措施减少或降低振动或者挤压等的影响，可以采取开挖隔振沟、施工隔离桩等技术措施，减少或降低施工时的有害影响。

（3）特别注意：本次强化了地基处理方法适用性的规定。原标准中，仅强夯置换处理地基和水泥土搅拌桩处理地基"必须通过现场试验确定其适用性"是强制性条文，而本规范规定"处理地基施工前，应通过现场试验确定地基处理方法的适用性和处理效果"，扩大到了全部处理地基方法范围，凸显了现场试验的重要性。

4.4.3　换填垫层、压实地基、夯实地基采用分层施工时，每完成一道工序，应按设计要求进行验收检验，未经检验或检验不合格时，不得进行下一道工序施工。

 延伸阅读与深度理解

（1）任何地基处理方法的技术合理性和施工可行性都必须通过检验及监测数据才能证明；针对不同的处理技术，检验方法的可行性和适用性，应有其针对性，任何一种地基处理方法的检验及监测都有不同的侧重点。对于换填垫层、压实地基、夯实地基，应检验其压实系数及承载力，同时也应检验其均匀性。

（2）换填垫层、压实地基、夯实地基应检查每道工序验收检验的记录，且必须在上道工序检验合格后方可进行下道工序施工。

4.4.4 湿陷性黄土、膨胀土、盐渍土、多年冻土、压实填土地基施工和使用过程中，应采取防止施工用水、场地雨水和邻近管道渗漏水渗入地基的处理措施。

 延伸阅读与深度理解

（1）本条部分内容源自国家标准《湿陷性黄土地区建筑标准》GB/T 50025-2018 第7.1.1 条（强制性条文）。

（2）湿陷性黄土、膨胀土、盐渍土遇水会出现地基强度降低、湿陷、膨胀等现象，本条针对地基施工中可能出现的地基渗漏水的问题进行了规定，要求在施工中不得有水进入建筑地基的情况出现。

（3）施工中难以避免施工用水、场地雨水和邻近管道渗漏水流入基坑，尤其是在地基基础施工阶段。关键是要采取措施，减少流入量并及时排除流入积水，防止积水浸入建筑地基引起湿陷或产生其他有害作用。

4.4.5 地基基槽（坑）开挖时，当发现地质条件与勘察成果报告不一致，或遇到异常情况时，应停止施工作业，并及时会同有关单位查明情况，提出处理意见。

 延伸阅读与深度理解

（1）本条规定源自国家标准《建筑地基基础设计规范》GB 50007-2011 第 10.2.1 条（强制性条文）。

（2）施工过程中，发现地质情况与勘察报告不相符，应进行补勘。若经设计复核满足要求，可继续施工；若经复核不满足要求，则方案应进行调整。

（3）地基基础施工所涉及的地质情况复杂，虽然在施工前已有地质勘测资料，但在施工中常会有异常情况发生，为防止事态的发展，此时应立即停止施工，会同有关单位采取有针对性的措施。

（4）基槽（坑）检验工作应包括下列内容：

1）应做好验槽（坑）准备工作，熟悉勘察报告，了解拟建建筑物的类型和特点，研究基础设计图纸及环境监测资料。当遇有下列情况时，应列为验槽（坑）的重点：

① 当持力土层的顶板标高有较大的起伏变化时；

② 基础范围内存在两种以上不同成因类型的地层时；

③ 基础范围内存在局部异常土质或坑穴、古井、老地基或古迹遗址时；

④ 基础范围内遇有断层破碎带、软弱岩脉以及湮废河、湖、沟、坑等不良地质条件时；

⑤ 在雨季或冬季等不良气候条件下施工，基底土质可能受到影响时。

2）验槽（坑）应首先核对基槽（坑）的施工位置。平面尺寸和槽（坑）底标高的容许误差，可视具体的工程情况和基础类型确定。一般情况下，槽（坑）底标高的偏差应控制在 0～50mm 范围内；平面尺寸，由设计中心线向两边量测，长、宽尺寸不应小于设计要求。

（5）验槽（坑）方法宜采用轻型动力触探或袖珍贯入仪等简便易行的方法。当持力层下埋藏有下卧砂层而承压水头高于基底时，则不宜进行钎探，以免造成涌砂。当施工揭露的岩土条件与勘察报告有较大差别或者验槽（坑）人员认为必要时，可有针对性地进行补充勘察测试工作。

（6）基槽（坑）检验报告是岩土工程的重要技术档案，应做到资料齐全，及时归档。

【工程案例 13】2019 年某公司承担某工程的施工图设计，高层建筑采用 CFG 地基处理方案，在开挖验槽时发现一口废弃古井。处理方案如图 2-4-35 所示。

4号楼基坑发现古井设计院处理意见

一、工程概况

根据施工现场反馈，亳州市谯城区万达广场建设项目4号楼基底开挖过程中发现一废弃古井，井内存在杂填土，从基底向下掏挖1.5 m后仍为杂填土（如下图），为保证处理方案的正确性，要求甲方对井内土质状况进行补勘，并根据补勘结果编制处理方案。

二、补勘情况

根据甲方提供的由安徽水文工程勘察研究院完成的《谯城区万达广场东地块4号楼枯井施工勘察报告》描述：

(1) ①素填土（Q_4^{ml}）松散，近期回填土，未完成自身固结主要为粉土、粉质黏土构成，含少量砖渣；

(2) ②素填土（Q_4^{ml}）：素填土，黄褐色，回填时间较短，未完全完成自身固结，松散，主要为粉土、粉质黏土构成，含少量砖块和生活垃圾。

(3) ③粉土与粉砂互层（Q_3^{al}）：粉土黄褐色，饱和，中密～密实，干强度低，韧性低，摇振反应中等。粉砂黄褐色，饱和，中密～密实。

三、设计院建议

根据上述地勘报告描述，井中第①②上层均为未固结的素填土且含有砖渣和生活垃圾，鉴于此土层情况，我司建议：

将井内第①②素填土层特别是生活垃圾挖除，挖除过程中应注意加强对已施工的 CFG 桩进行保护，避免对已施工 CFG 桩造成损伤；

挖至第③粉土与粉砂互层（Q_3^{al}）并经地勘单位确认后采用级配砂石分层夯实回填至原设计标高，压实系数不小于0.95。如果分层夯实回填级配砂石实现困难也可以考虑采用C15 毛石混凝土回填至原设计标高以下 500mm，其上再随搏垫层一同回填至基底标高。回填中也须注意加强对已施工的 CFG 桩进行保护，避免对已施工 CFG 桩造成损伤。

以上处理建议须请地勘单位签字同意后方可用于施工。

图 2-4-35　遇异常情况时的处理方案

4.4.6 地基基槽（坑）验槽后，应及时对基槽（坑）进行封闭，并采取防止水浸、暴露和扰动基底土的措施。

 延伸阅读与深度理解

（1）地基基槽（坑）开挖后，应及时封闭，防止基槽失稳，基槽中不应浸水，以防地基承载力的下降，是保障工程安全质量的重要措施，应引起重视。

（2）如不及时封闭，遭水浸或风干，可能严重影响地基土的承载力和变形性质，故应立即封闭。

【工程案例 14】笔者于 2019 年 9 月 27 日在北京参加过一个工程论证会：某工程地坑开挖后，部分抗浮锚杆施工完成之后，由于种种原因，停工 5 个多月，整个地坑被水浸泡。如图 2-4-36 所示。

概况：某工程于 2019 年 5 月初开挖并施工部分垫层，5 月 9 日突遇暴雨，最高至基坑底部以上 5m 深水位，工程于 9 月进行坑外降水。

原垫层施工破除后，因机械扰动及原锚杆无法进行抗拔检验，需要进行冷挤压套筒连接检验，但因需要清除垫层扰动土层及未施工垫层处被浸泡土层清除，导致柱墩下挖 200mm 左右。采取该方式施工后，造成原有锚杆长度

图 2-4-36 基坑被水浸泡

有不同程度减少。针对上述情况，2019 年 9 月 27 日，甲方组织相关专家进行专题论证。

专家组（笔者是专家之一）听取了组织方的详细情况介绍，质询后，经过讨论，形成以下意见及建议：

（1）结合现场施工条件，采取在筏板底柱墩间增加配重的形式，减小单根锚杆承担的水浮力。

（2）为验证抗浮锚杆承载力的可靠性，对锚杆进行 100% 验收检验。

（3）对垫层破除区域，锚杆验收荷载取核算后抗拔承载力特征值的 1.5 倍，未施工垫层区域取原设计抗拔承载力特征值的 1.5 倍。

（4）对检测不合格的锚杆，在原位附近补打锚杆，对补打及后施工的锚杆可依照规范，按照 5% 进行抽检。

4.4.7 下列建筑与市政工程应在施工期间及使用期间进行沉降变形监测，直至沉降变形达到稳定为止：

1 对地基变形有控制要求的；

2 软弱地基上的；

3 处理地基上的；

4 采用新型基础形式或新型结构的；

5 地基施工可能引起地面沉降或隆起变形、周边建（构）筑物和地下管线变形、地下水位变化及土体位移的。

 延伸阅读与深度理解

（1）本条规定源自国家标准《建筑地基基础设计规范》GB 50007-2011 第 10.3.8 条（强制性条文，对部分内容做了修改）。

1）取消了原《建筑地基基础设计规范》加层、扩建建筑物；邻近深基坑开挖施工影响或受场地地下水等环境因素变化影响的建筑物。

2）如何合理理解规范的这些规定？

① 这里的软弱地基是指：当压缩层主要由淤泥、淤泥质土、冲填土、杂填土或高压缩性土层（即 $a_{1\sim2} \geqslant 0.5\mathrm{MPa}^{-1}$）构成的地基。

② 这里的处理地基是指：除天然地基及桩基础之外的所有经过人工处理的地基。

③ 受邻近深基坑开挖施工影响（包含地下降水），这个时候主要是要对邻近的建筑进行观测。

④ 所谓新型基础或新型结构是指现行规范没有的基础及结构形式。

（2）对于需要积累建筑物沉降经验或进行设计反分析的工程，应进行建筑物沉降观测和基础反力监测。沉降观测宜同时设分层沉降监测点。

（3）笔者认为对于设置有沉降后浇带的建筑也应进行沉降观测。

（4）为了监测建筑物及其周边环境在施工期间和使用期间的安全，了解其变形特征，并为工程设计、管理及科研提供资料，本条提出了必须在施工期间及使用期间进行沉降变形观测的建筑物地基基础类型。

（5）建筑物沉降观测包括从施工开始，整个施工期内和使用期间对建筑物进行的沉降观测，并以实测资料作为建筑物地基基础工程质量检查的依据之一。

（6）基础及上部结构变形观测相关问题。

1）沉降观测应测定建筑的沉降量、沉降差及沉降速率，并应根据需要计算基础倾斜、局部倾斜、相对弯曲及构件倾斜。

2）沉降监测点的布设应符合下列规定：

① 应能反映建筑及地基变形特征，并应顾及建筑结构和地质结构特点。当建筑结构或地质结构复杂时，应加密布点。

② 对民用建筑，沉降监测点宜布设在下列位置：

建筑的四角、核心筒四角、大转角处及沿外墙每 10～20m 处或每隔 2～3 根柱基上；

高低层建筑、新旧建筑和纵横墙等交接处的两侧；

建筑裂缝、后浇带两侧、沉降缝两侧、基础埋深相差悬殊处、人工地基与天然地基接壤处、不同结构的分界处及填挖方分界处以及地质条件变化处两侧；

对宽度不小于 15m、宽度虽小于 15m 但地质复杂以及膨胀土、湿陷性土地区的建筑，应在承重内隔墙中部设内墙点，并在室内地面中心及四周设地面点；

邻近堆置重物处、受振动显著影响的部位及基础下的暗浜处；

框架结构及钢结构建筑的每个或部分柱基上或沿纵横轴线上；

筏形基础、箱形基础底板或接近基础的结构部分之四角处及其中部位置，如重型设备基础和动力设备基础的四角、基础形式或埋深改变处；

超高层建筑或大型网架结构的每个大型结构柱监测点数不宜少于 2 个，且应设置在对称位置。

3）对电视塔、烟囱、水塔、油罐、炼油塔、高炉等大型或高耸建筑，监测点应设在沿周边与基础轴线相交的对称位置上，点数不应少于 4 个。

4）对城市基础设施，监测点的布设应符合结构设计及结构监测的要求。

（7）沉降观测的周期和观测时间应符合下列规定。

1）建筑施工阶段的观测应符合下列规定：

宜在基础完工后或地下室砌完后开始观测。

观测次数与间隔时间应视地基与荷载增加情况确定。民用高层建筑宜每加高 2～3 层观测 1 次，工业建筑宜按回填基坑、安装柱子和屋架、砌筑墙体、设备安装等不同施工阶段分别进行观测。若建筑施工均匀增高，应至少在增加荷载的 25％、50％、75％和 100％时各观测 1 次。

施工过程中若暂时停工，在停工时及重新开工时应各观测 1 次，停工期间可每隔 2～3 月观测 1 次。

2）建筑运营阶段的观测次数，应视地基土类型和沉降速率大小确定。除有特殊要求外，可在第一年观测 3～4 次，第二年观测 2～3 次，第三年后每年观测 1 次，至沉降达到稳定状态或满足观测要求为止。

3）观测过程中，若发现大规模沉降、严重不均匀沉降或严重裂缝等，或出现基础附近地面荷载突然增加、基础四周大量积水、长时间连续降雨等情况，应提高观测频率，并应实施安全预案。

4）建筑沉降达到稳定状态可由沉降量与时间关系曲线判定。当最后 100d 的最大沉降速率小于 0.01～0.04mm/d 时，可认为已达到稳定状态。对具体沉降观测项目，最大沉降速率的取值宜结合当地地基土的压缩性能来确定。

（8）问题讨论：岩石地基基础是否依然需要进行沉降观测？

工程界经常会遇到，对于地基基础设计等级为甲级的建筑物，如果地基持力层为基岩，是否仍然需要进行沉降观测？

曾经有个地方审图要求设计单位对建在基岩上的建筑进行沉降观测，理由是"规范没有说持力层为基岩"不做沉降观测。重庆《建筑地基基础设计规范》DBJ50-047-2006 第 9.1.6 条：土质地基上对沉降敏感的建筑物及填土地基上的建筑物都应进行地基变形观测。岩石地基上的建筑物可不进行沉降观测。

笔者的观点：对于基岩地基，应区分基岩的风化情况区别对待，如果是完整的未风化或微风化岩石，完全没有必要再进行沉降观测；但对于全风化或强风化的岩石地基，需要结合上部建筑情况，可以要求进行沉降观测。

（9）问题讨论：建筑沉降稳定的判断标准是什么？

《高层建筑筏形与箱形基础技术规范》JGJ 6-2011 规定：

8.4.4 沉降观测应从完成基础底板施工时开始，在施工和使用期间连续进行长期观测，直至沉降稳定终止。

8.4.5 沉降稳定的控制标准宜按沉降期间最后100d的平均沉降速率不大于0.01mm/d采用。

《建筑变形测量规范》JGJ 8-2016规定：当最后100d沉降小于0.01～0.04mm/d时可以认为沉降已达稳定状态。

表2-4-7是江苏省审图的规定。

江苏省沉降稳定判定标准　　　　　　　　表 2-4-7

沉降速率 (mm/d)	验收标准 (变形曲线逐步收敛)	高层	0.06	0.08
		多层及以下	0.10	0.12
	稳定标准	高层 0.01，多层及以下 0.04		

（10）结构设计说明如何要求沉降观测。

规范这个要求为强制性条文，本条所指的建筑物沉降观测包括从施工开始，整个施工期间和使用期间对建筑进行的沉降观测，并以实测资料作为建筑物地基基础工程质量检查的依据之一。建筑施工期间的观测日期和次数，应结合施工进度确定，建筑物竣工后的第一年内，每隔2～3月观测一次，以后适当延长至4～6月，直至达到沉降变形稳定标准为止。

【工程案例15】某工程沉降观测及事故分析。

（1）工程概况

某工程主楼及地下车库，主楼地上17层，地下1层。其中，地下一层层高4.5m，主体建筑长76.60m。主体南侧为地下车库，长97.20m，宽41.30m，高3.60m。A、B主体类似，与地下车库没有设计永久沉降缝，仅设置了沉降后浇带。如图2-4-37、图2-4-38所示。主楼采用天然地基，筏板基础，车库采用独立柱基（CFG复合）＋防水板。

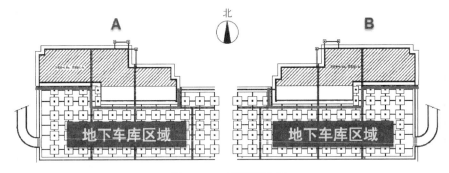

图 2-4-37 平面示意图

（2）问题出现及资料收集

竣工后，还未投入使用就发现有开裂问题，经过实测发现此楼出现严重的倾斜，倾斜率达到6‰左右。如图2-4-39所示。

经过事故调研分析发现：该工程于2009年12月地下部分完工，地坑回填结束，2010年11月结构封顶，2011年4月浇灌沉降后浇带。截至2011年8月15日，A主楼楼体北

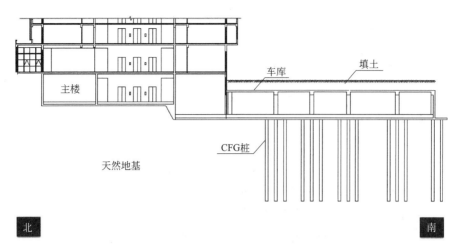

图 2-4-38 剖面示意图

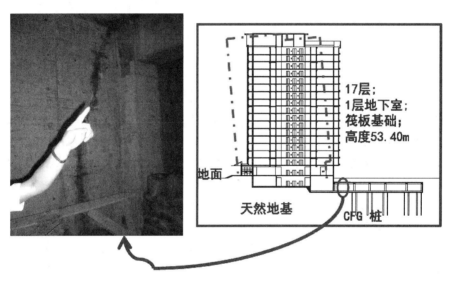

图 2-4-39 现场观测示意及裂缝位置

部最大沉降量为 96mm（J4 点），南部最小沉降量为 30mm（J2 点），最大倾斜值达 2.36％（J3、J4 连线）。沉降观测位置如图 2-4-40 所示。

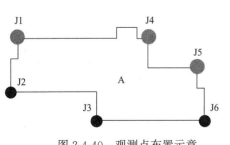

图 2-4-40 观测点布置示意

沉降后浇带封闭后的 5～8 月期间，6 个沉降观测点的平均沉降速率为 0.13mm/d；北侧三个点的平均沉降速率为 0.23mm/d，最大值为 0.32mm/d；南侧三个点的平均沉降速率为 0.04mm/d，最大值为 0.05mm/d。由数据看，北部沉降和沉降速率明显大于南部，南侧车库西侧外墙（剪力墙）部位，及北侧门庭上梁部位出现由不均匀沉降引起的斜裂缝，且沉降趋势仍在进一步发展中。截至 2011 年 8 月 15 日，荷载量约完成 63.8%。

（3）原因分析

1）由于本工程地基土的压缩模量较小，基础计算沉降量为 220mm，超过规范允许值（体形简单的高层建筑基础的平均沉降不应大于 200mm）。设计方案、施工过程稍有不合理很容易导致主体楼沉降不均匀。本工程为主裙（车库）连体建筑，主楼基础又采用高级台阶式的天然地基，车库采用独立基础（CFG 复合桩）＋抗水板，如图 2-4-41 所示。由于主裙基础刚度差异较大，这是产生倾斜的第一因素。

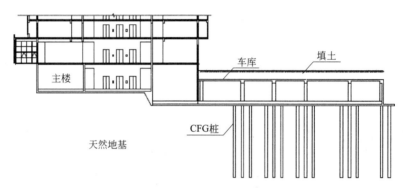

图 2-4-41　地基基础剖面关系图

2）基础埋深不一致（笔者认为特别是主楼基础有高差），平面呈"刀把"形布置，给沉降带来不利影响。由于主楼与裙房（车库）的筏板基础为不同埋深的台阶式设计，高差约为 2m，埋深较大处的基础底附加压力小，埋深较浅处附加压力较大，相差约为 40kPa，这是导致建筑沉降差异增大的第二因素。笔者认为这个是主要因素，因为实际工程中这种情况比较多，但往往设计师并未对这部分进行详细分析控制。

3）过早封闭沉降后浇带，导致主楼南侧地基反力减小，北侧地基反力相应加大，加剧了差异沉降。2010 年 11 月 10 日，主体封顶时加荷比例约为 63.8%（内部隔墙荷载比例为 19.2%，后续装修等荷载比例约为 17%），与一般意义上的封顶有所不同，荷载所占比例较小，实为名义封顶。因此，伴随着后浇带的封闭，南北差异沉降进一步加剧，这是导致南北沉降差增大的第三个因素。笔者认为，封闭沉降后浇带主要与沉降观测结果有关，由沉降观测资料可以看出，根本不具有封闭沉降后浇带的条件。

4）沉降观测数据分析表明，2011 年 6 月 15 日后沉降发展迅速。根据降雨记录，5 月后发生过多次大到暴雨，降水情况见表 2-4-8。

降水情况统计　　　　　　　　　　　　表 2-4-8

时间	5.9	5.10	6.6	6.20
降水情况	大雨	大雨	暴雨	暴雨
时间	6.24	7.2	7.24	7.29
降水情况	暴雨	暴雨	暴雨	暴雨

由于该场地地下水位较深（约地表下 30m），场地地层多为非饱和土，大量降水会导

致土体模量降低。由于南部有大面积车库覆盖，雨水影响较小，而北部尚未施工散水，直接裸露（笔者认为可能也存在肥槽回填不密实），雨水影响较大，这成为北部地基沉陷发生不可抗力的自然因素。这是引起南北差异沉降的第四因素。

4.4.8　处理地基工程施工验收检验，应符合下列规定：

1　换填垫层地基应分层进行密实度检验，在施工结束后进行承载力检验。

2　高填方地基应分层填筑、分层压（夯）实、分层检验，且处理后的高填方地基应满足密实和稳定性要求。

3　预压地基应进行承载力检验。预压地基排水竖井处理深度范围内和竖井底面以下受压土层，经预压所完成的竖向变形和平均固结度应进行检验。

4　压实、夯实地基应进行承载力、密实度及处理深度范围内均匀性检验。压实地基的施工质量检验应分层进行。强夯置换地基施工质量检验应查明置换墩的着底情况、密度随深度的变化情况。

5　对散体材料复合地基增强体应进行密实度检验；对有粘结强度复合地基增强体应进行强度及桩身完整性检验。

6　复合地基承载力的验收检验应采用复合地基静载荷试验，对有粘结强度的复合地基增强体尚应进行单桩静载荷试验。

7　注浆加固处理后地基的承载力应进行静载荷试验检验。

 延伸阅读与深度理解

（1）本条规定源自行业标准《建筑地基处理技术规范》JGJ 79-2012 第 4.4.2 条、第 5.4.2 条、第 6.2.5 条、第 6.3.13 条、第 7.1.2 条、第 7.1.3 条及第 8.4.4 条（强制性条文），国家标准《高填方地基技术规范》GB 51254-2017 第 3.0.11 条（强制性条文）。

（2）大面积大厚度填方压实地基的工程实践成功案例很多，但工程质量事故也不少，不仅后果严重，而且带来了很多环境问题，也凸显了很多岩土工程理论问题，有些问题（特别是大面积深厚填土地基的长期变形）尚待进一步研究，因此应引起足够重视。一般高填方地基处理，需要关注以下 8 个方面问题：

1）截水与排水渗水导流问题；

2）原地面土和软弱下卧层处理问题；

3）填挖交界面的处理问题；

4）填料搭配与分层填筑及施工机械、方法选取等问题；

5）分层填筑厚度设计问题；

6）填方和挖方形成的高边坡稳定问题；

7）地基处理效果检测及评价方法问题；

8）高填方工后沉降估算问题。

（3）预压地基是在土的自重固结未完成或预测建筑物沉降过大等情况下，在建筑物施加荷载前对土层施加荷载，使土层加速固结，增加强度和减小后期变形的地基处理方法。常用的有排水预压、堆载预压、真空预压或联合使用。

目前比较常见的是利用建筑物本身的荷载，分级加载预压，直到达到设计要求的荷载。如大型油罐等可利用试水期间的荷载进行预压，使大部分沉降在试水期间完成，同时使地基强度提高。再如，各种钢铁厂堆料，也可采用分层分批堆料，笔者2000年在山东日照钢厂，就采用过此方案处理软弱地基。当时要求堆料高度9m，分3次，每次3m，堆料时间间隔3～6个月。

（4）注浆加固包含静压注浆、水泥搅拌注浆和高压旋喷注浆等加固方法，也是一种比较常用的工程加固处理方法，广泛应用于城市地下工程、铁路、公路、水利、港口、矿山、建筑地基处理。

1）静压注浆加固，是将水泥浆或其他化学浆液注入地基土中，增加土颗粒间的连接，使土体强度提高、变形减小、渗透性降低的地基处理方法。

2）水泥搅拌桩加固和高压旋喷注浆加固，是在一定范围内实施定向加固，形成加固体的方法。如2022年2月北京某加固改造工程，由于扩建部分柱落在原有肥槽上，就采用了高压旋喷注浆加固。

3）注浆结束后（一般水泥注浆需要在施工后28d），必须对注浆效果进行检查，以便验证是否满足设计要求。对有承载力要求的，必须通过载荷试验确定其承载力，检验数量每个单体建筑不应少于3点。

（5）处理地基承载力的确定，一般采用处理后地基载荷试验和复合地基载荷试验的方法。

（6）对复合地基增强体的施工质量提出明确的检验要求，是保证复合地基工作、提高地基承载力、减少变形的必要条件，其施工质量必须得到保证。

【工程案例16】2021年北京某工程采用CFG地基处理现场检测资料。

工程概况：本工程为地上11层、地下2层的小高层住宅区，由于天然地基无法满足承载力要求，采用CFG处理复合地基。

（1）设计对CFG复合地基提出的设计参数

以A-1号楼为例，地上11层、地下2层，高度为33.2m。结构形式为剪力墙结构，基础形式为筏板基础。采用CFG复合地基，主要设计参数见表2-4-9。

复合地基主要设计参数   表 2-4-9

总桩数（根）	有效桩长（m）	桩径（mm）	桩体强度	桩间距（m）	单桩承载力特征值(kN)	复合地基承载力特征值(kPa)
239	11.50	400	C25	1.20×1.20	430	250

（2）检测任务

1）通过单桩复合地基静载荷试验，判定复合地基承载力特征值是否满足250kPa要求；

2）通过复合地基增强体单桩静载荷试验，判定单桩承载力是否满足430kN的设计要求；

3）通过低应变法检测，确定CFG桩桩身缺陷及其位置，判定桩身完整性。

（3）检测数量

1）抽样方案

检测点位置由委托方、监理等单位确定。检测点的数量在满足规范要求的前提下，由委托单位确定。

2）承载力验收抽样检测数量

《建筑地基处理技术规范》JGJ 79-2012 第 7.7.4 条规定，水泥粉煤灰碎石桩复合地基承载力检验宜在施工结束 28d 后进行，其桩身强度应满足试验荷载条件；复合地基静载荷试验和单桩静载荷试验的数量不应少于总桩数的 1％，且每个单体工程的复合地基静载荷试验数量不应少于 3 点。

3）桩身完整性验收抽样检测数量

《建筑地基基础工程施工质量验收标准》GB 50202-2018 第 4.1.6 条规定，复合地基增强体的检测数量不应少于总数的 20％。

4）检测数量小结

本次检测抽检数量为：单桩复合地基静载荷试验 3 点，复合地基增强体单桩静载荷试验 3 根，低应变法检测 239 根。

（4）单桩复合地基静载荷试验

1）根据《建筑地基处理技术规范》JGJ 79-2012 附录 B 进行现场试验和资料整理。试验点的位置如图 2-4-42 所示。

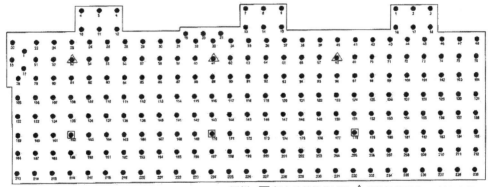

图例：◨ 复合地基静载试验　▲ 单桩静载试验　● 低应变检测

图 2-4-42　试验点位置平面分布图

本次试验采用压重平台反力装置，如图 2-4-43 所示。

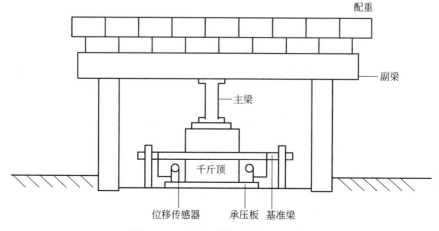

图 2-4-43　压重平台反力装置示意图

试验设备用钢梁组合成加荷平台，在平台上码放混凝土配重块。钢梁平台和混凝土配重不小于试验最大加载压力的1.2倍。在桩顶（两个方向）对称安装2块位移传感器，位移传感器通过磁性表座支撑在基准梁上。

试验通过压重平台反力装置提供反力，其量值由压力传感器测读；用位移传感器测读每级荷载的沉降量（沉降量取2块位移传感器的平均值）。加载、卸载、补压、控载、判稳及测读记录沉降量的全部工作均由RS-JYB型静力荷载测试仪自动控制完成。

2）现场检测。

① 单桩复合地基静载荷试验主要技术参数见表2-4-10。

单桩复合地基静载荷试验主要技术参数 表 2-4-10

设计要求			试验参数		
复合地基承载力特征值(kPa)	单桩处理面积(m²)	最大加载压力(kPa)	承压板尺寸(m)	最大加载压力(kPa)	最大加载量(kN)
250	1.4400	500	1.20×1.20	500	720

② 加载方式。

加载分8级进行，采用逐级等量加载。最大加载压力大于（或等于）设计要求压力值的2倍。承压板面积应为一根桩承担的处理面积。

③ 记录数据。

每加一级荷载后，均应各读记承压板沉降量一次，以后0.5h读记一次。当1h内沉降量小于0.1mm时，即可加下一级荷载。

④ 当出现下列现象之一时可终止试验：

A. 沉降急剧增大，土被挤出或承压板周围出现明显的隆起；

B. 承压板的累计沉降量已大于其宽度或直径的6%；

C. 当达不到极限荷载，而最大加载压力已大于设计要求压力值的2倍。

卸载级数为加载级数的一半，等量进行，每卸一级，间隔0.5h，读记回弹量，待卸完全部荷载后间隔3h读记总回弹量。

（5）复合地基增强体单桩静载荷试验技术参数及要求

1）主要技术参数

主要技术参数见表2-4-11。

单桩竖向抗压静载荷主要技术参数 表 2-4-11

设计要求	试验参数		
单桩承载力特征值(kN)	最大加载值(kN)	最大加载量(kN)	每级加载量(kN)
430	860	864	108

2）加载方式

采用慢速维持荷载法确定复合地基增强体单桩的承载力。试验最大加载量等于设计要求的单桩承载力特征值的2.0倍，加载分级进行，且采用逐级等量加载；分级荷载为最大加载量的1/8。

3）慢速维持荷载法试验的规定

测读桩顶沉降量的间隔时间：每级加载后，第 5min、10min、15min 时各测读一次，以后每隔 15min 测读一次，累计 1h 后每隔半小时测读一次。在每级荷载作用下，桩的沉降量连续两次在每小时内小于 0.1mm 时可视为稳定。

4）可视为稳定的条件

当出现下列条件之一时可终止加载：

① 当荷载-沉降（Q-s）曲线上有可判定极限承载力的陡降段，且桩顶总沉降量超过 40mm；

② $\dfrac{\Delta s_{n+1}}{\Delta s_n} \geqslant 2$，且经过 24h 沉降尚未稳定；

③ 桩身破坏，桩顶变形急剧增大；

④ 当桩长超过 25m，Q-s 曲线呈缓变形时，桩顶总沉降量达 60～80mm；

⑤ 验收检验时，最大加载量不应小于设计单桩承载力特征值 2 倍时（笔者建议最好是 2.2 倍）。

（6）低应变法检测

依据《建筑基桩检测技术规范》JGJ 106-2014 进行现场桩身完整性检测，本工程每根桩均进行检测。

1）仪器设备

本次试验使用的计量器具均经过检定，且在有效期内，具体设备如下：

基桩动测仪	RS1616K（L）型	1 台
加速度传感器	LC1054TA 型	1 个
力锤、锤垫、耦合剂及配套设备		1 套

2）检测装置

检测装置示意图如图 2-4-44 所示。

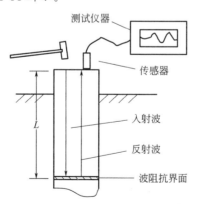

图 2-4-44　低应变法检测装置示意图

（7）试验资料整理分析

本次试验的原始测试数据和绘制的辅助分析曲线如下。

1）单桩复合地基静载荷相关数据

① 162 号桩单桩复合地基静载荷试验曲线及资料汇总表见表 2-4-12、表 2-4-13。

单桩复合地基静载荷试验曲线   表 2-4-12

工程名称:A-1 号楼		试点编号:162 号
设计荷载(kPa):250	压板面积(m²):1.4400	开始检测日期:2021-01-25

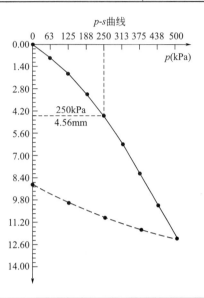

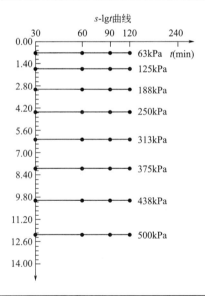

单桩复合地基静载荷试验汇总表   表 2-4-13

工程名称:A-1 号楼				试点编号:162 号	
设计荷载(kPa):250		压板面积(m²):1.4400		开始检测日期:2021-01-25	
级数	荷载(kPa)	本级历时(min)	累计历时(min)	本级位移(mm)	累计位移(mm)
1	63	120	120	0.83	0.83
2	125	120	240	1.00	1.83

续表

工程名称:A-1 号楼			试点编号:162 号		
设计荷载(kPa):250		压板面积(m²):1.4400	开始检测日期:2021-01-25		
级数	荷载(kPa)	本级历时(min)	累计历时(min)	本级位移(mm)	累计位移(mm)
3	188	120	360	1.33	3.16
4	250	120	480	1.40	4.56
5	313	120	600	1.79	6.35
6	375	120	720	1.86	8.21
7	438	120	840	2.01	10.22
8	500	120	960	2.11	12.33
9	375	30	990	−0.64	11.69
10	250	30	1020	−0.76	10.93
11	125	30	1050	−0.89	10.04
12	0	180	1230	−1.15	8.89

注:最大加载量:500kPa,最大位移量:12.33mm,最大回弹量:3.44mm,回弹率:27.9%。

② 170 号桩单桩复合地基静载荷试验曲线及资料汇总表见表 2-4-14、表 2-4-15。

单桩复合地基静载荷试验曲线　　　　表 2-4-14

工程名称:A-1 号楼		试点编号:170 号
设计荷载(kPa):250	压板面积(m²):1.4400	开始检测日期:2021-01-26

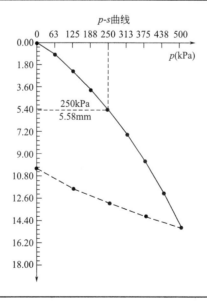

p-s曲线

续表

工程名称:A-1号楼		试点编号:170号
设计荷载(kPa):250	压板面积(m²):1.4400	开始检测日期:2021-01-26

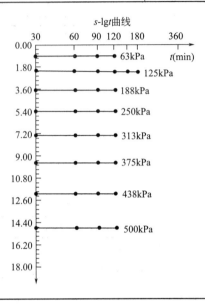

单桩复合地基静载荷试验汇总表 表 2-4-15

工程名称:A-1号楼			试点编号:170号		
设计荷载(kPa):250		压板面积(m²):1.4400		开始检测日期:2021-01-26	
级数	荷载(kPa)	本级历时(min)	累计历时(min)	本级位移(mm)	累计位移(mm)
1	63	120	120	1.00	1.00
2	125	180	300	1.38	2.38
3	188	120	420	1.48	3.86
4	250	120	540	1.72	5.58
5	313	120	660	1.94	7.52
6	375	120	780	2.21	9.73
7	438	120	900	2.57	12.30
8	500	120	1020	2.82	15.12
9	375	30	1050	−0.91	14.21
10	250	30	1080	−1.05	13.16
11	125	30	1110	−1.25	11.91
12	0	180	1290	−1.53	10.38

注:最大加载量:500kPa,最大位移量:15.12mm,最大回弹量:4.74mm,回弹率:31.3%。

③ 178号桩单桩复合地基静载荷试验曲线及资料汇总表见表2-4-16、表2-4-17。

单桩复合地基静载荷试验曲线　　　　　　　　　　　　　　　　　表 2-4-16

工程名称:A-1 号楼	试点编号:178 号

设计荷载(kPa):250	压板面积(m²):1.4400	开始检测日期:2021-01-27

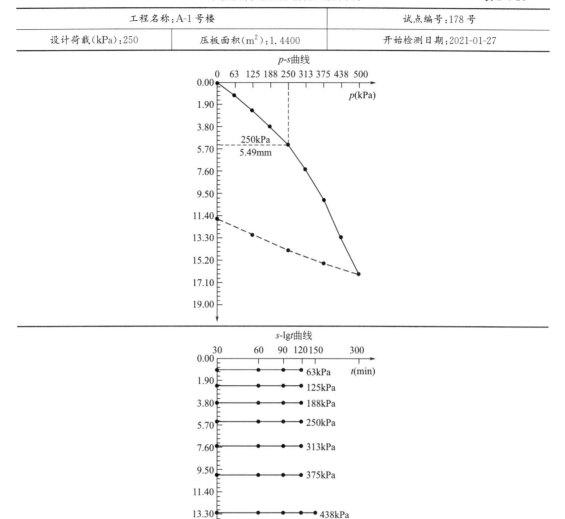

单桩复合地基静载荷试验汇总表　　　　　　　　　　　　　　　　表 2-4-17

工程名称:A-1 号楼			试点编号:178 号		
设计荷载(kPa):250		压板面积(m²):1.4400		开始检测日期:2021-01-27	
级数	荷载(kPa)	本级历时(min)	累计历时(min)	本级位移(mm)	累计位移(mm)
1	63	120	120	1.19	1.19
2	125	120	240	1.28	2.47
3	188	120	360	1.42	3.89
4	250	120	480	1.60	5.49
5	313	120	600	2.10	7.59

续表

工程名称:A-1号楼				试点编号:178号	
设计荷载(kPa):250		压板面积(m²):1.4400		开始检测日期:2021-01-27	
级数	荷载(kPa)	本级历时(min)	累计历时(min)	本级位移(mm)	累计位移(mm)
6	375	120	720	2.54	10.13
7	438	150	870	3.23	13.36
8	500	120	990	3.16	16.52
9	375	30	1020	−0.93	15.59
10	250	30	1050	−1.08	14.51
11	125	30	1080	−1.35	13.16
12	0	180	1260	−1.33	11.83

注:最大加载量:500kPa,最大位移量:16.52mm,最大回弹量:4.69mm,回弹率:28.4%。

④ 3根单桩复合地基静载荷试验结果分析总结见表2-4-18。

表 2-4-18

单桩复合地基静载荷试验结果

桩号	最大加载压力(kPa)	总沉降量(mm)	试验点承载力特征值(kPa)	对应沉降量(mm)	复合地基承载力特征值(kN)
162	500	12.33	250	4.56	
170	500	15.12	250	5.58	250
178	500	16.52	250	5.49	

经过计算,上述参与统计的试验点数量为3点,试验点承载力特征值的极差不超过平均值的30%,故取其平均值250kPa为复合地基承载力特征值。

2)复合地基增强体单桩静载荷试验资料

① 53号复合地基增强体单桩静载荷试验曲线及资料汇总表见表2-4-19、表2-4-20。

表 2-4-19

复合地基增强体单桩静载荷试验曲线

工程名称:A-1号楼		试桩编号:53号
桩径:400mm	桩长:11.50m	开始检测日期:2021-01-25

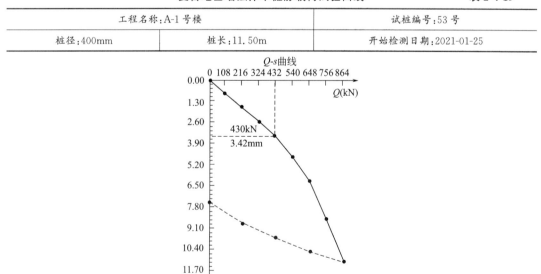

工程名称:A-1号楼		试桩编号:53号
桩径:400mm	桩长:11.50m	开始检测日期:2021-01-25

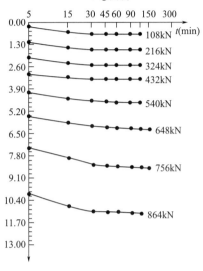

s-lg*t*曲线

复合地基增强体单桩静载荷试验汇总表 表 2-4-20

工程名称:A-1号楼		试桩编号:53号			
桩径:400mm		桩长:11.50m		开始检测日期:2021-01-25	
级数	荷载(kPa)	本级历时(min)	累计历时(min)	本级位移(mm)	累计位移(mm)
1	108	120	120	0.80	0.80
2	216	120	240	0.90	1.70
3	324	120	360	0.89	2.59
4	432	120	480	0.85	3.44
5	540	120	600	1.36	4.80
6	648	150	750	1.52	6.32
7	756	150	900	2.27	8.59
8	864	120	1020	2.64	11.23
9	648	60	1080	−0.65	10.58
10	432	60	1140	−0.80	9.78
11	216	60	1200	−0.93	8.85
12	0	180	1380	−1.27	7.58

注:最大加载量:864kPa,最大位移量:11.23mm,最大回弹量:3.65mm,回弹率:32.5%。

② 61号复合地基增强体单桩静载荷试验曲线及资料汇总表见表2-4-21、表2-4-22。

复合地基增强体单桩静载荷试验曲线

表 2-4-21

工程名称:A-1号楼		试桩编号:61号
桩径:400mm	桩长:11.50m	开始检测日期:2021-01-26

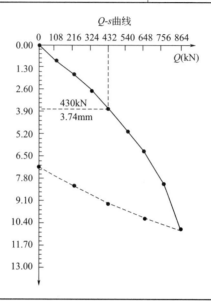

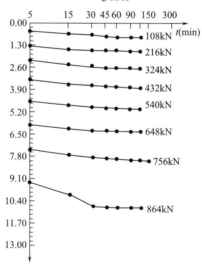

复合地基增强体单桩静载荷试验汇总表

表 2-4-22

工程名称:A-1号楼			试桩编号:61号		
桩径:400mm		桩长:11.50m		开始检测日期:2021-01-26	
级数	荷载(kPa)	本级历时(min)	累计历时(min)	本级位移(mm)	累计位移(mm)
1	108	150	150	0.88	0.88
2	216	120	270	0.83	1.71

续表

	工程名称:A-1号楼			试桩编号:61号	
桩径:400mm		桩长:11.50m		开始检测日期:2021-01-26	
级数	荷载(kPa)	本级历时(min)	累计历时(min)	本级位移(mm)	累计位移(mm)
3	324	120	390	0.97	2.68
4	432	120	510	1.08	3.76
5	540	120	630	1.25	5.01
6	648	120	750	1.35	6.36
7	756	150	900	1.76	8.12
8	864	120	1020	2.73	10.85
9	648	60	1080	−0.74	10.11
10	432	60	1140	−0.80	9.31
11	216	60	1200	−1.05	8.26
12	0	180	1380	−1.16	7.10

注:最大加载量:864kPa,最大位移量:10.85mm,最大回弹量:3.75mm,回弹率:34.6%。

③ 68号复合地基增强体单桩静载荷试验曲线及资料汇总表见表2-4-23、表2-4-24。

复合地基增强体单桩静载荷试验曲线 　　　　　表 2-4-23

	工程名称:A-1号楼	试桩编号:68号
桩径:400mm	桩长:11.50m	开始检测日期:2021-01-27

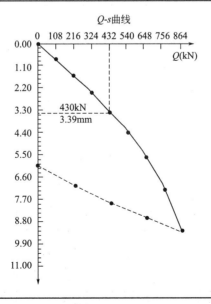

Q-s曲线

工程名称:A-1号楼		试桩编号:68号
桩径:400mm	桩长:11.50m	开始检测日期:2021-01-27

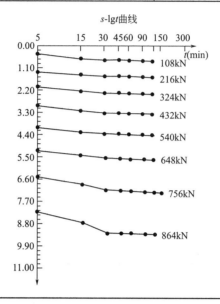

复合地基增强体单桩静载荷试验汇总表　　　　　　表 2-4-24

工程名称:A-1号楼		试桩编号:68号		
桩径:400mm		桩长:11.50m	开始检测日期:2021-01-27	
级数	荷载(kN)	本级历时(min)	累计历时(min)	本级位移(mm)	累计位移(mm)
1	108	120	120	0.83	0.83
2	216	120	240	0.78	1.61
3	324	120	360	0.83	2.44
4	432	120	480	0.97	3.41
5	540	120	600	1.05	4.46
6	648	120	720	1.20	5.66
7	756	150	870	1.65	7.31
8	864	120	990	2.08	9.39
9	648	60	1050	−0.68	8.71
10	432	60	1110	−0.81	7.90
11	216	60	1170	−0.85	7.06
12	0	180	1350	−1.00	6.05

注：最大加载量:864kPa，最大位移量:9.39mm，最大回弹量:3.34mm，回弹率:35.6%。

④ 复合地基增强体3根单桩试验结果分析总结见表2-4-25。

复合地基增强体单桩静载荷试验结果   表 2-4-25

桩号	最大加载量（kN）	总沉降量（mm）	试验桩承载力特征值（kN）	对应沉降量（mm）	复合地基增强体单桩承载力特征值（kN）
53	864	11.23	430	3.42	
61	864	10.85	430	3.74	430
68	864	9.39	430	3.39	

经过计算分析，上述参与统计的试验桩数量为 3 根，试验桩承载力特征值的极差不超过平均值 30%，故取其平均值 430kN 为复合地基增强体单桩承载力特征值。

3）低应变检测结果

Ⅰ类桩：桩身完整 235 根；Ⅱ类桩：桩身轻微缺陷，不会影响桩身结构承载力的正常发挥，共 4 根。

详细汇总说明不再赘述。

（8）检测总结及结论

1）通过单桩复合地基静载荷试验，本工程 CFG 复合地基承载力特征值满足设计要求 250kPa；

2）通过复合地基增强体单桩静载荷试验，CFG 桩复合地基单桩承载力特征值满足设计要求 430kN；

3）通过低应变法检测，本工程 CFG 复合地基受检的 239 根桩，Ⅰ类桩 235 根，Ⅱ类桩 4 根，满足设计要求。

（7）多种地基处理方法综合使用的检验要求。

工程实践中，往往采用单一的地基处理方法无法满足设计的要求，而需要采用 2 种或多种方法进行地基处理。

1）如回填土场地，采用强夯处理回填土，往往由于下卧土层含水量高，夯击能力不能太大，强夯处理后，再采用水泥粉煤灰碎石桩（CFG）加固地基，提高承载力，减小地基变形；再如开山填沟场地平整后，对填沟场地进行夯实处理，但建筑物坐落在老土和填土交接的地基上，夯实地基虽然满足承载力要求，但为防止建筑不均匀沉降发生倾斜，再采用水泥粉煤灰碎石桩（CFG）进行加固处理，以减小其不均匀沉降。针对上述情况，地基处理后，不仅应检验强夯后的地基土的强度，还应检验其竖向和水平向的均匀性；对水泥粉煤灰碎石桩（CFG），应检验其强度及桩身完整性；对整体不能仅根据夯实承载力及水泥粉煤灰碎石桩（CFG）承载力的检验结果进行判定，由于每一种检验方法的局限性，不能代表整体处理效果的检验，而应再进行大尺寸承压板载荷试验确定，其最小安全系数不小于 2.0。

2）当地基存在液化、湿陷性时，通常首先需要采用能够消除液化、湿陷的处理方法后，再采用其他方法进一步提高其承载力及减小沉降；下部采用复合地基处理，上部采用较厚的砂或灰土垫层的地基处理方法等。此时应根据不同的处理目的，分别进行检验评价。在消除液化、湿陷性处理后，应采用能够判定消除液化、湿陷的检测手段，而对于提高承载力或减小变形的地基处理，应在判定消除液化、湿陷评定合格的基础上，再进行整体处理效果的检测。采用多种地基处理方法综合使用的地基处理工程验收检验时，应采用大尺寸承压板载荷试验确定，其最小安全系数不小于2.0。

3）对于下部采用复合地基处理，上部采用较厚砂或灰土垫层处理的检验，下部复合地基采用复合地基检验方法，上部垫层应采用垫层的检验方法，应避免统一采用复合地基检验方法。整体承载力及变形也应采用大尺寸承压板载荷试验确定，其最小安全系数不小于2.0。

（8）关于单桩复合地基静载荷试验和单桩静载荷试验结果不一致的处理建议。

这个问题在实际工程中经常遇到。原则上说，只要某一检验不满足设计要求，该工程即存在安全隐患，原因是多种多样的。

复合地基静载荷试验不满足设计要求时，可能存在的原因是地基土性和相关地质参数符合性差、设计参数选择不够合理、施工关键技术控制不够好等，所以应全面分析各个环节是否存在问题。当单桩静载荷试验不满足设计要求时，地基土性和相关参数的符合程度以及施工关键技术控制状况应为主要原因。单桩复合地基静载荷试验满足设计要求，而单桩静载荷试验不满足设计要求时，工程存在质量隐患，因为增强体是复合地基提高承载力及减小变形的主要载体；当单桩静载荷满足设计要求，而单桩复合地基不满足设计要求时，应首先分析地基土性或设计参数取值是否合理。如采用了影响原状土性状的振动、挤密等施工工法，则应考虑适当延长休止时间，再进行检测判定。

在某一地区采用某一种复合地基处理技术，应有地区经验，没有经验时，应进行现场试验以及试点工程，取得经验后再推广，这是成熟技术应采用的技术路线。

特别注意：对处理地基性状的基本要求是在满足建筑物正常使用要求的前提下是否满足设计要求。一般情况下（没有经过过度优化的工程），设计要求应高于建筑物地基正常使用的要求，所以，当工程检验不满足原设计要求时，应由设计单位复核是否满足建筑物正常使用要求，如果满足，也可以通过工程验收，如果不满足，再进一步考虑处理方案。

第5章　桩基

5.1　一般规定

5.1.1　桩基设计计算或验算，应包括下列规定：

1　桩基竖向承载力和水平承载力计算；

2　桩身强度、桩身压屈、钢管桩局部压屈验算；

3　桩端平面下的软弱下卧层承载力验算；

4　位于坡地、岸边的桩基整体稳定性验算；

5　混凝土预制桩运输、吊装和沉桩时桩身承载力验算；

6　抗浮桩、抗拔桩的抗拔承载力计算；

7　桩基抗震承载力验算；

8　摩擦型桩基，对桩基沉降有控制要求的非嵌岩桩和非深厚坚硬持力层的桩基，对结构体形复杂、荷载分布不均匀或桩端平面下存在软弱土层的桩基等，应进行沉降计算。

 延伸阅读与深度理解

（1）本条规定源自国家标准《建筑地基基础设计规范》GB 50007-2011 第 8.5.10、8.5.13 条（强制性条文），行业标准《建筑桩基技术规范》JGJ 94-2008 第 3.1.3、3.1.4 条（强制性条文）。

（2）桩基础是工程应用最广泛的基础形式之一。当承载力较高的土层埋藏较深，基础底面土体承载力不能满足上部建筑荷载需要，采用地基处理也难以满足要求时，就会考虑采用桩基。桩基础一直是地基基础行业最活跃、最具有创造力的一部分，每年都会出现大大小小的改进、创新和发展。但笔者提醒设计师，工程实际应用中，绝对不能反对这些创新技术，且应该积极推广应用，但应注意必须有可靠的设计依据及工程案例。

（3）桩基承载力计算是桩基设计的基本要求，桩基承载力包括桩侧摩阻力、端承力和水平抗力。

（4）当桩端持力层下存在软弱下卧层时，若设计不当，可能会发生因持力层的冲剪破坏而使桩基失稳。如图 2-5-1 所示。

（5）坡地、岸边的桩基设计，关键是确保其整体稳定性，一旦桩基失稳，既影响自身结构安全，也会波及相邻建（构）筑物、地下管线等市政设施的安全。

（6）桩的分类。

1）按工艺分类——预制桩和灌注桩，如图 2-5-2 所示。

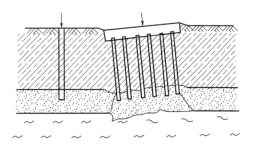

图 2-5-1　桩基软弱下卧层
发生冲剪破坏示意

图 2-5-2　按工艺分类桩的类型

2）常用灌注桩的分类，如图 2-5-3 所示。

图 2-5-3　常用灌注桩的分类

3）按桩承载力性状分类。

应用线弹性理论进行分析的结果表明，影响桩土体系荷载传递的因素主要有：

桩端土与桩周土的刚度比，当桩端土与桩周土的刚度比等于 0 时，荷载全部由桩侧摩擦阻力所承担，这就是纯摩擦桩。在均匀土层中的纯摩擦桩，摩阻力接近均匀分布。当桩端土与桩周土的刚度比等于 1 时，属均匀土层中的摩擦桩，其荷载传递曲线和桩侧摩阻力分布与纯摩擦桩接近。当桩端土与桩周土的刚度比接近 ∞ 且为中长桩（长径比 $l/d \approx 25$）时，桩身荷载上段随深度减小，下段近乎沿深度不变。即桩侧阻力上段可得到发挥，下段由于桩土相对位移很小（桩端无位移）而无法发挥出来。桩端由于土的刚度大，可分担较大的荷载，这就属于端承桩。

读者请注意：不少设计师认为摩擦桩就是只具有侧阻力，端承桩只具有端阻力，显然是不符合实际的。实际工程中，纯摩擦桩或纯端承桩几乎是不存在的。基于此，现行规范按竖向荷载下桩土相互作用特点，桩侧阻力与桩端阻力的发挥程度和分担荷载比，将桩分为摩擦型桩和端承型桩两大类和四个亚类。

摩擦型桩：是指在竖向极限荷载作用下，桩顶荷载全部或主要由桩侧阻力承受。根据桩侧阻力分担荷载的大小，摩擦型桩分为摩擦型和端承摩擦型桩两类。

在深厚的软弱土层中，无较硬的土层作为桩端持力层，或桩端持力层虽然较坚硬但桩的长径比 l/d 很大，传递到桩端的轴力很小，以致在极限荷载作用下，桩顶荷载绝大部分由桩侧阻力承受，桩端阻力很小（笔者理解 10% 以内）可忽略不计的桩，称其为摩擦桩。

当桩的 l/d 不很大，桩端持力层为较坚硬的黏性土、粉土或砂类土时，除桩侧阻力外，还有一定的桩端阻力，桩顶荷载由桩侧阻力和桩端阻力共同承担，但大部分由桩侧阻力承担的桩，称其为端承摩擦桩，这类桩占比较多。

端承型桩：是指在竖向极限荷载作用下，桩顶荷载全部或主要由桩端阻力承受，桩侧阻力相对桩端阻力而言较小，或可忽略不计的桩。根据桩端阻力发挥的程度和分担荷载的比例，又可分为摩擦端承桩和端承桩两类。

桩端进入中密以上的砂土、碎石类土或中（微）风化岩层，桩顶极限荷载由桩侧阻力和桩端阻力共同承担，但主要由桩端承担，称其为摩擦端承桩。

当桩的 l/d 较小（一般不大于 10），桩身穿越软弱土层，桩端设置在密实砂层、碎石类土层或中（微）风化岩层中，桩顶荷载绝大部分由桩端承受，桩侧阻力很小可以忽略不计时，称其为端承桩。

4）按成桩方法分类。

非挤土桩：干作业法钻（挖）孔灌注桩、泥浆护壁法钻（挖）孔灌注桩、套筒护壁法钻（挖）孔灌注桩。

部分挤土桩：冲孔灌注桩、钻孔挤扩灌注桩、搅拌劲芯桩、预钻孔打入（静压）预制桩、打入（静压）式敞口钢管桩、敞口预应力混凝土空心桩和 H 型钢桩。

挤土桩：沉管灌注桩、沉管夯（挤）扩灌注桩、打入式（静压）预制桩、闭口预应力混凝土空心桩和闭口钢管桩。

【解释说明】区分非挤土桩、部分挤土桩、挤土桩的工程意义何在？

《建筑桩基技术规范》按是否挤土对桩进行分类具有重要的工程意义。桩基础工程事故调查表明，挤土的严重程度是造成质量事故的重要原因。挤土桩成桩时受到很大的挤压应力，同时对已经施工的桩体产生挤压和上涌，造成破坏。因此，对挤土桩在以下诸多方面进行了特别规定：

① 桩中心间距适当加大；②饱和土中的挤土桩基沉降计算值应乘以增大系数 1.3～1.8；③施工中应严格监测桩土水平位移和上涌。

5）按桩径大小分类。

小直径：$d \leqslant 250\text{mm}$；中等直径：$250\text{mm} < d < 800\text{mm}$；大直径：$d \geqslant 800\text{mm}$。

（7）长径比达到多少，才可按桩的承载力模式确定其单桩承载力？

桩与浅基础的承载力和破坏机理不同，因而承载力的计算模式也不一样，但桩究竟要符合哪些基本条件才能体现出桩的工作特征，迄今为止岩土界也没有人进行过系统研究，所以我们也没有看到规范、标准给出具体的规定。这也是工程界一直在讨论的"墩基础与桩基础的异同及墩基础计算问题"。在我国的工程技术标准中，很少提及墩基础的概念，但在以下几个标准中提到"墩基础"。

1) 在《建筑岩土工程勘察基本术语标准》JGJ 84-92（现已被《岩土工程勘察术语标准》JGJ/T 84-2015替代）中，关于"墩"的定义是："用人工或机械在岩土中成孔现场浇筑的直径一般大于800mm的混凝土柱，亦称为大直径桩。"

2)《全国民用建筑工程设计技术措施结构（地基与基础）》2009年版附录H挖孔桩基础：人工挖孔桩长度不宜小于6m及$L/D \leq 3$时按墩基础计算。

3) 湖北省地方标准《建筑地基基础技术规范》DB42/242-2014中，埋深大于3m，直径不小于1000m，且有效墩高与直径的比小于6或有效墩高与扩底直径放大比小于4的独立刚性基础，可按墩基础进行设计。

4) 也有资料建议：对于均匀土层，桩的长径比不应小于$7d$；对于软土或松散土层，桩的长径比不应小于$10d$，且桩端进入相对硬土层不应小于$1d$。

（8）规范规定的桩的最小间距，对于端承桩可否突破？

《建筑桩基技术规范》JGJ 94-2008对于基桩最小中心距规定是根据两个方面因素制定的，一是成桩过程挤土效应的影响；二是基桩中心距对于桩侧阻和端阻力的影响，即承载力的群桩效应。

由于桩间距大小影响桩侧阻力的有效发挥值，对桩端阻力的有效发挥值削弱效应影响非常小（大量试验证实），故从理论上而言，对于桩侧阻力小到可以忽略不计的端承桩而言，规范给出的桩最小间距是可以突破的。但具体可以突破到多少限值？对于非挤土端承桩，最小桩间距可以减小到$2.5d$（当采用人工挖孔桩时，d为护壁外径）；对于挤土桩和部分挤土桩，其最小桩间距不是受制于桩的工作状态和承载力的有效发挥，而是要考虑成桩过程挤土效应对施工质量的影响，因此，除非采取引孔等辅助措施有效降低挤土效应，否则不可突破规范限值。

（9）实际工程中，当由于种种边界条件，使得桩最小间距难以满足相关规范规定要求时，如何处理？

实际工程中，经常会出现在墙下布置单排桩、在核心筒下布置矩形或梅花形排列的群桩时，桩的中心距小于规范规定最小桩间距的情况。为了满足规范最小桩间距，必然导致基桩外布，设计不合理，乃至遭遇审图不予通过，此时如何处理这一问题？

对于布桩出现桩最小间距部分超标问题，一般应优先以不扩大布桩范围改变承台受力，处理方法可分为以下两个方面：

1) 对于部分挤土桩和挤土桩，当桩间距不满足规范限值时，应采用引孔、削减成桩过程超孔压、严控成桩速率等措施消除挤土效应。

2) 对于桩距小于$3d$的基桩的侧阻力设计值实施折减，现行规范没有给出具体折减系数，读者可参考相关资料进行折减。

（10）哪些情况下可以不考虑地震作用验算？

承受竖向荷载为主的低承台桩基，当地面下无液化土层，且桩承台周围无淤泥、淤泥质土和地基承载力特征值不大于100kPa的填土时，下列6～8度时的建筑可不进行桩基抗震承载力验算：

1) 一般的单层厂房和单层空旷房屋；

2) 不超过8层且高度在24m以下的一般民用框架房屋和框架—抗震墙房屋；

3）基础荷载与2）项相当的多层框架厂房和多层混凝土抗震墙房屋。

（11）是否所有桩都需要进行水平承载力计算？

工程经验告诉我们，地下结构水平力应该由地下室外墙（承台前）被动土压力、桩及外墙侧面（承台侧面）摩擦力共同承担，这是不争的事实。但是各部分如何分担，目前还是难以定量的问题。

关于地下室外墙侧的被动土压与桩共同承担地震水平作用问题，大致有以下做法：假定由桩承担全部地震水平作用；假定由地下室外的土承担全部水平力；由桩、土分担水平力（或由经验公式求出分担比，或用m法求土抗力或由有限元法计算）。目前看来，桩完全不承担地震水平作用的假定偏于不安全，从日本的震害资料来看，桩基的震害是相当多的，因此这种做法不宜采用；由桩承受全部地震作用的假定又过于保守。

《建筑桩基技术规范》JGJ 94-2008第3.1.3条在条文说明中这样解释：关于桩基承载力计算和稳定性验算，是承载能力极限状态设计的具体内容，应结合工程具体条件有针对性地进行计算或验算。基于此，笔者提出以下建议供读者参考：

1）对于符合上述（10）中条件的多层建筑可以不进行计算。

2）对于高承台桩都应进行水平承载力验算。

3）对于桩周围有可液化土或地基承载力特征值小于40kPa（或不排水抗剪强度小于15kPa）的软土。

4）建筑地下四面覆土厚度不一致时（特别是一面有土、对面一侧无土）应进行验算。

5）当桩基水平承载力不满足计算要求时，可将承台每侧1/2承台边长范围内的土进行加固处理。

6）当承台周围的回填土夯实到密度不小于现行国家标准《建筑地基基础设计规范》GB 50007-2011对填土的要求时，可由承台正面填土与桩共同承担水平地震作用，但不应计入承台底面与地基土间的摩擦力。

（12）规范为何不规定桩的最大长径比？

1）限制桩的最大长径比的目的是避免基桩承受荷载时出现压曲失稳。但工程实践中，由于土的侧向约束，未曾因桩的长径比过大而出现过压曲失稳问题，故太沙基（Karl Teraghi，1883～1963）在其著作中也提到，一般不应因防止压曲失稳而限制桩的最大长径比。当然，基桩的压曲稳定问题在工程实践中的某些特殊情况下还是应该进行计算分析，采取相应措施，做到合理、可靠、有效，避免无区别地一律采取增大桩径、降低长径比的做法。

① 当地形和使用要求使得桩顶露出地面形成高承台基桩，导致基桩的受压稳定性削弱，此时应通过考虑桩身稳定性系数验算桩身受压承载力。可采取适当增大桩径、增强桩顶嵌固、增加承台纵横连系梁等措施。

② 当桩侧存在液化土、不排水抗剪强度小于10kPa（地基承载力特征值小于25kPa）的超软土时，同样会影响桩身轴压和偏压承载力。此时应通过计算分析，采取调整桩径、适当提高成桩的垂直标准（如提高到0.5%）以减小桩身附加弯矩的增大效应等措施。

2）我国《工业与民用建筑灌注桩基础设计与施工规程》JGJ 4-1980基于考虑桩身不产生压屈失稳以及施工条件的要求，对桩的长径比作出了限制。

一般情况下，端承桩的长径比$L/d \leqslant 60$。对于穿越可液化土、超软土、自重湿陷性黄土的端承桩，桩侧土的水平抗力很小，将其最大长径比适当降低，规定 $l/d \leqslant 40$。

3）《日本建筑基础结构设计规范》对于端承桩的长径比一律规定为 $l/d \leqslant 60$。

4）对于摩擦型桩，桩身应力向下衰减且桩随荷载加大而产生沉降，则不需要考虑长径比限制。

5）随着我国高层建筑的发展，超长桩及长桩应用广泛，长径比的限制制约了长桩的使用。根据我国的实际情况，考虑迄今为止尚未发现质量正常的桩压屈失稳的先例，因此，后来的规范取消了长径比的限制。

6）提醒设计师，尽管现行规范没有对桩的长径比提出限制要求，但是遇到高承台桩、上部桩周土软弱、桩周为可液化土、8度以上地震区的端承桩，当桩身强度控制设计时，仍应慎重对待，应限制桩长径比并按相关规范验算桩身压屈稳定。

（13）现行《建筑桩基技术规范》JGJ 94-2008 为何不限制相邻桩的桩端标高差？

规范中相邻桩桩端标高差为何不作限制性规定，可从桩土荷载传递性状进行简要分析说明。

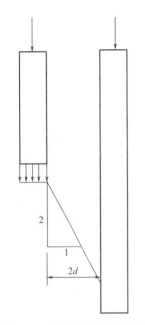

1）对于摩擦型桩，其竖向承载力以桩侧阻力为主，传递到桩端的荷载相对较小，桩端埋深较浅的桩其桩端压力呈约 1∶2 扩散线向四周扩散，如图 2-5-4 所示，而相邻桩间距不小于 $2d$，故传递到相邻埋深较大桩上的水平和竖向应力均较小，不会导致桩体侧移。不过需要注意，相邻桩的桩端和桩侧应力在土体中的叠加效应会导致沉降加大则不可避免。

图 2-5-4 相邻桩相互影响示意

2）对于端承桩，按规范规定，当桩端持力层为倾斜基岩时，桩端嵌入完整或较完整基岩的全断面深度不小于 $0.4d$ 且不小于 0.5m，如图 2-5-5 所示，在这种条件下，基桩自身的稳定可以得到保证，对邻桩也不存在不利影响。对于桩端坐落于坚硬土层中的情况，虽然桩端分担荷载很大，但由于桩端不存在临空面，处于三向约束状态，各桩端不存在自身荷载引发的扩散效应，其水平力远小于竖向应力，在桩间距不小于 $2d$ 时，桩端处于三向约束状态下不致失稳。但产生的竖向应力叠加沉降效应不可避免。

（14）为何现行《建筑桩基技术规范》JGJ 94-2008 未明确规定划分桩基的安全等级？

《建筑桩基技术规范》JGJ 94-2008 桩基结构安全等级、结构设计工作年限和结构重要性系数 γ_0 应按有关建筑结构规范的规定采用，除临时性建筑外（设计工作年限不大于5年），重要性系数 γ_0 应不小于1.0。由桩基承台和基桩组成的桩基结构，其材料属性、破坏机理与上部结构相同或相似，其设计计算分析的原理和模式与上部结构相同，采用分项系数表达式的极限状态设计表达式进行设计。当然，桩基也是上部结构向下的延伸，是上部结构的根基，所以桩基的安全等级应不低于上部结构的安全等级，且除临时性建（构）筑物外，其重要性系数 γ_0 应不小于1.0，显然在某些情况下要求比上部结构高。

（15）如何合理界定高承台桩与低承台桩？

桩基础按承台埋深分为低承台和高承台基础。来源于桥梁桩基础的分类方法。

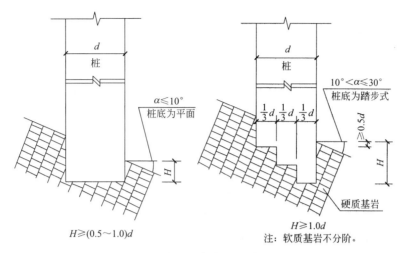

图 2-5-5　基岩顶面倾斜时桩端做法示意

1959 年的《铁路桥涵设计规范》中就提出了划分高、低桩承台的标准，即承台地面埋入地面或局部冲刷线以下的深度不小于下式的 h 时，才可按低承台桩设计；反之，应按高承台桩设计。如图 2-5-6 所示。

$$h = \tan\left(45° - \frac{\varphi}{2}\right)\sqrt{\frac{H}{B\gamma}}$$

式中　h——承台埋置深度；

　　　B——承台宽度；

　　　H——作用于承台的水平力；

　　　γ、φ——承台侧面土的重度及内摩擦角。

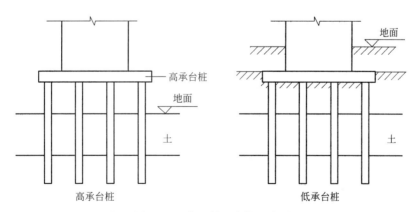

图 2-5-6　高、低承台桩示意图

即作用于承台的水平力全部由承台侧被动土压力平衡的条件下可按低承台设计。

建（构）筑物在正常情况下水平力不大，承台埋置深度由建筑物的稳定性控制，并不要求基础有很大的埋深（一般不小于 0.5m），但在地震区必须考虑震害的影响，特别是高层及超高层建筑，承台埋深过小抗滑移系数降低，将会加重震害，在坡地还可能造成桩基础失稳。基于此，规范一般规定桩基承台埋深不小于建筑高度的 1/18。

桥梁墩台承台的形状多为矩形、T形、圆台形，形状规则，平面尺寸不大，且以每个承台为计算单元。经过多年的实践，高桩承台的设计计算较为成熟。而建筑物的基础形状各异，有多种形状的大型桩筏基础，有多个独立承台的组合基础，有条形基础梁式承台等，其高桩承台的计算方法很复杂，目前并无成熟经验。因此，目前房屋建筑规范不考虑高桩承台的桩基设计。为此，笔者建议，房屋建筑设计尽量避免高承台桩基；但当确实难以避免时，则可以参考《建筑桩基技术规范》JGJ 94-2008、桥梁相关规范及当地经验进行设计，且建议经过专家论证。

（16）桩的极限桩侧摩阻力问题。

桩基设计时（尤其是无试桩数据）常采用经验参数法，勘察报告通常会提供一个基桩设计参数表，因现场实测困难，表中各土层数据（侧阻、端阻）多为规范及地区经验参数值。

一般桩身上部位移大于下部，使上部侧摩阻力先于下部发挥，而受侧摩阻力影响，桩身轴力沿深度减小；随着桩顶荷载增加，下部侧摩阻力逐渐发挥，直至整个侧摩阻力全部发挥到极限，侧摩阻力不再增加，此时继续增加的荷载则完全由桩端持力层承受。图 2-5-7 为桩基在桩顶竖向力作用下的变形和荷载传递情况示意图。

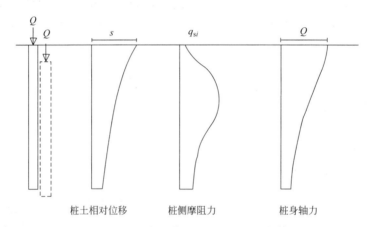

图 2-5-7　桩基在桩顶竖向荷载作用下的变形和荷载传递情况示意图

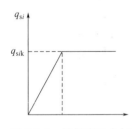

图 2-5-8　桩侧摩阻力与桩土相对位移的关系图

一般情况下，假定桩侧摩阻力与桩土相对位移的关系符合图 2-5-8 所示模型，即对于某一土层指定位置，桩土无相对位移时，桩侧摩阻力为 0，桩土相对位移增加时，桩侧摩阻力随其线性增加，但增加至 q_{sik} 后，相对位移即便增加，桩侧摩阻力也不再变化。极限侧摩阻力可以简单通过如下公式理解：

$$q_{sik} = \tau_{ik} = \sigma_{ik} \tan\varphi_{ik} + c_{ik}$$

q_{sik} 为第 i 层土的极限侧摩阻力，σ_{ik} 为第 i 层土作用在桩侧面的土压力，φ_{ik} 为桩侧面与侧壁第 i 层土的摩擦角，c_{ik} 为桩侧面与侧壁第 i 层土的黏聚力。对于同一土层，认为 φ_{ik}、c_{ik} 不变。q_{sik} 与 σ_{ik} 也有关系，σ_{ik} 随深度（土的自重应力）增加而增加，因此，q_{sik} 同样随深度增加而增加。对于浅部，σ_{ik} 较小，且由于施工对浅部地基土扰动较大，比如锤击沉桩，浅部地基土可能与桩侧面已经脱离，q_{sik} 本来较小，受施工影响能发挥出来的就更小。而对于深部，桩土相对位移很小，即便 q_{sik} 较大，其也很难发挥出来。综合埋深

（自重应力、桩侧土压力）和桩土相对位移的影响，桩侧摩阻力呈现出图 2-5-7 所示情况。

（17）对于桩基设计参数，规范给出的是一个范围值，实际勘察设计时如何较为合理地选取极限桩侧摩阻力？作为设计师如何判定地勘资料的合理性呢？

应根据土类、土的状态及成桩工艺，选定经验范围值，然后根据埋深及土的状态参数具体值，确定极限桩侧阻力。比如可塑黏性土、混凝土预制桩，当无地区经验时，根据《建筑桩基技术规范》JGJ 94-2008 表 5.3.5，极限侧阻力标准值在 55～70kPa，如果埋深浅或 I_L 接近软塑，可取接近 55kPa 的数值；如果埋深大或 I_L 接近硬可塑，可取接近 70kPa 的数值。如有试桩数据，可通过试桩结果进行修正设计。见表 2-5-1。

桩的极限侧阻力标准值 q_{sik}（kPa）　　　　　　　　表 2-5-1

土的名称	土的状态		混凝土预制桩	泥浆护壁钻（冲）孔桩	干作业钻孔桩
填土			22～30	20～28	20～28
淤泥			14～20	12～18	12～18
淤泥质土			22～30	20～28	20～28
黏性土	流塑	$I_L>1$	24～40	21～38	21～38
	软塑	$0.75<I_L\leqslant1$	40～55	38～53	38～53
	可塑	$0.50<I_L\leqslant0.75$	55～70	53～68	53～66
	硬可塑	$0.25<I_L\leqslant0.50$	70～86	68～84	66～82
	硬塑	$0<I_L\leqslant0.25$	86～98	84～96	82～94
	坚硬	$I_L\leqslant0$	98～105	96～102	94～104
红黏土	$0.7<a_w\leqslant1$		13～32	12～30	12～30
	$0.5<a_w\leqslant0.7$		32～74	30～70	30～70
粉土	稍密	$e>0.9$	26～46	24～42	24~42
	中密	$0.75\leqslant e\leqslant0.9$	46～66	42～62	42～62
	密实	$e<0.75$	66～88	62～82	62～82
粉细砂	稍密	$10<N\leqslant15$	24～48	22～46	22～46
	中密	$15<N\leqslant30$	48～66	46～64	46～64
	密实	$N>30$	66～88	64～86	64～86
中砂	中密	$15<N\leqslant30$	54～74	53～72	53～72
	密实	$N>30$	74～95	72～94	72～94
粗砂	中密	$15<N\leqslant30$	74～95	74～95	76～98
	密实	$N>30$	95～116	95～116	98～120

【工程案例 1】江苏连云港某工程。

地勘报告如图 2-5-9 所示。

由以上地勘提供的资料初步分析，概念是合理的，相同土层，管桩侧阻、端阻应该比钻孔灌注桩高，且基本都在规范给定的合理范围内。

㈡地层承载力

根据各土层土工试验、静力触探、标贯测试等综合统计结果，综合确定本工程设计使用的 f_{ak} 及其他设计参数，详见地基承载力及桩基参数一览表"表3"。

地基承载力及桩基参数（建议值）　　　　表3

层号	岩土名称	承载力特征值（建议值）	压缩模量 E_s(MPa)	预制桩		钻(冲)孔灌注桩		抗拔系数 λ
				q_{sik}(kPa)	q_{pk}(kPa)	q_{sik}(kPa)	q_{pk}(kPa)	
②	黏土	60	3.25	30	—	25	—	0.65
③	淤泥	45	1.81	15	—	12	—	0.60
④	黏土夹粉质黏土	220	7.95	60	—	55	—	0.75
⑤	黏土	200	7.68	55	1700	50	—	0.75
⑥	含砂粉质黏土	240	9.45	65	2800	60	—	0.75
⑥	粉细砂	200	*10.0	70	3500	65	—	0.60
⑦	粉质黏土夹黏土	230	8.02	65	2500	60	700	0.75
⑧	粉质黏土	240	8.48	70	3000	65	900	0.75
⑧	粉细砂	250	*12.0	75	4000	70	1000	0.60
⑨	粉质黏土	240	9.15	70	2800	65	1300	0.75
⑨	中细砂	260	*15.0	80	5300	72	1400	—
⑩	全风化片麻岩	340	—	100	5500	90	1500	—
⑪	强风化片麻岩	500	—	—	—	150	1800	—

说明：1. 桩基参数为极限标准值；

2. 根据连云港地区经验，桩基承载力估算时③层淤泥及以上土层侧阻部分不参与计算。

图 2-5-9　某工程地勘报告

（18）关于桩端平面以下存在软弱下卧层时，应进行软弱下卧层承载力验算问题。

《建筑桩基技术规范》JGJ 94-2008 第 5.4.1 条：对于桩距不超过 $6d$ 的群桩基础，桩端持力层下存在承载力低于桩端承载力 1/3 的软弱下卧层时，就需要对软弱下卧层进行验算。

1）软弱下卧层是相对桩端持力层而言的。

当桩端以下硬持力层厚度不大，而紧邻桩端持力层以下为承载力明显低于桩端持力层的土层时，在此情况下，设计师关心的是能否将该有限厚度的硬层作为桩端持力层的问题。

2）软弱下卧层破坏特征。

当群桩桩端持力层下存在承载力特征值低于持力层承载力特征值的软弱下卧层时，可能发生因持力层的冲剪破坏而使桩基失稳；当软弱下卧层承载力特征值与持力层承载力特征值相差不大时，主要问题是引起桩基沉降过大。在此情况下，主要应验算桩基的沉降及沉降差。软弱下卧层是否破坏、以何种形式破坏，主要取决于桩端硬持力层和软弱下卧层的强度差异、群桩的桩间距、桩数量、承台的设置方式（高、低承台）、低承台面的土性及桩基的荷载水平。软弱下卧层的冲剪破坏分为群桩（或单桩基础）单独冲剪破坏与整体冲剪破坏两种。如图 2-5-10 所示。

① 群桩（或单桩基础）单独冲剪破坏。

单桩基础或群桩在下列情况下一般呈现基桩单独冲剪破坏。

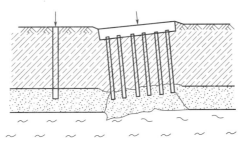

图 2-5-10　桩基软弱下卧层发生冲剪破坏示意图

A. 单桩基础或群桩桩间距较大（大于 $6d$）的群桩基础，且桩端以下硬持力层厚度小于 $3D_e$ [D_e 为桩端等效直径，对于圆形桩端，$D_e = D$；方形桩，则 $D_e = 1.13b$（b 为方桩的边长）] 时。

B. 对于高承台群桩，或承台底地基土可能因出现自重固结、湿陷、震陷和液化而脱空的低承台群桩，当桩侧土很软弱，传递于桩端的荷载大，虽其桩间距小于 $6d$ 时，也可能出现各桩基单独冲剪破坏。如图 2-5-11 所示。

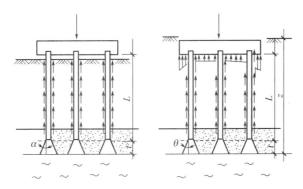

图 2-5-11　群桩（或独立单桩基础）单独冲剪破坏示意图

② 整体冲剪破坏。

下列情况下，群桩桩端软弱下卧层呈整体冲剪破坏。整体冲剪表现为桩群、桩间土、硬持力层形成如同实体墩基础的冲剪破坏。如图 2-5-12 所示。

A. 桩间距小于 $6d$ 时。

B. 桩土实体墩基侧表面总侧阻力分担荷载比相对较小，总端阻力分担荷载比相对较大。

3）软弱下卧层承载力验算。

目前，关于软弱下卧层冲剪破坏的机理研究得还不够，因此承载力验算方法主要基于经验。

① 群桩或单桩基础单独冲剪破坏。

满足《建筑桩基技术规范》JGJ 94-2008 第 3.3.3 条第 5 款之规定：应选择较硬土层作为桩端持力层，桩端全断面进入持力层的深度，对于黏性土、粉土不宜小于 $2d$，砂土不宜

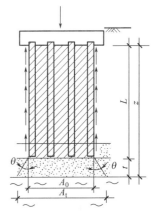

图 2-5-12　桩基软弱下卧层
整体冲剪破坏示意图

小于 $1.5d$，碎石类土不宜小于 $1d$。当存在软弱下卧层时，桩端以下硬持力层厚度不宜小于 $3d$ 时，可不进行基桩单独冲剪验算；当不满足上述条件时，应进行基桩或单桩基础单独冲剪破坏验算。

但具体如何验算，规范没有给出公式，因此笔者建议设计时还是应以满足上述构造要求为上策。

② 整体冲剪破坏。

对于桩间距不超过 $6d$ 的群桩基础，当桩端持力层下存在承载力低于桩端持力层承载力的软弱下卧层时，可能发生持力层的整体冲切，引起软弱下卧层侧向挤出，桩基偏沉，严重者引起整体失稳。此时应按《建筑桩基技术规范》JGJ 94-2008 相关公式进行验算。图 2-5-13 为软弱下卧层承载力验算图。

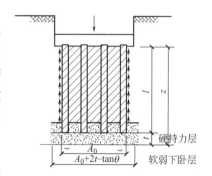

图 2-5-13 软弱下卧层承载力验算图

4）软弱下卧层验算几点说明。

① 对于桩间距不超过 $6d$ 的群桩，桩端持力层下存在承载力低于桩端持力层承载力 1/3 的软弱下卧层，需要验算软弱下卧层承载力。具体验算方法参见《建筑桩基技术规范》JGJ 94-2008。

说明：实际工程桩端以下存在软弱下卧层比较常见，但只有当承载力相差较大（规范规定相差大于 30%）时，才有必要验算。因为下卧层承载力与桩端持力层差异很小，土体的塑性挤出或失稳也不会出现。

② 计算时应注意软弱下卧层承载力修正计算参数的选取，通常软弱下卧层只进行深度修正，且深度修正系数为 1.0。软弱下卧层承载力只进行深度修正，这是因为下卧层受压应力分布并不均匀，呈内大外小，不应作宽度修正。

③ 关于修正中计算深度的选取，对于地下室中独立柱下桩基础，考虑到承台地面以上土已挖除且可能和土体脱空，因此深度修正只能由承台底面算至软弱土层顶面。

④ 单桩基础和桩间距大于 $6d$ 的群桩，可不另行验算。但注意应满足持力层厚度不小于 $3d$ 的要求。

【工程问题】当实际工程存在软弱下卧层，且桩端以下持力层厚度小于 $3d$ 时如何处理？

工程中应首先避免这类情况发生，如果确因某些条件制约无法避免，则不仅应验算软弱下卧层承载力，且应验算沉降，如果沉降不满足，则就应加大桩长。

⑤ 对于带扩大头单桩，当桩端下持力层厚度 $2.0D$ 内存在与持力层压实模量之比不大于 0.6 的软弱下卧层时，应按《建筑桩基技术规范》JGJ 94-2008 公式（5.4.1-1）、（5.4.1-2）验算软弱下卧层的承载力。如图 2-5-14 所示。

（19）桩基础设计应避免的几个概念误区。

1）凡是嵌岩桩必为端承桩。

首先，可以肯定地说，嵌岩桩不一定就是端承桩，这个其实由规范给出的嵌岩桩承载力计算公式就可以看出：嵌岩桩单桩竖向极限承载力，由桩周侧阻（包含嵌岩端）及端阻组成。

① 关于上覆土层侧阻力问题：工程界存在凡嵌岩桩必为端承桩、凡端承桩均不考虑

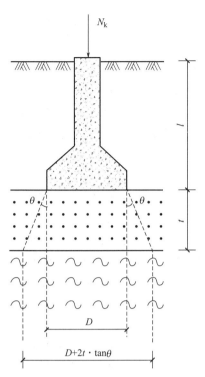

图 2-5-14 扩底桩软弱下卧层验算图

土层侧阻力的误区。对于存在冲刷作用的桥梁桩基，这样的考虑是接近实际的。但大量现场试验结果表明，随着土层性质和厚度的不同、桩长径比 l/d 的不同、嵌入基岩的性质和深度的不同以及桩底沉渣厚度的不同，桩侧阻力、端阻力的发挥性状也不尽相同。通过荷载传递的测试，一般情况下，上部覆土层的侧阻力是可以发挥的，除非桩的长径比很小，且桩端置于新鲜或微风化基岩中。因此，一般情况下，其侧阻力发挥系数均可按 1.0 考虑。当桩的长径比不大于 30，桩端置于新鲜或微风化硬质岩中，且桩端无沉渣时，对于黏性土、黏土其侧阻力发挥系数可取 0.8，对于砂土及碎石类土其侧阻力发挥系数可取 0.7。当然，当桩很短时，土层侧阻力是可以偏于安全的，不需考虑。

② 关于嵌岩段侧阻力问题：当桩端嵌入基岩一定深度，荷载先通过侧阻力传递于嵌岩端侧壁，在产生一定剪切变形之后，一部分荷载才会传递到桩底。由于嵌岩段的侧阻力是非均匀分布的，为此规范引入了侧阻力修正系数。

③ 关于嵌岩桩端阻力问题：试验研究结果表明，传递到桩端的应力随嵌岩深度加长而递减，当嵌岩深度达到 $5d$（d 为桩径）时，传递到桩端的应力接近于零。基于此，规范引入端阻力修正系数。这说明桩端嵌入深度一般不必要过大，超过一定深度，并无助于提高竖向承载力。将嵌岩桩一律视为端承桩，会导致将桩端嵌岩深度不必要地加大，施工周期延长，造价增加，且存在安全隐患。

为此，《建筑桩基技术规范》JGJ 94-2008 要求：嵌岩桩嵌入倾斜的完整和较完整的全断面深度不宜小于 $0.4d$（桩径）且不小于 0.5m、倾斜度大于 30% 的中风化岩，宜根据倾斜度及岩石完整性适当加大嵌岩深度；对于嵌入平整、完整的坚硬岩和较硬岩的深度，不宜小于 $0.2d$（桩径）且不应小于 0.2m。

2）将挤土灌注桩应用于高层建筑。

沉管挤土灌注桩无需排土浆，造价较低，20 世纪 80 年代曾风行于南北各地。但由于施工对这类桩的挤土效应认识不足，造成的事故极多，因而 21 世纪以来趋于淘汰。然而，重温这类桩使用不当的教训仍属必要。如某 28 层高层建筑，框架剪力墙结构，场地地层自上而下为饱和粉质黏土、粉土、黏土；工程采用 $d500$，桩长 $l=22\text{m}$，沉管灌注桩，梁板式筏基承台，桩距 3.6d，均匀满堂布置，成桩过程出现明显地面隆起和桩上浮；建至 12 层，底板即开裂，建成后梁板式筏形承台的主次梁及部分与核心筒相连的框架梁也开裂。最后，只好进行加固，将梁板式筏形承台主次梁两侧加焊钢板，梁与梁之间填充混凝土，变为平板式筏形承台。

鉴于沉管灌注桩应用不当的普遍性及其严重后果，现行《建筑桩基技术规范》JGJ 94-2008 明确：严格控制沉管灌注桩的应用范围，在软土地区仅限于多层住宅单排桩条基使用。

3）预制桩的质量稳定性高于灌注桩。

20世纪80年代，由于沉管灌注桩事故频发，随着PHC和PC管桩迅猛发展，取代沉管灌注桩。毋庸置疑，预应力管桩不存在缩颈、夹泥等质量问题，其质量稳定性优于沉管灌注桩，但是与钻、挖、冲孔灌注桩比较则不然。首先，预制桩沉桩过程的挤土效应常导致断桩（接头处）、桩端上浮、增大沉降，以及对周边建筑物和市政设施造成破坏等；其次，预制桩不能穿透硬夹层，往往使得桩长过短，持力层不理想，导致沉降过大，且经济性不合理；其三，预制桩的桩径、桩长、单桩承载力可调范围小，不能或难以按变刚度调平原则优化设计。

4）人工挖孔桩质量稳定可靠。

人工挖孔灌注桩在低水位非饱和土中成孔，可进行彻底清孔，直观检查持力层，因此质量稳定性较高，这是事实。但是，设计者对于高水位条件下采用人工挖孔灌注桩潜在的隐患认识不足。不少工程采用边挖孔边抽水，以致将桩侧细颗粒淘走，引起地面下沉，甚至导致护壁整体滑脱，造成人身事故；还有的将相邻桩心浇灌混凝土的水泥颗粒带走，造成离析；在流动性淤泥中实施强制性挖孔，引起大量淤泥发生侧向流动，导致土体滑移将桩体推移、甚至推断。

5）凡扩底桩均可提高承载力。

扩底桩用于持力层较好、桩较短的端承型灌注桩，可取得较好的技术经济效益。但是，若将扩底不适当地应用，则可能走进误区。如：在饱和单轴抗压强度高于桩身混凝土强度的基岩中扩底，是没有必要的；再如：在侧阻土层较好，桩长较长的情况下扩底，一则会损失扩大端以上部分侧阻力，二则增加扩底费用，可得失相当或失大于得。

注：《大直径扩底灌注桩技术规程》JGJ/T 225-2010：扩底桩扩大头斜面及变截面以上2d长度范围内不应计入桩侧阻力（d为桩身直径）；当桩周为淤泥、新近沉积土、可液化土层及以生活垃圾为主的杂填土时，也不应计入此类土层的桩侧阻力；当扩底桩长小于6.0m时，不宜计入桩侧阻力。

6）桩径比过大时，桩整体会失稳。

工程实践中，桩越用越长，不少工程桩的长细比已经超过100。工程界一直有人担心长桩失稳问题。实际上这种担心是多余的，这是因为桩进入土体以后，只要考虑了土体对桩的横向位移的弹性约束，细长桩在软土中的部分就不会有失稳的现象。即使桩身有一定的初始挠曲，由于土体的侧向弹性约束力作用，迫使它的实际受力状态仍非常接近没有弯矩的轴心受压状态。细长桩在土体中，从整体上是处于轴心受力状态且没有整体失稳问题。但这并不排除在桩接头处或某些局部受力不均匀或预应力钢筋受力不均匀等，引起桩身混凝土偏心受力的现象。

但笔者建议：在高承台桩基露出地面的桩长较大或桩侧土为可液化土、超软弱土的情况下应考虑这一问题。

（20）关于桩与承台连接属于"刚接"还是"铰接"的问题。

一般规范均提出桩顶嵌入承台50～100mm，但没有说明这样的约束是铰接还是刚接。

桩顶嵌入承台50～100mm，同时桩纵筋锚入承台不小于35d（纵筋直径），理论上承台对桩顶的约束介于铰接和刚接之间。但试验研究和震害调查表明，在水平地震作用下桩头弯、剪破坏严重，因此分析中将桩顶约束假定为刚接更接近实际情况且偏于安全。

1）桩与承台（筏板）的主要连接方式。

建（构）筑物采用桩基础时，桩头与承台连接处除承受结构竖向荷载外，还是传递水平力下剪力和弯矩的关键部位。从桩顶的设计假定来讲，连接方式主要有固接（刚接节点）和铰接，铰接节点理论分析不传递弯矩，但实际工程较少达到完全铰接，一般认为能传递部分弯矩的半刚性连接。

刚性连接在水平外荷载作用下桩顶水平位移较小，可有效传递上部荷载，但桩顶负弯矩较大，大量试验和震害也表明在水平地震作用下刚性连接的桩头弯、剪破坏严重；而半刚性连接的桩与承台，可降低桩顶负弯矩，但同时会增大桩身的正弯矩及桩身位移，降低基桩的水平承载力。

根据桩头连接特点，实际工程采用何种连接方式需视情况而定。一般对于单桩承台或两桩承台，为了平衡柱底弯矩（当不考虑连系梁承担弯矩作用），必须通过桩与承台的刚性连接实现；对于公路桥梁等构筑物或受较大水平力的高层建筑物，其对桩顶位移的限制比较严格，也多采用"刚接"，而"铰接"或"半刚性连接"会导致桩顶、桩身位移较大，但可降低在地震作用等水平力下的桩顶内力。

2）相关规范中连接方式的构造规定。

目前，在国内相关行业规范中关于桩与承台连接方式的规定如下：

① 在《建筑桩基技术规范》JGJ 94-2008 中，桩与承台连接构造一般为：桩嵌入承台内的长度对中等直径桩（250～800mm）不宜小于 50mm；对大直径桩（≥800mm）不宜小于 100mm。混凝土桩的桩顶纵筋锚入承台内长度不宜小于 35 倍纵向主筋直径。

② 在《公路桥涵地基与基础设计规范》JTG 3363-2019 中，给出桩与承台刚性连接主要分为以下两种：

a. 桩顶直径伸入承台（图 2-5-15a），当桩径（或边长）小于 0.6m 时，伸入长度 d 不应小于 2 倍桩径（或边长）；当桩径（或边长）为 0.6～1.2m 时，伸入长度 d 不应小于 1.2m；当桩径（或边长）大于 1.2m 时，伸入长度 d 不应小于桩径（或边长）。

b. 桩顶部可设置锚固件或锚固钢筋（图 2-5-15b），桩身嵌入承台内的深度可采用 100mm，伸入承台内的主筋可做成喇叭形（相对竖直线倾斜约 15°）；伸入承台内长度带肋钢筋不应小于 35d。

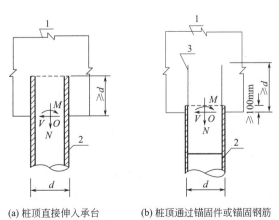

(a) 桩顶直接伸入承台　　(b) 桩顶通过锚固件或锚固钢筋

图 2-5-15　钢管桩与承台的连接示意

1—承台；2—钢管桩；3—锚固件或锚固钢筋

③ 在《码头结构设计规范》JTS 167-2018 中，分别对管桩、钢管桩及灌注桩与承台的连接设计及构造作了规定：

a. 管桩与承台的连接根据其抗弯要求分为两种：当抗弯要求较高时按刚接设计，桩顶伸入承台的长度应满足连接处抗拔和抗弯设计要求；当连接处无抗弯要求或桩顶弯矩较小时，应满足构造要求，桩顶伸入承台的长度不小于 100mm，桩帽外包宽度不小于 0.25 倍的桩径。

b. 钢管桩与承台的连接应采用刚接，可采用桩顶直接伸入承台、桩顶通过锚固铁件或钢筋伸入承台，也可采用桩顶伸入与锚固铁件或钢筋伸入组合的形式，并进行相应的抗弯、抗剪和抗轴向力验算。

c. 灌注桩嵌入桩帽或承台的长度不宜小于 100mm，桩顶钢筋伸入桩帽或承台的长度，受压桩不宜小于 35 倍主筋直径，受拉桩不宜小于 40 倍主筋直径。

3）"刚性"连接方式的设计。

桩与承台的连接方式应保证上部荷载的有效传递，从目前实际工程做法来讲，笔者认为完全刚性连接或铰接是很难达到的，其原因除构造措施外，桩顶的嵌固程度还受承台刚度、设计水平变形、外部轴向荷载等影响。从以上相关规范规定可知，目前桩与承台的连接方式基本为一种接近固接的偏刚性连接。其连接方式主要有以下两种：

① 桩顶直接埋入承台板内一定深度，利用埋深部分抵抗桩头约束弯矩，以达到设计要求。

② 通过桩身钢筋锚入承台内，锚入深度应满足钢筋锚固长度，配筋面积应满足桩顶抗拔、抗弯设计要求，同时为使桩顶更好地与承台连接，桩头嵌入承台内长度一般为 100mm。同时满足钢筋锚入承台不小于 $35d$。

笔者认为，"刚接"与"铰接"应该与桩身材料没有直接关系，所以钢筋混凝土桩也可参考执行。但建议采取如下加强措施：

桩顶埋入法的桩顶转动约束度（固定度）比钢筋锚入法的高，但应在承台底部、桩顶面设置一层或两层局部钢筋网，以防止承台因桩顶荷载作用发生压碎和断裂等情况，同时应与承台设计配筋位置相匹配。

当有桩顶钢筋锚入承台内时，桩顶伸入承台内的长度较浅，一般应不小于 100mm，钢筋锚固长度不应小于 $35d$，承台底部主筋可穿越桩顶，钢筋布置灵活。对于混凝土灌注桩，绝大多数采用桩顶钢筋锚固，可以使桩顶与承台的连接较为牢固，如图 2-5-16 所示。

笔者观点及建议：

① 在桩顶与承台连接构造符合上述构造要求时，除垂直于外力作用平面的单排桩基础（工业厂房比较多见）外，可按桩顶为固接进行计算。

② 实际桩基工程，很难从构造上使桩顶与承台形成铰接，所以尽量由构造保证其刚接。

（21）在验算建筑桩承载力时是否需要考虑桩自重问题？

房屋建筑桩基多为低承台桩基，桩身的实际长度即为桩竖向承载力的有效长度。按经验参数法计算单桩承载力时所采用的极限侧阻力和极限端阻力参数是在不另考虑桩身自重条件下统计而得，即其中已包含桩身自重影响。按单桩静载试验法确定单桩极限承载力时也同样未将桩身自重作为荷载。因此，无论采用何种方法确定单桩极限承载力都不应将桩身自重计入荷载。但需要注意以下情况：

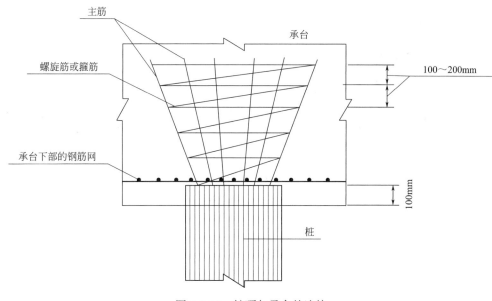

图 2-5-16　桩顶与承台的连接

1）对于抗拔桩或抗浮桩，由于桩身自重是构成承载力的一部分，故其竖向抗拔承载力应计入桩身自重。

2）对于桥梁、海洋平台等高承台桩基，其桩身露出地面的长度变幅很大，故其承载力确定时也应计入桩身自重。

（22）为何《建筑桩基技术规范》JGJ 94-2008 将桩的极限侧阻力和极限端阻力作为基本承载力计算参数，而不采用侧阻力特征值和端阻力特征值作为计算参数？

这是考虑到桩顶受到承载力特征值等值的荷载时，桩身上部侧阻力的发挥值可能已经接近极限，而桩身下部的侧阻力和端阻力发挥值仍然很小，远未达到特征值水平。采用承载力极限状态原理设计，是以桩基承载力达到极限状态考虑荷载作用和抗力因素变异的分项安全系数或综合安全系数进行设计，无论是试验、检测和计算都应以承载力的极限值为目标。

（23）"如何"理解《建筑桩基技术规范》JGJ 94-2008 第 3.4.6 条第 3 款"抗震设防区当承台周围为液化土或地基承载力特征值小于 40kPa（或不排水抗剪强度小于 15kPa）的软土，且桩基水平承载力不满足计算要求时，可将承台外侧 1/2 承台边长范围内的土进行加固"？

工程中在遇到液化土或软弱场地时通常会选择桩基础，但在某些条件下也可能使得桩数量过多无法实施，此时可以采取措施加固承台周边土体，如图 2-5-17（a）所示，将小尺度的柱下独立桩基承台外每侧 $b/2$ 范围内的土进行加固；对于桩筏基础，一般在有条件时场地加固 3～5m 范围即可，如图 2-5-17（b）所示。

如果采用搅拌桩等竖向增强体，则应将其深入稳定土层一定深度。此外，承台侧面回填土应压实，压实系数不应小于 0.94；其目的有二：一是约束承台下液化土或软弱土体流动；二是增强对承台的侧限，相当于增加了桩基的水平承载力。

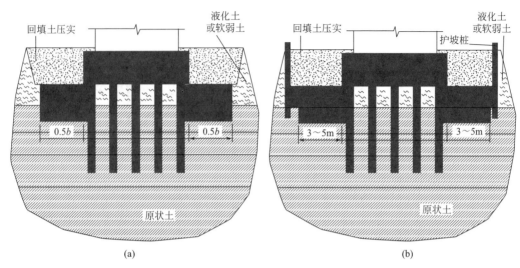

图 2-5-17　承台外侧土体加固示意图

（a）独立承台；（b）桩筏基础

（24）答疑解惑——"关于桩端进入持力层问题"。

说明：此问题发表在魏教授土木故事 2021-09-27 00：00

1）2021 年 9 月 24 日，有朋友咨询笔者一个问题，如图 2-5-18 所示。

2）《建筑桩基技术规范》JGJ 94-2008 的规定。

3.4.6　抗震设防区桩基的设计原则应符合下列规定：

1　桩进入液化土层以下稳定土层的长度（不包括桩尖部分）应按计算确定；对于碎石土，砾、粗、中砂，密实粉土，坚硬黏性土尚不应小于（2～3）d，对其他非岩石土尚不宜小于（4～5）d。

2　承台和地下室侧墙周围应采用灰土、级配砂石、压实性较好的素土回填，并分层夯实，也可采用素混凝土回填。

笔者解读与理解：

① 首先看《建筑桩基技术规范》JGJ 94-2008 3.4 节"特性条件下的桩基"特殊之处是地基在地震时可能会发生液化；

② 由于地震液化时桩周土松散失去对桩侧侧限作用，所以要求桩端进入非液化土层深度大于一般非液化场地；

③ 再看《建筑桩基技术规范》JGJ 94-2008 第3.3.3条对一般场地（非液化）的要求：

5　应选择较硬土层作为桩端持力层。桩端全断面进入持力层的深度，对于黏性土、粉土不宜小于 2d，砂土不宜小于 1.5d，碎石类土不宜小于 1d。当存在软弱下卧层时，桩端以下硬持力层厚度不宜小于 3d。

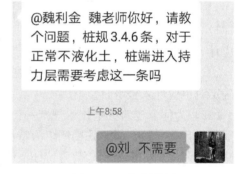

图 2-5-18　问题截图

6 对于嵌岩桩，嵌岩深度应综合荷载、上覆土层、基岩、桩径、桩长诸因素确定；对于嵌入倾斜的完整和较完整岩的全断面深度不宜小于 $0.4d$ 且不小于 0.5m，倾斜度大于 30% 的中风化岩，宜根据倾斜度及岩石完整性适当加大嵌岩深度；对于嵌入平整、完整的坚硬岩和较硬岩的深度不宜小于 $0.2d$，且不应小于 0.2m。

3）结语及建议。

① 关于桩端持力层选择和进入持力层的深度要求，桩端持力层是影响基桩承载力的关键因素之一，不仅制约桩端阻力而且影响侧阻力的发挥，因此选择较硬土层作为桩端持力层至关重要；其次，应确保桩端进入持力层有一定深度，有效发挥其承载力。

② 进入持力层的深度需要考虑是否存在液化土层的问题。不存在液化土层的，满足《建筑桩基技术规范》JGJ 94-2008 第 3.3.3 条要求；存在液化土层时，应满足《建筑桩基技术规范》JGJ 94-2008 第 3.4.6 条要求。

5.1.2 桩基所用的材料、桩段之间的连接，桩基构造等应满足其所处场地环境类别中的耐久性要求。

 延伸阅读与深度理解

（1）桩基的耐久性是保证桩基及上部结构在设计工作年限内，能够正常使用的必要条件。

（2）环境条件对耐久性具有重要影响，因此在桩基设计阶段就应当对桩基所处的环境条件进行评估并采取相应的措施。

（3）具体措施可参考《工业建筑防腐蚀设计标准》GB/T 50046-2018 相关规定。

（4）影响混凝土耐久性的主要有以下几个方面：

1）水胶比。水胶比越大导致混凝土的孔隙率越高，一般占水泥的 25%～40%，特别是其中的毛细孔占相当大的部分。毛细孔是水分、各种侵蚀介质、氧气、二氧化碳及其他有害物质进入混凝土内部的通道，引起混凝土耐久性的不足，因此要满足耐久性要求，需要控制最大水胶比。

2）裂缝宽度。对于混凝土桩，由于裂缝的存在，造成各种侵蚀介质进入混凝土内部，引起混凝土耐久性不足，因此需要控制裂缝宽度，特别是抗拔桩。

注：①《北京地区建筑地基基础勘察设计规范》DBJ 11-501-2009（2016 版）明确：桩的裂缝宽度不得大于 0.25mm。

②《混凝土结构耐久性设计标准》GB/T 50476-2019 明确：对裂缝无特殊要求的，当保护层设计厚度超过 30mm 时，可将厚度取为 30mm 计算裂缝的最大宽度。

3）最大碱含量。碱含量过大会导致碱骨料反应，所谓碱骨料反应是指硬化混凝土中所含的碱（Na_2O 和 K_2O）与骨料中的活性成分发生反应，生成具有吸水膨胀性的产物，在有水的条件下吸水膨胀，导致混凝土开裂的现象。一般桩均在地下水位以下，因此碱含量对混凝土桩的危害性更大。具体可参考《预防混凝土碱骨料反应技术规范》GB/T 50733-2011。

4）最大氯离子含量。氯离子含量高会造成钢筋的锈蚀，对于主要依靠钢筋承受荷载的抗拔桩，危害更大。

【工程案例2】2020年葫芦岛某工程，设计说明要求如下。

(1) 工程概况

由本工程地勘报告知：本场地为填海而成，地下水与海水连通，海水对本工程建筑结构的腐蚀性可按地下水影响的最不利组合考虑，即地下水（和海水）对混凝土结构具强腐蚀性，腐蚀性介质为硫酸盐；对钢筋混凝土结构中的钢筋具强腐蚀性，腐蚀性介质为氯化物。

本工程建筑面积 136 万 m^2。图 2-5-19 为工程整体鸟瞰图。住宅采用钢筋混凝土剪力墙结构，基础采用桩筏基础。

本工程高层住宅采用钻孔灌注桩。

图 2-5-19　整体建筑效果图

(2) 耐久性设计相关要求

依据《工业建筑防腐蚀设计标准》GB/T 50046-2018 相关规定，本工程地下结构（指与土或水接触的构件）均应考虑采取必要的防腐蚀措施：对于混凝土构件需要采用抗硫酸盐水泥，对于钢筋混凝土构件需要采用内掺钢筋阻锈剂。同时要求如下：

1) 混凝土材料的基本要求见表 2-5-2 所列。

混凝土材料基本要求　　　　　　　　　　　　　　　表 2-5-2

项目	腐蚀等级
	强腐蚀
最低混凝土强度等级	C40
最小胶凝材料用量(kg/m^3)	340
最大水胶比	0.40
胶凝材料中最大氯离子质量比(%)	0.08
最大碱含量(kg/m^3)	3.0

注：混凝土采用抗硫酸盐水泥。

2) 钻孔灌注桩。

说明：尽管《工业建筑防腐蚀设计标准》GB/T 50046-2018 建议：强腐蚀不宜采用灌

注桩，但结合当地地勘建议及甲方建议，认为灌注桩更适合本工程。注：当地审图提出需要专题论证，论证见后面说明。

① 桩身混凝土的基本要求见表2-5-3所列。

桩身混凝土的基本要求表　　　　　　　　　　　　　表 2-5-3

项目 桩型	最低强度等级	最大水胶比	抗渗等级	钢筋最小保护层厚度(mm)	胶凝材料中 Cl⁻ 含量(%)	碱含量(kg/m³)	胶凝材料最少用量(kg/m³)
混凝土灌注桩	C30	0.50	≥98	55	≤0.08	≤3.0	300

注：表中所列基本要求为设计使用年限为50年的技术指标。

② 桩身防护要求。桩身混凝土需采用抗硫酸盐水泥，并掺入钢筋阻锈剂。

（3）关于本工程钢筋阻锈剂

依据《钢筋阻锈剂应用技术规程》JGJ/T 192-2009 规定，本工程地下结构所处环境类别为Ⅲ类（海洋氯化物环境）；环境作用等级为Ⅲ-D级。

1）混凝土工程阻锈剂。

15.1.1　混凝土工程可采用下列阻锈剂：

1　亚硝酸盐、硝酸盐、铬酸盐、重铬酸盐、磷酸盐、多磷酸盐、硅酸盐、钼酸盐、硼酸盐等无机盐类；

2　胺类、醛类、炔醇类、有机磷化合物、有机硫化合物、羧酸及其盐类、磺酸及其盐类、杂环化合物等有机化合物类。

15.1.2　混凝土工程可采用两种或两种以上无机盐类或有机化合物类阻锈剂复合而成的阻锈剂。

2）内掺型钢筋阻锈剂。

4.1.1　内掺型钢筋阻锈剂的技术指标应根据环境类别确定，并应符合表4.1.1的规定。

表 4.1.1　内掺型钢筋阻锈剂的技术指标

环境类别	检验项目		技术指标	检验方法
Ⅰ、Ⅲ、Ⅳ	盐水浸烘环境中钢筋腐蚀面积百分率		减少95%以上	本规程附录A
	凝结时间差	初凝时间	−60min～+120min	现行国家标准《混凝土外加剂》GB 8076
		终凝时间		
	抗压强度比		≥0.9	
	坍落度经时损失		满足施工要求	
	抗渗性		不降低	现行国家标准《普通混凝土长期性能和耐久性能试验方法标准》GB/T 50082

环境类别	检验项目	技术指标	检验方法
Ⅲ、Ⅳ	盐水溶液中的防锈性能	无腐蚀发生	本规程附录A
	电化学综合防锈性能	无腐蚀发生	

注：1 表中所列的盐水浸烘环境中钢筋腐蚀面积百分率、凝结时间差、抗压强度比、抗渗性均指掺加钢筋阻锈剂混凝土与基准混凝土的相对性能比较；

2 凝结时间差技术指标中的"－"号表示提前，"＋"号表示延缓；

3 电化学综合防锈性能试验仅适用于阳极型钢筋阻锈剂。

3）阻锈剂掺量。

3.2.1 外加剂掺量应以外加剂质量占混凝土中胶凝材料总质量的百分数表示。

3.2.2 外加剂掺量宜按供方的推荐掺量确定，应采用工程实际使用的原材料和配合比，经试验确定。当混凝土其他原材料或使用环境发生变化时，混凝土配合比、外加剂掺量可进行调整。

4）进场检验。

15.3.1 阻锈剂应按每50t为一检验批，不足50t时也应按一个检验批计。每一检验批取样量不应少于0.2t胶凝材料所需用的外加剂量。每一检验批取样应充分混匀，并应分为两等份：其中一份应按本规范第15.3.2条规定的项目进行检验，每检验批检验不得少于两次；另一份应密封留样保存半年，有疑问时，应进行对比检验。

15.3.2 阻锈剂进场检验项目应包括pH值、密度（或细度）、含固量（或含水率）。

5）对施工要求。

15.4.1 新建钢筋混凝土工程采用阻锈剂时，应符合下列规定：

1 掺阻锈剂混凝土配合比设计应符合现行行业标准《普通混凝土配合比设计规程》JGJ 55的有关规定。当原材料或混凝土性能要求发生变化时，应重新进行混凝土配合比设计。

2 掺阻锈剂或阻锈剂与其他外加剂复合使用的混凝土性能应满足设计和施工要求。

3 掺阻锈剂混凝土的搅拌、运输、浇筑和养护，应符合现行国家标准《混凝土质量控制标准》GB 50164的有关规定。

① 混凝土在浇筑前，应确定钢筋阻锈剂对混凝土初凝和终凝时间的影响。

② 本工程严禁用地下水直接搅拌混凝土、砂浆等。

③ 本工程严禁采用地下水直接养护混凝土等。

（4）其他要求

其他要求见《工业建筑防腐蚀设计标准》GB/T 50046-2018、《混凝土外加剂应用技术规范》GB 50119-2013及《钢筋阻锈剂应用技术规程》JGJ/T 192-2009。

（5）专题论证"关于灌注桩应用于强腐蚀性场地的论证"

××地产国风海岸×××地块项目

钻孔灌注桩方案专家论证会会议纪要

因地勘报告给出干湿交替下地下水、土对混凝土结构及钢筋具有强腐蚀性，而《工业建筑防腐蚀设计标准》GB/T 50046-2018表4.9.5要求，强腐蚀环境下不宜采用混凝土灌注桩，同时条文说明中指出当腐蚀等级为强腐蚀时，混凝土灌注桩建议进行论证研究后，采取可靠措施时采用。但未明确采取何种措施。故2020年6月21日，甲方就××地块项目采用钻孔灌注桩方案组织相关单位（建设方、地勘、设计院）进行专家论证，专家组听取了各方详细介绍相关工程情况汇报，审阅了相关资料。经过质询和讨论，形成如下专家论证意见：

1 方案资料齐全，符合论证要求；

2 本工程采用钻孔灌注桩设计方案可行；

3 建议补充以下防腐蚀措施：

1）建议水胶比不大于 0.40。

2）建议注明桩施工成孔不应出现负偏差，应保证钢筋混凝土保护层厚度不小于 55mm。

3）桩的充盈系数不小于 1.1。

4）可采用掺加抗硫酸盐外加剂、矿物掺合料的普通 P·O 42.5 硅酸盐水泥，具体掺和比例通过试验确定。

说明：本论证会邀请了在京的知名勘察、岩土、结构共五位专家（笔者是专家之一）。

（5）关于桩或锚杆耐久性问题探讨。

桩或锚杆在土体中的腐蚀问题是截至目前也没有研究十分清楚的课题，在国内几乎没有人进行过详细的实验研究。在过去二三十年上海地区的城市改造中，拆除了不少 20 世纪五六十年代建造的桩基础建（构）筑物，其中也有不少采用钢筋混凝土桩的工程，将桩头挖出、凿除钢筋，发现钢筋很少有腐蚀的。土体中桩内钢筋的锈蚀远小于空气中混凝土构件钢筋的锈蚀。增在上海《地基基础设计规范》DG/TJ08-11-2010 的修编中，有专家据此提出，是否可不考虑桩中钢筋锈蚀问题。

我们知道钢筋锈蚀其实是一个电化学反应过程。钢筋与土体中的负离子若产生锈蚀反应，周围土体中可进一步参与化学反应的离子浓度就会明显降低。在地下近于封闭的状态下，地下水和气体的流动都是很缓慢的，相关离子的补充远比在空气中慢得多，因此钢筋的锈蚀过程也应比在空气中慢很多。这是一个十分重大的课题，可惜一直没有人真正耐下性子来研究这一重大课题！在这种情况下，要求将土体中的抗拔桩或锚杆与在空气中的混凝土构件同样无区别地进行裂缝验算，显然不尽合理，更何况目前也没有合适的抗拔桩或锚杆的裂缝验算公式。

《公路桥涵地基基础设计规范》JTG 3363-2019 第 5.2.3 条第 4 款规定，钢桩的防腐蚀处理应符合下列规定：

海水环境中，钢桩的单面年平均腐蚀速度可按表 2-5-4 取值，有条件时也可根据现场实测确定。其他条件下，在平均低水位以上，年平均腐蚀速度可取 0.06mm/年；平均低水位以下，年平均腐蚀速度可取 0.03mm/年。

海水环境中钢桩单面年平均腐蚀速度 表 2-5-4

部位	年平均腐蚀速度(mm/年)	部位	年平均腐蚀速度(mm/年)
大气区	0.05～0.10	水位变动区,水下区	0.12～0.20
浪溅区	0.20～0.50	泥下区	0.05

于是有专家提出，作为折中过渡办法，建议类似我国钢管桩的设计方法一样，对于钢筋的设计计算也可考虑增加一个锈蚀厚度的余量。20 世纪 70 年代，套用日本的做法，对

于钢管桩是单面腐蚀，锈蚀余量是2mm。因为锈蚀是电化学反应，有趋肤效应。锈蚀只发生在钢管外壁，钢管内壁不产生锈蚀。对于钢筋锈蚀余量应是直径的放大，应该是上述单面余量的2倍，即4mm。中国建筑科学研究院的钱力航研究员在收集、研究大量国外实验数据基础之上，建议可以取锈蚀余量3mm。

【案例说明】对一根直径600 mm的抗浮钻孔灌注桩分下述6种情况进行验算及测算其主筋配筋率：

A. 不考虑钢筋的锈蚀，不做裂缝验算

B. 不做裂缝验算，钢筋直径增加锈蚀余量3mm

C. 不做裂缝验算，钢筋直径增加锈蚀余量4mm

D. 保护层厚度取50mm，裂缝控制按0.3mm

E. 保护层厚度取30mm，裂缝控制按0.2mm

F. 保护层厚度取50mm，裂缝控制按0.2mm

测算结果汇总见表2-5-5。

直径600mm抗浮桩按6种情况计算的配筋率（%） 表2-5-5

上拔荷载(kN)	A	B	C	D	E	F
1500	1.77	2.18	2.63	3.23	3.50	4.30
1000	1.18	1.56	1.88	2.15	2.42	2.69

为了更直观地说明问题，将表2-5-5中的主筋配筋率直接算出主筋的费用（按5500元/t估算），见表2-5-6。

直径600mm抗浮桩按6种情况计算的主筋费用（元） 表2-5-6

上拔荷载(kN)	A	B	C	D	E	F
1500	745	918	1107	1361	1474	1811
1000	497	657	792	905	1019	1132

由表2-5-6可以看出：按裂缝控制比按预留锈蚀余量增加费用至少1.37倍，可见，在关于桩内钢筋的锈蚀问题还没有得出明确结论以前，采用这种预留锈蚀余量的做法非常实用，它不仅避免了复杂的裂缝验算工作，同时还可以节约大量的工程造价。

笔者非常认同上面的观点，基于目前对地下锈蚀研究的不够及裂缝验算存在的问题，按这种简单直接的预留腐蚀余量的方式，也许是最合适的一种思路。

5.1.3 工程桩应进行承载力与桩身质量检验。

延伸阅读与深度理解

（1）本条源自国家标准《建筑地基基础设计规范》GB 50007-2011 第10.2.13、10.2.14条（强制性条文）及行业标准《建筑桩基技术规范》JGJ 94-2008第9.4.2条（强制性条文）。

（2）工程桩承载力验收检验应在工程桩的桩身质量检验后进行。

（3）无论工程是否事先进行过桩基静载荷试验，工程桩的承载力检验必须进行。

（4）施工完成后，工程桩应进行桩身完整性和竖向承载力检验，承受水平力较大的桩应进行水平承载力检验，抗拔桩应进行抗拔承载力检验。

（5）桩身完整性检测一般采用：钻孔取芯法、低应变法、高应变法、声波透射法。

1）钻孔取芯法

钻孔取芯法主要是采用钻孔机（一般带 100mm 内径）对桩基进行抽芯取样，根据取出芯样，可对桩基的长度、混凝土强度、断桩、夹泥、桩底沉渣厚度、判断或鉴别桩端持力层岩土性状等，判定桩身完整性类别。图 2-5-20 为某工程钻芯法取样。

采用钻孔取芯法取桩身混凝土芯样，是一种较可靠、直观的检验方法，但此方法不足之处在于只是反映局部的"一孔之见"，存在片面性。为此，通常在大直径桩（800～1000mm）上需要设 2～3 个孔。

图 2-5-20　某工程钻芯法取样

钻孔取芯法是局部破损检验法，用岩芯钻具从桩顶沿桩身直至桩端下 3 倍桩径处钻孔。工程桩检测后应及时采用细石混凝土或其他高强度灌浆料灌实钻孔。

2）低应变法

低应变检测法是使用小锤敲击桩顶，通过粘接在桩顶的传感器接收来自桩中的应力波信号，采用应力波理论来研究桩土体系的动态响应，反演分析实测速度信号、频率信号，从而获得桩的完整性。

基桩声波透射法检测桩身结构完整性的基本原理：通过在桩顶施加激振信号产生应力波，该应力波沿桩身传播过程中，当遇到不连续界面（如蜂窝、断裂、夹泥、孔洞、缩径等缺陷）和桩底面时，将会产生反射波，检测分析反射波的传播时长、幅值和波形特征，就可以判断桩的完整性情况。

一般对桩头的处理要求：清除浮浆、打磨平整、桩头干净干燥。如图 2-5-21 所示。

检测方法：在处理后的桩顶安置好加速度传感器，

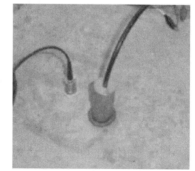

图 2-5-21　低应变法示意

桩顶实施锤击后，激起桩顶质点的振动，运动在混凝土桩身中传播而形成应力波，应力波在下行途中，如果遇到阻抗减小（如离析、缩径等缺陷），即产生上行的拉伸波，该拉伸波上行达桩顶面时，将导致顶面质点向下的加速度增加；反之，如果遇到阻抗增大（如扩径等），则产生上行的压缩波，该波运行至桩顶面，将导致质点向下的加速度减小。这些信息都被安装于桩顶的加速度传感器接收。现场测试流程示意如图 2-5-22 所示。

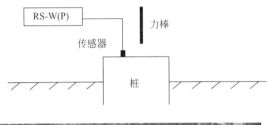

图 2-5-22　低应变法现场测试流程示意

【工程案例 3】某工程桩基低应变检测结果，如图 2-5-23、图 2-5-24 所示。

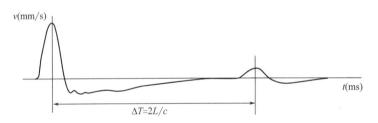

图 2-5-23　完整桩典型时域信号特征曲线

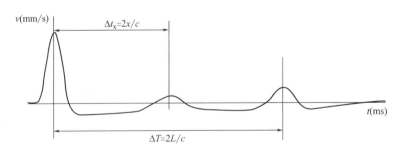

图 2-5-24　缺陷（扩径）桩典型时域信号特征曲线

3）高应变法

高应变检测法是一种检测桩基桩身完整性和单桩竖向承载力的方法，该方法是采用锤重达桩身重量 10％ 以上或单桩竖向承载力 1％ 以上的重锤以自由落体击往桩顶，从而获得相关的动力系数，应用规定的程序，进行分析和计算，得到桩身完整性参数和单桩竖向承载力，也称为 Case 法或 Cap-wape 法。图 2-5-25 为某工程高应变现场图片。

图 2-5-25　某工程高应变现场图片

4）声波透射法

声波透射法是在灌注桩基混凝土前，在桩内预埋若干根声测管，作为超声脉冲发射与接收探头的通道，用超声探测仪沿桩的纵轴方向逐点测量超声脉冲穿过各横截面时的声参数，然后对这些测值采用各种特定的数值判据或形象判断，进行处理后，给出桩身缺陷及其位置，判定桩身完整性类别。目的是检测灌注桩桩身缺陷及其位置，判定桩身完整性类别。图 2-5-26 为声波透射法现场图片。

图 2-5-26　某工程声波透射法现场图片

【工程案例 4】2020 年 10 月 16 日，笔者路过北京某工地，看到采用声波透射法进行检测。图 2-5-27 为声波透射法钢筋笼图。

提醒注意：一般除小直径灌注桩外，大直径灌注桩一般同时选用两种或多种方法检

图 2-5-27　某工地声波透射法现场图片

测，使各种方法互相补充校核，优势互补。另外，对于设计等级高、地基条件复杂、施工变异性大的桩基，或采用低应变完整性判定可能存在技术困难时，提倡采用直接法（静载试验、钻芯法或开挖、管桩可以采用管内摄像等）进行验证。

（6）单桩竖向抗压静载试验。

1）静载试验的原理及工程示意。

单桩竖向静载荷试验是指将竖向荷载均匀地传至建筑物基桩上，通过实测单桩在不同荷载作用下的桩顶沉降，得到静载试验的 Q-s 及 s-$\lg t$ 等辅助曲线，然后根据曲线推求单桩竖向受压承载力特征值等参数。如图 2-5-28、图 2-5-29 所示。

图 2-5-28　某桩基工程堆载试验

2）静载试验装置系统设置应注意的问题。

大吨位堆载法静载试验检验的是单桩承载力，但考验的是加载装置和试验场地范围内的地基处理。

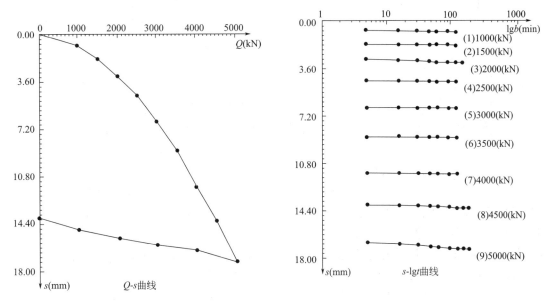

图 2-5-29　Q-s 曲线及 s-$\lg t$ 曲线

对于堆载法，试验开始加载之前，由试验桩周边地基土承受配重块的重量，随着对试验桩的加载，地基土卸荷。试验吨位越大，对地基土的承载力和变形要求越高，因此，在一些试验场地，地基处理的费用甚至高于试验费用。地基处理欠佳时，可能会出现图 2-5-31 所示情况，中间地基土受挤压隆起。基于此，《建筑基桩检测技术规范》JGJ 106-2014 第 4.2.2 条对试验反力系统提出要求：加载要反力装置可根据现场条件，选择锚桩反力装置（笔者认为可以利用工程桩）、压重平台反力装置、锚桩压重联合反力装置、地锚反力装置等，如图 2-5-30 所示。同时，应符合下列规定：

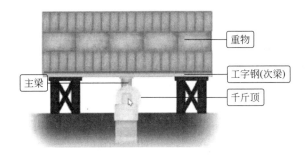

图 2-5-30　堆载法试验装置

① 加载反力装置提供的反力不得小于最大加载量的 1.2 倍；

② 加载反力架装置的构件（如图 2-5-30 中的主、次梁等）应满足承载力和变形的要求；

③ 采用锚桩时，应对锚桩桩侧阻力、钢筋、接头进行验算，并满足抗拔承载力的要求；

④ 当采用工程桩兼作锚桩时，锚桩数量不宜少于 4 根，且应对锚桩上拔量进行监测（笔者提醒，4 个锚桩计算建议按 3 根考虑）；

⑤ 采用地基提供支座反力时，施加于地基的压应力不宜超过地基承载力特征值的 1.5 倍，以避免出现图 2-5-31 所示的情况；反力梁的支点重心应与支座中心重合（避免偏心荷载）。

3）单桩竖向抗压试验终止加载的条件。

图 2-5-31   堆载静载试验示意图

① 某级荷载作用下，桩顶沉降量大于前一级荷载作用下沉降量的 5 倍，且桩顶总沉降量超过 40mm。

说明：当桩身存在水平整合型缝隙、桩端有沉渣或吊脚时，在较低竖向荷载时常会出现本级荷载沉降超过上一级荷载沉降 5 倍的陡降，当缝隙闭合或桩端与硬持力层接触后，随着持载时间或荷载增加，变形梯度逐渐变缓，以此分析陡降原因。当摩擦桩桩端产生刺入破坏或桩身强度不足桩被压断时，也会出现陡降，但与前相反，随着沉降增加，荷载不能维持甚至大幅度降低。所以，出现陡降后终止加载并不代表终止试验，尚应在桩顶下沉量超过 40mm 后，记录沉降满足稳定标准时的桩顶最大沉降所对应的荷载，以大致判断造成陡降的原因。

② 某级荷载作用下，桩顶沉降量大于前一级荷载作用下沉降量的 2 倍，且经 24h 尚未达到相对稳定标准。

相对稳定标准是指：每 1 小时内的桩顶沉降量不得超过 0.1mm，并连续出现两次（从分级荷载施加后的第 30min 开始，按 1.5h 连续三次每 30min 的沉降观测值计算）。

③ 已经达到设计要求的最大加载值且桩顶沉降达到相对稳定标准；一般要求加载至设计值的 2 倍，笔者建议可以适当加大，如要求加载至 2.1～2.2 倍。

④ 当用工程桩作锚桩时，锚桩上拔量已达允许值。一般堆载试验没有这个问题。

⑤ 当荷载沉降曲线呈缓变型时，如图 2-5-32 某工程桩的 Q-s 曲线呈缓变型，可加载至桩顶总沉降量 60～80mm；当桩端阻力尚未充分发挥时，可加载至桩顶累计沉降量超过 80mm。

说明：非嵌岩的长（超长）桩和大直径（扩底）桩的 Q-s 曲线一般呈缓变型，在桩顶沉降达到 40mm 时，桩端阻力一般不能充分发挥。前者由于长细比大、桩身较柔，弹性压缩量大，桩顶沉降较大时，桩端位移还很小；后者虽桩端位移较大，但尚不足以使端阻力充分发挥。因此，放宽桩顶总沉降量控制标准是合理的。其实这里就是考虑经济合理性问题。

特别提醒注意：工程桩承载力检验的桩，检验前后都应对其进行完整性检测。

4）在进行桩承载力试验时，应特别注意：

① 对于新近填土及深厚软土场地应考虑负摩阻力对桩基试验的影响，无论是试验桩还是工程桩抽检，均应考虑负摩阻力对试桩的影响。

② 对于场地有液化土层，如果未采取消除液化措施，直接采用桩基础时，无论是试验桩还是工程桩抽检，均应考虑液化对试桩的影响。

③ 对于场地有湿陷性土层，如果未采取消除湿陷性措施，直接采用桩基础时，无论是试验桩还是工程桩抽检，均应考虑湿陷性对试桩的影响。

④ 对于大直径端承灌注桩，当受设备或现场条件限制无法检测单桩竖向受压承载力时，可选择下列方法之一，进行持力层核验：

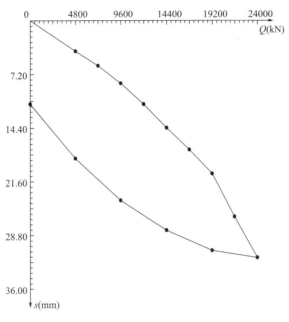

图 2-5-32　某工程桩的 Q-s 曲线

A. 采用钻芯法测定桩底沉渣厚度，并钻取岩土芯样检验桩端持力层。数量不少于10%，且不少于 10 根。

B. 采用深层平板载荷试验或岩基平板载荷试验。检测数量不少于总桩数的 1%，且不少于 3 根。

（7）单桩竖向抗拔静载试验。

1）目的是确定单桩竖向抗拔极限承载力；判断竖向抗拔承载力是否满足设计要求；通过桩身应变、位移测试，测定桩的抗拔侧阻力。与抗压桩试验相似，国内抗拔桩试验多采用维持荷载法。当然优先采用慢速维持荷载法，当条件不允许时，也可采用快速荷载法。图 2-5-33 为某工程抗拔试验图。

图 2-5-33　某工程抗拔试验图

2）单桩竖向抗拔静载试验终止加载条件满足下列条件之一：

①某级荷载作用下，桩顶上拔量大于前一级上拔荷载作用下上拔量的5倍；

②按桩顶上拔量控制，累计上拔量超过100mm；

③按钢筋抗拉强度控制，钢筋应力达到钢筋强度设计值；

④对应工程桩检验验收，达到设计或抗裂试验要求的最大上拔量或上拔荷载值（一般不应小于设计特征值的2.0倍）。

3）抗拔桩静载试验应注意的问题。

要求试验反力系统宜采用反力桩提供支座反力，反力桩可以利用工程桩；也可根据现场情况，采用地基提供支座反力。反力架的承载能力应具有1.2倍的安全系数，并应符合下列要求，如图2-5-30所示，应避免图2-5-31隐患发生。两侧支墩压应力要求如下：

①采用反力桩提供支座反力时，桩顶面应平整并具有足够的强度；也就是说，应具有不小于1.2倍承载能力的安全系数。

②采用地基提供支座反力时，施加于地基的压应力不宜超过地基承载力特征值的1.5倍；反力梁的支点重心应与支座中心重合（避免偏心荷载）。

（8）单桩水平静载检验。

目的是确定单桩水平临界和极限承载力，推定土抗力参数；判定水平承载力或水平位移是否满足设计要求；通过桩身应变、位移测试，测定桩身弯矩。采用接近水平受力桩的实际工作条件的方法确定单桩水平承载力和地基土水平抗力系数或对工程桩水平承载力进行检验和评价的试验方法。单桩水平载荷试验宜采用单向多循环加卸载试验法，当需要测量桩身应力或应变时宜采用慢速维持荷载法。图2-5-34为某工程单桩水平静载试验装置。

图 2-5-34　某工程单桩水平静载试验装置

单桩水平承载力特征值的确定：一是桩身不允许开裂或灌注桩桩身配筋率小于0.65%时，取水平临界荷载的0.75倍；二是对钢筋混凝土预制桩、钢桩和桩身配筋率不小于0.65%的灌注桩，取设计桩顶标高处水平位移所对应荷载的0.75倍（水平位移取值：对水平位移敏感的建筑物取6mm，不敏感的建筑物取10mm，满足桩身抗裂要求）。

（9）工程桩单桩竖向受压承载力由桩身强度控制时，如何控制？

一般设计人员知道静载试验收检测最大加载量不应小于设计要求的单桩竖向承载力特征值的2.0倍。但对桩的承载力由桩身强度控制时试桩检测加载量如何确定、单桩竖向受压承载力由桩身强度控制时验收检测加载量如何确定及单桩竖向抗拔承载力由桩身强度控制或裂缝宽度控制时验收检测加载量如何确定等问题，则很多设计人员不清楚。

《建筑桩基技术规范》JGJ 94-2008 第 5.8.2-4 条条文说明：桩身受压承载力计算及其与静载试验比较，对于桩顶以下 $5d$ 范围箍筋间距不大于 100mm（一般工程都满足）者，桩身受压承载力设计值可考虑纵向主筋按式 $R_p = \Psi_c f_c A_{ps} + 0.9 f'_y A'_s$ 计算，否则只考虑混凝土的受压承载力即 $R_p = \Psi_c f_c A_{ps}$。式中：R_p 为桩身受压承载力设计值；Ψ_c 为成桩工艺系数；f_c 为混凝土轴心抗压强度设计值；f'_y 为主筋受压强度设计值；A_{ps} 为桩身混凝土面积；A'_s 为主筋钢筋面积。

如果桩承载力由桩身强度控制时，静载试验加载值可取 $R_u = 2R_p / 1.35$。1.35 为单桩承载力特征值与设计值的换算系数（综合荷载分项系数）。

【工程案例5】2019 年河北某工程，采用嵌岩灌注桩，上部结构作用在桩顶的轴心压力标准值 $N_k = 6500kN$。根据勘察报告提供的参数和桩长，求得单桩竖向承载力特征值 $R'_a = 7000kN$；根据桩混凝土抗压强度等级和纵筋求得桩身轴心受压承载力设计值 $[R] = 8500kN$。

此时试桩如果按单桩承载力特征值 2 倍要求，即 $2 \times 7000 = 14000kN$；

如果按桩身承载力控制：则 $2 \times 8500 / 1.35 = 12590kN$

结论：本工程单桩试验最大加载量是 12590kN。

(10) 工程桩单桩竖向抗拔承载力由桩身强度控制时，如何控制？

《建筑基桩检测技术规范》JGJ 106-2014 第 5.1.2 条规定：为设计提供依据的试桩，应加载至桩侧岩土阻力达到极限状态或桩身材料达到设计强度（这里所说的限值对混凝土桩来讲，实则为钢筋抗拉强度的设计值）；

工程桩验收检测时，施加的上拔荷载不得小于单桩竖向抗拔承载力的 2.0 倍或使桩顶产生的上拔量达到设计要求的限值。但此时需要特别注意以下两点：

1）当抗拔桩承载力受抗裂条件控制时，可按设计要求确定最大加载值；

2）预估的最大加载值不得大于钢筋的抗拉设计强度。

特别注意：如果控制裂缝往往裂缝验算给出的荷载会远远小于竖向抗拔特征值的 2.0 倍，当工程桩不允许带裂缝工作时，应取桩身开裂的前一级荷载作为单桩竖向抗拔承载力特征值，并与按极限荷载 50% 取值确定的承载力特征值相比，取低值。

【工程案例6】2014 年天津某工程抗拔桩，相关参数见表 2-5-7，桩配筋示意图见图 2-5-35。

桩相关参数汇总 表 2-5-7

桩编号	桩直径	有效桩长 H	桩顶标高	桩端持力层	单桩竖向承载力特征值	单桩抗拔承载力特征值	单桩竖向极限承载力	备注
桩 1	600mm	29.70m	见基础平面及桩与基础连接详图	⑪b黏土,粉质黏土	1500kN		3000kN	抗压桩
桩 2	600mm	20.70m		⑨b黏土,粉质黏土		560kN	1120kN	抗拔桩
桩 3	600mm	15.70m		⑨a粉土		400kN	800kN	抗拔桩
桩 4	600mm	24.70m		⑨b黏土,粉质黏土		650kN	1300kN	抗拔桩

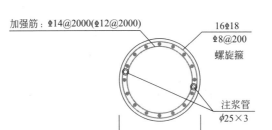

图 2-5-35 桩配筋示意图

如果依据这个配筋16Φ18，裂缝控制0.25mm，则最大试桩荷载仅为800kN。

如果要达到抗拔承载力特征值2.0倍（2×650＝1300kN），控制裂缝宽度小于0.25mm，则需要试桩配筋改为30Φ18。

（11）问题讨论：是否可以采用高应变法检测工程桩的承载力？

1）《建筑地基基础设计规范》GB 50007-2011

第10.2.16条条文说明：对预制桩和满足高应变法检测范围的灌注桩，当有静载对比试验时，可采用高应变法检验单桩竖向承载力，抽检数量不得少于总桩数的5%，且不得少于5根。

2）《建筑基桩检测技术规范》JGJ 106-2014

第9.1.1条规定：高应变法适用于检测基桩竖向抗压承载力和桩身完整性；对于大直径扩底桩和预估荷载-沉降（Q-S）曲线具有缓变型特征的大直径灌注桩，不宜采用高应变法检测。

第9.2.5条规定：采用高应变进行承载力检测时，锤的重量与单桩竖向抗压承载力特征值的比值不得小于0.02。此为强制性条文，应严格执行。

第9.2.6条规定：当作为承载力检测的灌注桩直径大于600mm或混凝土桩长大于30m时，尚应对桩径或桩长增加引起的桩-锤匹配能力下降进行补偿，在符合本规范9.2.5条规定的前提下进一步提高检测用锤的重量。

第9.2.5条条文说明规定，高应变检测应遵循"重锤低击"的原则，不应采用"轻锤高击"。

3）《建筑桩基技术规范》JGJ 94-2008

第9.4.4条规定，有下列情况之一的桩基工程，可采用高应变动测法对工程桩单桩竖向承载力进行监测：

① 除《建筑桩基技术规范》JGJ 94-2008第9.4.3条规定条件外的桩；

② 设计等级为甲、乙级的建筑桩基静载试验的辅助检测。

4）《建筑地基基础工程施工质量验收标准》GB 50202-2018

第5.1.6条规定：设计等级为甲级或地质条件复杂时，应采用静载试验的方法对桩基承载力进行检验，检验桩数量不应少于总桩数的1%，且不应少于3根，当总桩数少于50根时，不应少于2根。在有经验和对比资料的地区，设计等级为乙级、丙级的桩基可以采用高应变法对桩基进行竖向抗压承载力检测，检测数量不应少于总桩数的5%，且不应少于10根。

　　5）武汉明确不得采用高应变法检测：嵌岩桩、扩底桩、后压浆桩、素混凝土桩及荷载曲线呈缓变型的大直径灌注桩的竖向抗压承载力。

　　6）《深圳市建筑基桩检测规程》SJG 09-2020

　　第 3.4.6 条第 1 款：混凝土预制桩抽样方法及数量。

　　静载法或高应变法：静载法抽检不应少于同类桩型总数量的 1%，且不少于 3 根（总桩数少于 50 根时，不应少于 2 根）或高应变法检测数量不应少于总桩数的 5%，且不应少于 10 根。

　　特别提醒设计师注意，一般情况下仅要求采用低应变法检测桩身的完整性，但当遇到以下情况时，应采用声波透射法进行桩身完整性检测：

　　① 对桩身截面多变且变化幅度较大的灌注桩，应采用声波透射法进行桩身完整性检测，辅助验证低应变法的有效性；但注意对于直径小于 0.6m 的灌注桩，不宜采用此方法。

　　② 对于重要的工程，当采用大直径灌注桩时，宜采用声波透射法验证低应变的可靠性。

　　(12) 问题讨论：基桩静载试验，是在地面进行，还是在基坑底进行？

　　笔者认为：显然是在基坑底进行比较符合工程实际情况，但是目前，限于工程进度等要求，一般甲方都希望开挖前在地面进行基桩静载试验，然后根据得到的承载力，扣除开挖面以上桩侧阻力来计算有效桩长范围内的基桩承载力，或者在开挖面以上至试验地面范围内采用双套管等消除该部分的桩侧阻力。图 2-5-36 为常用的几种试桩方式。

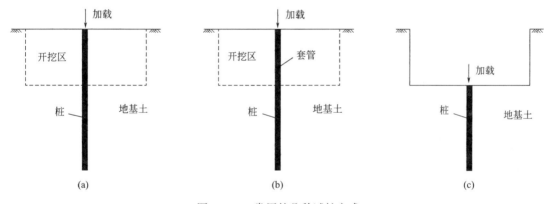

图 2-5-36　常用的几种试桩方式

　　理论上，图 2-5-36 中三种方式均可进行单桩承载力静载试验，但是，实际上工程桩是在基坑开挖后，随着建筑物基础及上部结构施工而逐渐承受荷载，开挖前在地面进行的基桩静载试验，并不符合工程桩的实际受力工况。对于埋深较小的基础，影响可能不大，但对于埋深较大的基础，深基坑开挖效应足以影响土的力学参数及其对桩的支承阻力，也会对桩身承载力和竖向刚度产生影响。那么，地面和基坑底基桩静载试验结果会有什么区别呢？以下列举几个主要影响因素供大家考虑：

　　1）降水影响，对于地下水位在开挖面以上的情况，基坑底静载试验需进行坑内降水。

　　2）埋深及位置影响，土层埋深对桩的承载力有影响，开挖后桩侧土压力及桩周土对桩的约束作用降低。即使都在坑底进行静载试验，在相同土层参数及桩参数情况下，图 2-5-37 中 (a)(b) 两种单桩承载力特征值 R_{a1} 与 R_{a2} 也不一样。

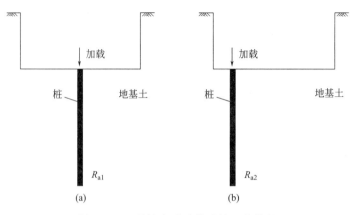

图 2-5-37 基坑底试验的试桩两种情况

3）堆载影响，当采用堆载法静载试验时，堆载对单桩承载力是有影响的，地面静载试验一定程度上可降低堆载对有效桩长范围内地基土的影响。

4）回弹，尤其是深基坑开挖，坑底地基土回弹明显，基坑底浅部地基土对桩产生上拔力（正摩阻），深部地基土会对桩产生下拉力（负摩阻）。桩端可能与持力层脱开，而且，对于非通长配筋的桩，应考虑坑底回弹对桩身轴力的影响。如图 2-5-36 所示，相同土层参数及桩参数情况下的单桩承载力特征值 R_{a1} 与 R_{a2} 也是不一样的。

（13）问题讨论：单桩竖向抗压承载力实测值与设计值并不完全吻合，有高有低，这是为何？

单桩竖向抗压承载力的影响因素有：

1）勘察、设计参数的取值宽松影响。

2）施工过程中的"折扣"。

3）岩土参数有较强的地域性，当无当地经验，勘察给的侧阻、端阻一般主要参考相关规范经验参数，可能造成"水土不服"。

4）前期存在试桩，勘察设计参数采用试桩结果时，未考虑试验桩施工与工程桩大面积施工的差异性。

5）施工桩径不规则，且一般大于设计桩径，验收规范要求也是不允许出现负偏差。

6）施工工艺质量控制不等于成桩工艺系数。

桩身混凝土的受压承载力是桩身受压承载力的主要部分，但其强度和截面变异受成桩工艺的影响。就其成桩工艺、质量可控度不同，将成桩工艺系数 ψ_c 规定如下：混凝土预制桩、预应力混凝土空心桩 $\psi_c=0.85$，主要考虑在沉桩后桩身常出现裂缝；干作业非挤土灌注桩（含钻、挖、冲孔桩、人工挖孔桩）$\psi_c=0.90$；泥浆护壁和套管护壁非挤土灌注桩、部分挤土灌注桩、挤土灌注桩 $\psi_c=0.7\sim0.8$；软土地区挤土灌注桩 $\psi_c=0.6$。对于泥浆护壁非挤土灌注桩应视地层土质取 ψ_c 值，对于易塌孔的流塑状软土、松散粉土、粉砂，ψ_c 宜取 0.7。

7）搅拌站提供的桩身混凝土材料强度一般高于设计要求。当然不排除低于设计强度的。

8）对于采用堆载法静载试验，当桩周土加载—卸载—加载过程使其发生沉降、回弹变形，桩土相对位移也会发生较复杂的变化，可能产生负摩阻，而且相对位移量的变化也会影响侧阻力的发挥。

（14）桩基检测应注意的一些问题。

1）桩基检测开始时间应满足条件：

① 采用应变法和声波透射法检测，受检桩混凝土强度不应低于设计强度的 70%，且不应低于 15MPa；

② 采用钻芯法检测，受检桩混凝土龄期应达到 28d，或者同条件养护试块强度达到设计强度要求；

③ 一般承载力检测前的休止时间，砂土地基不少于 7d，粉土地基不少于 10d，非饱和黏性土不少于 15d，饱和黏性土不少于 25d。泥浆护壁灌注桩，宜延长休止时间。

2）验收检测的受检桩选择条件：

① 施工质量有疑问的桩；

② 局部地基条件出现异常的桩；

③ 承载力验收时选择部分Ⅲ类桩；

④ 设计方认为重要的桩；

⑤ 施工工艺不同的桩；

⑥ 宜按规定均匀和随机选择。

3）验收检测时，先进行桩身完整性检测，后进行承载力检测，再进行完整性检测。桩身完整性检测应在基坑开挖后进行。

桩身完整性分类为：Ⅰ类桩、Ⅱ类桩、Ⅲ类桩、Ⅳ类桩。Ⅰ类桩桩身完整；Ⅱ类桩桩身有轻微缺陷，不会影响桩身结构承载力的正常发挥；Ⅲ类桩桩身有明显缺陷，对桩身结构承载力有影响；Ⅳ类桩桩身存在严重缺陷。

【工程案例 7】2011 年笔者主持的宁夏××大厦超高层建筑钻孔灌注桩试桩报告。

工程概况：超限高层建筑，项目为高档酒店、公寓、办公及商业等综合体建筑，总建筑面积 16 万 m²，平面最大尺寸为 218m×83m，其中主体平面为 66m×38m，核心筒平面为 37.3m×18.15m 的菱形建筑。裙房为地上 4 层，高度 26.85m，地下 3 层，埋深约为 −17.60m（结构基础底）；主楼地上 50 层，主体结构高度为 216m，地下 3 层，埋深约为 −18.70m（结构筏板底），主体结构高宽比为 5.8，核心筒宽高比为 1/12.8，基础埋置深度与高度比为 1/10.7。图 2-5-38 为实景照片及地坑图。

主楼基础采用桩筏基础，灌注桩直径为 1000mm，如果不采用后压浆，桩长则需要 70m。为了节约工程造价，设计建议采用后注浆灌注桩，理论计算桩长仅需要 50m。但类似工程桩在当地无工程经验，为此设计与业主及施工单位协商，建议在场外做工程试桩。考虑尽量节约试桩费用，设计建议利用基坑护坡桩作锚桩，如图 2-5-39 所示，每个试桩需要 8 根锚桩（由于工程桩承载力太高，要求极限值至少为 23700kN），其中 4 根利用护坡桩（共计节约 12 根锚桩）。

（1）概述

本工程设计单位为北京××建筑设计有限公司，勘察单位为××冶金岩土工程勘察总公司，监理单位为××建筑技术集团有限公司，试桩施工单位为××冶金岩土工程勘察总公司。

图 2-5-38　实景照片及地坑图

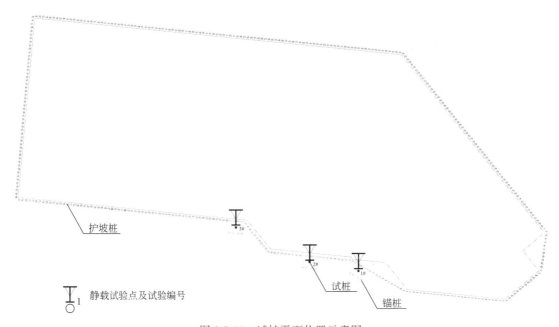

护坡桩

静载试验点及试验编号

3#

2#

1#

试桩

锚桩

图 2-5-39　试桩平面位置示意图

　　本工程试桩3根，设计桩径1.0m，实际有效桩长68m，桩身混凝土强度等级为C40；锚桩总桩数24根，其中12根为护坡桩。设计预估单桩竖向抗压承载力极限值为23700kN。

　　（2）检测目的及任务

　　1）检测目的

　　① 确定单桩竖向抗压承载力极限值是否达到设计要求；

　　② 确定各层土的桩侧摩阻力、桩端持力层的端阻力；

③ 分析评价成桩的桩身质量。

2) 检测任务

① 对试桩采用声波透射法对桩身完整性进行评价。

② 对试桩进行单桩竖向抗压静载试验。

③ 绘制各试验桩的相关曲线。

④ 提供试桩的单桩极限承载力、承载力极限值及其相应的沉降量。

⑤ 分析在桩顶荷载作用下，桩身应力、桩侧土的摩阻力、桩端阻力的变化规律等。

3) 检测依据

①《建筑基桩检测技术规范》JGJ 106—2003；

②《建筑桩基技术规范》JGJ 94—2008；

③《建筑地基基础设计规范》GB 50007—2011；

④《岩土工程勘察规范（2019 年版）》GB 50021—2001；

⑤ 工程地质手册（第四版）；

⑥ 本工程《岩土工程勘察报告》（××冶金岩土工程勘察总公司）。

(3) 场地工程地质条件

据××冶金岩土工程勘察总公司 2011 年 3 月提供的《××酒店岩土工程勘察报告》，试桩区域位于 zk31 号和 zk35 号钻孔附近，场区地层简述如下。

第①层：杂填土（Q_4^{ml}）杂色，主要由砖块屑、炉渣、建筑垃圾、生活垃圾等组成，稍湿，结构松散，均匀性差。场地中部较厚且以回填土为主。

第②层：粉土（Q_4^{al}）褐黄色，含云母、氧化铁等，局部夹有粉质黏土透镜体或薄层。湿，呈密实状态，摇振反应中等，无光泽反应，干强度及韧性低。

第②₁层：粉质黏土（Q_4^{al}）褐黄色，湿，含云母、氧化铁、氧化铝等，可塑状态，无摇振反应，干强度中等，韧性中等，局部夹薄层粉土层。

第③层：粉砂（Q_{4+3}^{al}）褐黄色，矿物成分主要为石英、长石、云母等，夹有粉土、粉质黏土透镜体或薄层。饱和，密实状态。

第④层：粉砂（Q_3^{al}）褐灰色，矿物成分主要为石英、长石、云母等，局部夹有粉土、粉质黏土透镜体，部分钻孔取样为中砂。饱和，密实，$C_u=6.328$，颗粒级配一般。

第⑤层：细砂（Q_3^{al}）褐灰色，矿物成分主要为石英、长石、云母等，局部夹有粉土、粉质黏土透镜体，部分钻孔取样为中砂。饱和，密实，$C_u=6.296$，颗粒级配一般。

第⑤₁层：粉质黏土（Q_3^{al}）褐灰色，湿，含云母、氧化铁、氧化铝等，可塑状态，无摇振反应，稍有光泽反应，干强度中等，韧性中等，局部夹有细砂。

第⑥层：细砂（Q_3^{al}）褐灰色，矿物成分主要为石英、长石、云母、矿物等，局部夹有粉土透镜体。饱和，密实，颗粒级配不良。

第⑦层：粉质黏土（Q_2^{al}）褐灰色，湿，含云母、氧化铁、氧化铝等，可塑状态，无摇振反应，稍有光泽反应，干强度中等，韧性中等，局部混有细砂。

第⑧层：细砂（Q_2^{al}）褐灰色，矿物成分主要为石英、长石、云母、矿物等，局部混有小块砾石。饱和，密实，$c_U=6.015$，颗粒级配一般。

第⑧₁层：粉土（Q_2^{l}）褐灰色，含云母、氧化铁、氧化铝等，湿，呈密实状态，摇振反应中等，无光泽反应，干强度及韧性高。

（4）检测方法及试验结果

1）单桩竖向抗压静载试验

① 试验目的：确定单桩竖向抗压承载力极限值、特征值及其相应的沉降量。

② 试验桩标高：桩顶与场地同标高。

③ 试验点数量：3 个。

④ 试验方法：慢速维持荷载法。

⑤ 试验装置：

加荷设备。采用 6 台 5000kN 油压千斤顶进行加压。

荷载测量。利用放置在千斤顶上的荷重传感器直接测定。

反力。利用压重平台及 8 根锚桩联合反力装置为试验提供反力。

沉降观测。在试桩两侧对称地布置 4 个位移传感器进行观测、记录，取其平均值作为沉降量。

⑥ 稳定标准。加、卸载严格按照《建筑基桩检测技术规范》JGJ 106-2003 第 4.3 条执行。

⑦ 加荷分级。1 号试桩首级荷载 4800kN，加荷增量 2400kN，最终荷载 24000kN；2 号、3 号试桩首级荷载 4800kN，加荷增量 2400kN（最后一级加荷增量为 1200kN），最终加载量 25200kN。

⑧ 单桩竖向抗压承载力极限的确定。3 个试桩 Q-s 曲线形态均为缓变型，未出现可判断单桩竖向抗压承载力极限值的陡降段，其最终沉降量均小于 $0.05D$（即 50mm），故其最大加载量即为单桩竖向抗压承载力极限值。

⑨ 试验结果，见表 2-5-8。

试验结果   表 2-5-8

试验点编号	首级荷载 (kN)	加载增量 (kN)	最终荷载 (kN)	最终沉降量 (mm)	卸载后沉降量 (mm)	回弹率 (%)	单桩竖向抗压承载力极限值 (kN)	极限荷载对应沉降量 (mm)
1	4800	2400	24000	37.79	11.19	64.8	24000	37.79
2	4800	2400	25200	42.23	18.90	55.2	25200	42.23
3	4800	2400	25200	38.32	16.44	58.0	25200	38.32

2）声波透射法桩身完整性检测试验

① 试验目的：确定桩身完整性。

② 试验原理：超声波透射法检测桩身结构完整性的基本原理是，由超声脉冲发射源向混凝土内发射高频弹性脉冲波，并用高精度的接收系统记录该脉冲波在混凝土内传播过程中表现的波动特性；当混凝土内存在不连续或破损界面时，缺陷面形成波阻抗界面，波到达该界面时，产生波的透射和反射，使接收到的透射波能量明显降低；当混凝土内存在松散、蜂窝、孔洞等严重缺陷时，将产生波的散射和绕射；根据波的初至到达时间和波的能量衰减特性、频率变化及波形畸变程度等特征，可以获得测区范围内混凝土的密实度参数。测试记录不同侧面、不同高度上的超声波波动特征，经过处理分析就能判别测区内混

凝土存在缺陷的性质、大小及空间位置（和参考强度）。

③试验点数量：3个。

④仪器设备：采用武汉岩海工程技术开发公司生产的 RS-ST01D（P）一体化数字超声仪。

⑤分类原则：

Ⅰ类桩　桩身完整；

Ⅱ类桩　桩身有轻微缺陷，不会影响桩身结构承载力的正常发挥；

Ⅲ类桩　桩身有明显缺陷，对桩身结构承载力有影响；

Ⅳ类桩　桩身存在严重缺陷。

⑥试验结果：

1号试桩 AC 剖面在第一次检测时 9～13m 处有较为严重的缺陷，出现该问题的原因为声测管 C 漏水所致，补水后进行了复测，其上部桩身完整性良好，该桩 66.0m 处至桩端约 1.5m 无信号。

2号试桩换能器在声测管 C 中最大下放深度为 48.6m，故 AC、BC 测试深度为 48.6m，AB 剖面最大测试深度为 66.5m；该桩上部桩身完整性良好，桩端处约 1.5m 没有信号。该桩 AB 剖面 62.3m 处至桩端约 4.5m 无信号。

3号试桩上部桩身完整性良好，66.0m 处至桩端约 1.5m 无信号。

3）桩身轴力

①试验目的：通过安装在桩身的钢筋测力计及桩端的土压力盒，计算桩身轴力及桩侧摩阻力、端阻力。

②试验方法：

A. 采用弦式传感器测量，将钢筋计实测频率通过率定系数换算成力，再计算成与钢筋计断面处的混凝土应变相等的钢筋应变量。

B. 将零漂大，变化无规律的测点删除，求出同一断面有效测点的应变平均值，计算该断面处桩身轴力。

③试验结果，见表 2-5-9～表 2-5-13。

（说明：为了节约篇幅，以下仅列出试验报告中 1 号试桩的资料。）

1号试桩轴力表　　　　　　　　　　　　　　　表 2-5-9

m[①]	4800 (kN)	7200 (kN)	9600 (kN)	12000 (kN)	14400 (kN)	16800 (kN)	19200 (kN)	21600 (kN)	24000 (kN)
18	3594.2	5416.2	7491.1	9381.5	11463.5	13756.2	15983.4	18265.5	20435.1
32	1057.5	2186.0	3512.3	4521.7	5664.2	7602.2	9426.7	11540.5	13671.9
44	58.1	744.9	1428.6	1765.1	1869.0	2256.7	2987.2	4376.6	6236.6
50	16.7	200.4	468.4	689.9	769.6	862.5	1129.6	1927.4	3374.7
62	0.0	5.5	69.7	153.7	206.6	268.1	305.1	368.2	568.0
68	0.0	0.0	7.4	8.5	11.2	25.4	56.7	86.1	121.0

1号试桩桩侧阻力及端阻力（kPa）　　　　　　　　　表 2-5-10

m①	4800 (kN)	7200 (kN)	9600 (kN)	12000 (kN)	14400 (kN)	16800 (kN)	19200 (kN)	21600 (kN)	24000 (kN)
0～18	21.3	31.6	37.3	46.3	52.0	53.9	56.9	59.0	63.1
18～32	57.7	73.5	90.5	110.6	131.9	140.0	149.2	153.0	153.8
32～44	26.5	38.2	55.3	73.2	100.7	141.9	170.9	190.1	197.3
44～50	2.2	28.9	51.0	57.1	58.4	74.0	98.6	130.0	151.9
50～62	0.4	5.2	10.6	14.2	14.9	15.8	21.9	41.4	74.5
62～68	0.0	0.3	3.3	7.7	10.4	12.9	13.2	15.0	23.7
端阻力(kN)	0.0	0.0	7.4	8.5	11.2	25.4	56.7	86.1	121.0

①m表示桩轴力测点深度。

1号试桩单桩竖向抗压静载试验数据汇总表　　　　　　表 2-5-11

工程名称：××大厦			试桩编号：0001		
桩径：1000mm		桩长：68m	检测日期：2011-08-25		
级数	荷载 (kN)	本级位移 (mm)	累计位移 (mm)	本级历时 (min)	累计历时 (min)
1	4800	4.09	4.09	120	120
2	7200	1.94	6.03	120	240
3	9600	2.38	8.41	180	420
4	12000	2.81	11.22	120	540
5	14400	3.16	14.38	360	900
6	16800	2.93	17.31	240	1140
7	19200	3.22	20.53	150	1290
8	21600	5.78	26.31	300	1590
9	24000	5.48	31.79	360	1950
10	19200	−0.96	30.83	60	2010
11	14400	−2.68	28.15	60	2070
12	9600	−4.05	24.10	60	2130
13	4800	−5.63	18.47	60	2190
14	0	−7.28	11.19	180	2370

最大加载量：24000kN；最大位移量：31.79mm；最大回弹量：20.60 mm；回弹率：64.8%。

（5）结论与建议

1）单桩竖向抗压承载力

因试桩未做至破坏，根据单桩竖向抗压静载试验测试结果，以各桩顶压力下的实测值取值。

1号试桩单桩竖向抗压静载试验曲线图		表 2-5-12
工程名称：××大厦		试桩编号：0001
桩径：1000mm	桩长：68m	检测日期：2011-08-25

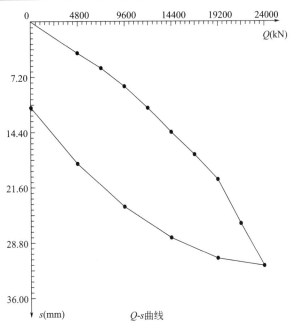

Q-s曲线

1号试桩单桩竖向抗压静载试验曲线图		表 2-5-13
工程名称：××大厦		试桩编号：0001
桩径：1000mm	桩长：68m	检测日期：2011-08-25

(1) 4800(kN)
(2) 7200(kN)
(3) 9600(kN)
(4) 12000(kN)
(5) 14400(kN)
(6) 16800(kN)
(7) 19200(kN)
(8) 21600(kN)
(9) 24000(kN)

s-lgt曲线

1 号试桩单桩竖向抗压承载力极限值：24000kN；

2 号试桩单桩竖向抗压承载力极限值：25200kN；

3 号试桩单桩竖向抗压承载力极限值：25200kN。

2）桩身完整性

根据声波透射法完整性检测试验，所测的 3 根试桩上部桩身完整性均良好，但 1 号、3 号试桩桩端 1.5m 左右实测无信号，2 号试桩桩端 4.5m 左右实测无信号。

3）桩侧阻力及端阻力

桩侧阻力及端阻力计算中，因试桩未做至破坏，故其值是各桩顶压力下的实测值。根据实测情况，其桩身侧阻力已接近极限值，端阻力尚未完全发挥。综合分析试验结果：

0～18m 平均桩侧阻力可取 60kPa；18～68m 平均桩侧阻力可取 136kPa。

4）建议

根据声波透射试验，各试桩桩端均存在没有信号的情况，尤其 2 号试桩，建议施工单位从施工工艺、操作过程分析、查找原因，进一步提高施工质量。

5.2 桩基设计

5.2.1 轴心竖向力作用下，桩基竖向承载力计算应符合下列规定：

1 作用效应的标准组合：

$$N_k \leq R \tag{5.2.1-1}$$

2 地震作用效应和作用效应的标准组合：

$$N_{Ek} \leq 1.25R \tag{5.2.1-2}$$

式中：N_k——作用效应标准组合轴心竖向力作用下，基桩或复合基桩的平均竖向力（kN）；

N_{Ek}——地震作用效应和作用效应标准组合下，基桩或复合基桩的平均竖向力（kN）；

R——基桩或复合基桩竖向承载力特征值（kN）。

5.2.2 偏心竖向力作用下，桩基竖向承载力计算应符合下列规定：

1 作用效应的标准组合下，除应符合式（5.2.1-1）的要求外，尚应符合下式规定：

$$N_{kmax} \leq 1.2R \tag{5.2.2-1}$$

2 地震作用效应和作用效应标准组合下，除应符合式（5.2.1-2）的要求外，尚应符合下式规定：

$$N_{Ekmax} \leq 1.5R \tag{5.2.2-2}$$

式中：N_{kmax}——作用效应标准组合偏心竖向力作用下，桩顶最大竖向力（kN）；

N_{Ekmax}——地震作用效应和作用效应标准组合下，基桩或复合基桩的最大竖向力（kN）。

5.2.3 受水平荷载作用下，桩基水平承载力计算应符合下式规定：

$$H_{ik} \leq R_h \tag{5.2.3}$$

式中：H_{ik}——作用效应标准组合下，作用于基桩 i 桩顶处的水平力（kN）；

R_h——单桩基础或群桩中基桩的水平承载力特征值（kN）。

延伸阅读与深度理解

（1）本条源自行业标准《建筑桩基技术规范》JGJ 94-2008 第 5.2.1 条（强制性条文）。

（2）本条为桩基承载能力极限状态设计的内容，采用综合安全系数设计法，近似以单桩承载能力为分析对象来描述桩基承载能力极限状态，桩基承载能力极限状态设计是桩基础设计的主要内容。

（3）关于群桩桩端软弱下卧层竖向承载力验算问题。

《建筑桩基技术规范》JGJ 94-2008 规定：对于桩间距不超过 $6d$ 的群桩，桩端持力层下存在承载力低于桩端持力层承载力 1/3 的软弱下卧层时，才需要验算下卧层的承载力。

1）为何只有下卧层承载力小于持力层 1/3 以上时才需要验算？

当桩间距不超过 $6d$ 的群桩，在桩端平面以下软弱下卧层承载力与桩端持力层相差超过 1/3 时（低于持力层 1/3）且荷载引起的局部压力超出承载力过多时，将引起软弱下卧层侧向挤出，桩基偏沉，严重者引起整体失稳。

2）对于下卧层验算公式的几点说明。

① 验算范围。规定在桩端平面以下受力层范围存在低于持力层承载力 1/3 的软弱下卧层。实际工程持力层以下存在相对软弱土层是比较常见的现象，只有当强度相差过大时才有必要验算。因下卧层地基承载力与桩端持力层差异过小，土体的塑性挤出和失稳也不致出现。

② 传递至桩端平面的荷载，按扣除实体基础外表面总极限侧阻力的 3/4 而非 1/2 计算。这是主要考虑荷载传递机理，因为极限侧阻力不可能沿实体基础外表面发生，而是由上到下逐渐发生，在软弱下卧层进入临界状态前基桩侧阻平均值已接近于极限。

③ 桩端荷载扩散。持力层刚度越大，扩散角越大，这是基本性状，这里所规定的压力扩散角与《建筑地基基础设计规范》GB 50007-2011 一致。

④ 软弱下卧层承载力只能深度修正。这是因为下卧层受压区应力分布并非均匀，呈内大外小，不应作宽度修正；考虑到承台底面以上土已挖除且可能和土体脱空，因此修正深度从承台底部计算至软弱土层顶面。另外，既然是软弱下卧层，即多为软弱黏性土，故深度修正系数取 1.0。

3）规范没有给出当群桩间距大于 $6d$ 时及单桩基础下卧层承载力计算，这是因为实际工程中这种情况出现的可能性很低，设计中应尽量避免。

4）对于存在软弱下卧层的桩基础，除验算承载力外，特别注意需要验算变形是否满足要求。

【工程案例 8】某桩基工程软弱下卧层验算算例。

（1）荷载及承台尺寸

上部荷载参数：$F_k = 4500.0$ kN

承台尺寸：$A = 5.40$ m，$B = 4.86$ m，$H = 1.0$ m，$A_0 = 4.80$ m，$B_0 = 4.26$ m

（2）地质资料

地面标高 27.31m，地下水位 24.0m，图 2-5-40 为地质剖面示意图，土层分布见表 2-5-14。

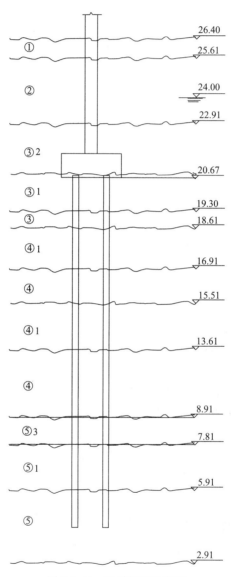

图 2-5-40　地质剖面示意图

各层土分布情况表　　　　　　　　　　表 2-5-14

土层编号	土层名称	土层地面高程(m)	重度(kN/m³)	压实模量 P_0+100 (MPa)	压实模量 P_0+200 (MPa)	天然地基承载力(kPa)	桩侧阻力极限标准值(kPa)	桩端阻力极限标准值(kPa)
①	填土	25.61	19.2	5.4	6.3	80	40.0	0.0
②	粉土	22.91	19.2	6.9	8.3	130	55.0	0.0

续表

土层编号	土层名称	土层地面高程(m)	重度(kN/m³)	压实模量 P_0+100 (MPa)	压实模量 P_0+200 (MPa)	天然地基承载力(kPa)	桩侧阻力极限标准值(kPa)	桩端阻力极限标准值(kPa)
②2	黏土	20.71	18.7	5.3	6.1	150	50.0	0.0
③1	粉质黏土	19.31	19.8	8.1	9.2	160	55.0	0.0
③	粉土	18.61	20.0	30.0	32.0	170	50.0	0.0
④1	黏土	16.91	19.1	6.6	7.2	160	50.0	0.0
④	粉质黏土	15.51	20.3	10.5	11.6	180	55.0	0.0
④1	黏土	13.61	19.1	6.6	7.2	160	50.0	0.0
④	粉质黏土	8.91	20.3	10.5	11.6	180	55.0	0.0
⑤3	黏土	7.81	19.3	9.4	10.0	200	50.0	800.0
⑤1	粉质黏土	5.91	20.0	10.1	10.8	210	60.0	700.0
⑤	中砂	4.17	20.0	35.0	37.0	230	70.0	1300.0
⑤4	砾石	1.91	20.0	45.0	47.0	280	80.0	1800.0
⑥1	黏土	−2.59	18.4	4.4	4.9	100	35.0	400.0
⑥	粉质黏土	−5.49	20.3	14.2	15.2	240	60.0	1000.0
⑥1	黏土	−6.49	19.4	10.4	10.9	220	55.0	900.0
⑦	中砂	−10.69	20.0	40.0	42.0	260	70.0	1500.0

计算桩承台及其上土自重 G_k 见表 2-5-15。

桩承台及其上土自重 G_k　　　　　　　　　　　表 2-5-15

土层编号	土层名称	土层底标高(m)	重度(kN/m³)	G_k(kN)
	地面	26.41		
①	填土	25.61	19.20	403.11
②	粉土	24.00	19.20	811.25
②	粉土	22.91	9.20 (浮重度)	263.17
③1	粉质黏土	21.67	9.80 (浮重度)	318.92
	承台底标高	20.67	15.00 (浮重度)	393.66
	合计			2190.11

（3）桩设计参数

桩顶标高 20.67m，桩长 16.5m，桩径 600mm，进入⑤层中砂不小于 1.50m。

（4）桩基软弱下卧层验算

依据《建筑桩基技术规范》JGJ 94-2008 中式（5.4.1-1）和式（5.4.1-2）：

$$б_z + \gamma_m z \leqslant f_{az}$$　　　　　　　　　　　　　（5.4.1-1）

$$\sigma_z = \frac{(F_k + G_k) - 3/2 (A_0 + B_0) \cdot \Sigma q_{sik} l_i}{(A_0 + 2t \cdot \tan\theta)(B_0 + 2t \cdot \tan\theta)}$$

$$F_k + G_k = 5500 + 2190.11 = 7690.11 \text{kN}$$

$$(A_0 + B_0) \cdot \Sigma q_{sik} l_i = 18732.4 \text{kN} \tag{5.4.1-2}$$

群桩侧阻力计算见表2-5-16。

群桩侧阻力计算表 表 2-5-16

土层编号	土层名称	土层底标高(m)	极限桩侧阻力标准值(kPa)	极限桩端阻力标准值(kPa)	群桩侧阻力(kN)
	桩顶标高	20.67			
③1	粉质黏土	19.31	55.00	0.00	677.69
③	粉土	18.61	50.00	0.00	317.10
④1	黏土	16.91	50.00	0.00	770.10
④	粉质黏土	15.51	55.00	0.00	697.62
④1	黏土	13.61	50.00	0.00	860.70
④	粉质黏土	8.91	55.00	0.00	2342.01
⑤3	黏土	7.81	50.00	800.00	498.30
⑤1	粉质黏土	5.91	60.00	700.00	1032.84
⑤	中砂(桩底标高)	4.17	70.00	1300.00	1103.51
合计					8299.87

$t = 4.17 - 1.91 = 2.26 \text{m}$，$t/B_0 = 2.26/4.26 = 0.53$

$E_{s1}/E_{s2} = 35/4.4 = 7.95$

查《建筑桩基技术规范》JGJ 94-2008 表5.4.1，得到 $\theta = 25° + 5° \times (7.95 - 5)/(10 - 5) = 27.95°$

$$A_0 + 2t \cdot \tan\theta = 4.8 + 2 \times 2.26 \times \tan 27.95° = 7.2 \text{m}$$

$$B_0 + 2t \cdot \tan\theta = 4.26 + 2 \times 2.26 \times \tan 27.95° = 6.66 \text{m}$$

$$\sigma_z = \frac{(F_k + G_k) - 3/2 (A_0 + B_0) \cdot \Sigma q_{sik} l_i}{(A_0 + 2t \cdot \tan\theta)(B_0 + 2t \cdot \tan\theta)}$$

$$= \frac{7690.11 - 8299.87 \times 3 \div 2}{7.2 \times 6.66}$$

$$= -99.26$$

……

计算 γ_m 见表2-5-17。

$$\gamma_m = 11.02 \text{kN/m}^3，z = 20.67 - 1.91 = 18.76 \text{m}$$

$$\gamma_m z = 11.02 \times 18.76 = 206.74 \text{kPa}$$

$$\eta_d = 1.0$$

$$f_{az} = 100 + 1.0 \times 11.02 \times (25.4 - 0.5) = 374.4 \text{kPa}$$

σ_z 为负值，假设 $\sigma_z = 0$

$$\sigma_z + \gamma_m z = 0 + 206.74 = 206.74 \text{kPa} < 374.4 \text{kPa} (f_{az})$$

满足要求。

各层土分布厚度及相关参数 表 2-5-17

土层编号	土层名称	土层底标高 (m)	重度 (kN/m³)	水重度 (kN/m³)	重量 (kN/m²)	平均重度 (kN/m³)
	地面标高	27.31				
①	填土	25.61	19.20	0	32.64	
②	粉土	24.00	19.20	0	30.912	
②	粉土	22.91	19.20	−10	10.028	
③1	粉质黏土	21.51	19.80	−10	13.72	
③2	黏土	20.71	18.70	−10	6.96	
③1	粉质黏土	19.31	19.80	−10	13.72	
③	粉土	18.61	20.00	−10	7	
④1	黏土	16.91	19.10	−10	15.47	
④	粉质黏土	15.51	20.30	−10	14.42	
④1	黏土	13.61	19.10	−10	17.29	
④	粉质黏土	8.91	20.30	−10	48.41	
⑤3	黏土	7.81	19.30	−10	10.23	
⑤1	粉质黏土	5.91	20.00	−10	19	
⑤	中砂	4.17	20.00	−10	30	
⑤4	砾石	1.91	20.00	−10	10	
⑥1	黏土	−2.59	18.40			
	合计				279.8	11.02

5.2.4 单桩竖向承载力特征值 R_a 应按下式确定：

$$R_a = \frac{1}{K} Q_{uk} \qquad (5.2.4)$$

式中： Q_{uk}——单桩竖向极限承载力标准值（kN）；

　　　　K——安全系数。

 延伸阅读与深度理解

（1）本条规定了单桩竖向承载力特征值 R_a 的确定方法。

（2）注意这里没有给出安全系数具体值，需要参考相关标准取值，一般极限承载力除以 2.0 就等于承载力特征值。

（3）提醒读者注意，有的地勘提供的桩侧、桩端是标准值，而不是"极限标准值"，此时就不能再除以 2.0。

5.2.5 单桩竖向极限承载力标准值应通过单桩静载荷试验确定。单桩竖向抗压静载荷试验应采用慢速维持荷载法。

延伸阅读与深度理解

（1）本条源自行业标准《建筑桩基技术规范》JGJ 94-2008 第 5.3.1 条（非强制性条文）及《建筑基桩检测技术规范》JGJ 106-2014 第 4.3.4 条（强制性条文）。

（2）桩基承载力极限状态，以竖向受压桩基为例，由下述三种状态之一确定

1）桩基达到承载力，超出该最大承载力即发生破坏。就竖向受压而言，其荷载-沉降曲线大体表现为陡降型（A）和缓变型（B）两类（图 2-5-41）。Q-s 曲线是破坏模式与特征的宏观反映，陡降型属于"急进破坏"，破坏特征点明显，一旦荷载超过极限承载力，沉降便急剧增大，即发生破坏。缓变型属于"渐进型破坏"，破坏特征点不明显，常常需要通过多种分析方法综合判定其极限承载力，该极限承载力并非真正的极限承载力最大值，因为极限增加荷载，沉降仍能趋于稳定，只不过是塑性区开展范围扩大，塑性沉降加大而已。

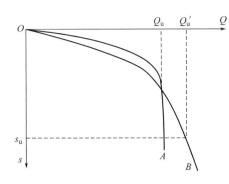
图 2-5-41　荷载-沉降曲线

对应大直径、群桩基础，尤其是低承台群桩，其荷载-沉降曲线变化更为平缓，渐进破坏特征更明显。由此可见，对于两类破坏形态的桩基，其承载力失效后果是不同的。

2）桩基发生不适于继续承载的变形。如前所述，对于大部分大直径单桩基础、低承台群桩基础，其荷载-沉降曲线呈缓变型，属于渐进破坏，判定其极限承载力是比较困难的，带有任意性，且物理意义不甚明确。因此，为充分发挥其承载力潜力，宜按结构所能承受的最大变形 s_u 确定其极限承载力（如图 2-5-41 所示，取对应于 s_u 的荷载为极限承载力 Q_u）。该承载能力极限状态由不适于继续承载的变形所制约。

（3）单桩极限承载力试验方法

目前，我国单桩竖向静载试验常用方法可归纳为慢速维持荷载法及快速加载法，两种方法的主要区别是慢速维持荷载法以沉降相对稳定标准控制加荷，快速加载法则以等时间间隔加荷。两种试验方法所得到的荷载 Q-s 曲线根据不同桩型与地质条件而不同。对于纯摩擦桩，在加荷的初始阶段，两种试验方法的 Q-s 曲线差异较小，随着荷载的增加 Q-s 曲线差异随之增大。一般情况下，承载力的大小与加载速率有关，加荷速率越快，承载力相对越高。因此，采用快速加荷试验时，应充分注意实测承载力与规范规定的慢速加荷确定承载力可能存在的差值。基于以上分析，本次规范明确"单桩竖向抗压静载试验应采用慢速维持荷载法"。

（4）单桩竖向抗压承载力检测的方法有多种，其中单桩竖向抗压静载试验是这些方法中最可靠的，而作为一种标准试验方法——慢速维持荷载法方式进行的单桩竖向抗压静载

试验，已在我国沿用了半个世纪，它不仅是前期桩基承载力设计参数获得的最可信试验方法，也是比较和检验其他单桩竖向抗压承载力检测方法的可靠性，为国家现行规范提供依据的唯一方法。

（5）提醒读者注意，为设计提供依据的试桩，一般均可要求做到破坏，这样可以进一步挖掘桩的承载力，提高经济合理性。

（6）以往的工程中，很多时候甲方都不想做试桩，笔者分析认为这是设计院没有给甲方讲明白试桩的重要意义。做试桩的目的一般是：

1）要做到破坏目标，是为了挖掘承载力的潜力。

2）成桩的可行性。但笔者发现，不少工程设计院要求试桩静载试验做到设计值的2.0倍。

（7）问题讨论：今后桩基都必须事先做静载试验吗？

自从《建筑与市政地基基础通用规范》GB 55003-2021 实施以来，关于桩基是否都必须进行静载试验的问题，在业界引起讨论，不少朋友认为"桩都应该做"。但笔者并不这么认为，近日也有审图专家咨询笔者这个问题，如图 2-5-42 所示。

这条实际是由《建筑桩基技术规范》JGJ 94-2008 第 5.3.1 条及《建筑基桩检测技术规范》JGJ 106-2014 第 4.3.4 条（强制性条文）整合而来：为设计提供依据的单桩竖向抗压静载试验应采用慢速维持荷载法。

笔者理解是这样的：本条只是说要得到桩的极限承载力就应采用慢速加荷法，而不是其他方法，并没有隐含桩基都应该进行静载试验的意思。（这点也和规范主编探讨交流过）

自从本规范发布之后，工程界不少人认为"今后无论桩设计等级是甲、乙、丙级，都必须进行试桩了"。但笔者不这么认为，理由如下：

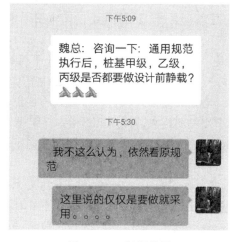

图 2-5-42　问题截图

1）首先，规范这条只是说明要做试桩（为设计提供设计依据）：单桩竖向极限承载力标准值应通过单桩静载试验确定。且单桩竖向抗压静载试验应采用慢速维持荷载法。此条并没有说明哪些情况应做试桩。

2）本规范第 5.4.1 条第 1 款明确桩基施工前应进行工艺性试验确定施工技术参数。也没有说必须进行静载试验，只是说进行工艺性试验。

3）另外，本规范第 5.4.3 条规定："桩基工程施工验收检验，应符合下列规定：施工完成后的工程桩应进行竖向承载力检验。"非常明确地要求工程桩必须进行静载试验。

4）至于具体工程，到底哪些应进行试桩（为设计提供依据），笔者认为依然可参考现行标准《建筑桩基技术规范》JGJ 94-2008 第 5.3.1 条及《建筑基桩检测技术规范》JGJ 106-2014 第 3.1.2 条。

① 设计等级为甲级的建筑桩基，应通过单桩试验确定。

② 设计等级为乙级的建筑桩基，当地质条件简单时，可参照地质条件相同的试桩资

料，结合静力触探等原位测试和经验参数综合确定；其余均应通过单桩静载试验确定。

③ 地质条件复杂，基桩施工质量可靠性低。

④ 本地区采用的新型或采用新工艺成桩的桩基。

⑤ 设计等级为丙级的建筑桩基，可根据原位测试和经验参数确定。

通过以上简要分析，笔者意见及建议：

1）本条没有说所有桩基都必须进行试桩（这点笔者也与规范主编确认过，认可笔者观点）；

2）对于桩基工程，无论桩基设计等级如何，有条件时还是应优先考虑做试桩，以确定成桩工艺的可行性（特别是本地域应用比较少的桩型）及挖掘桩承载力的潜力；

3）施工前进行试验桩检测并确定单桩极限承载力，目的是为设计选定桩型和桩端持力层、掌握桩侧桩端阻力分布并为确定基桩承载力提供可靠的依据，同时也为施工单位在新的地基条件下设定并调整施工工艺参数进行必要的验证。对设计等级高且缺乏地区经验的工程，为获得安全可靠、经济合理的设计施工参数，减少盲目性，前期试桩尤为重要。

4）如果不做工程桩可能存在的一个风险是：采用的桩型无法施工（如管桩遇到坚硬夹层、灌注桩塌孔等）；另一个风险就是工程桩静载试验不满足设计要求。

【工程案例9】2016年，某审图专家咨询笔者："魏教授您好！咨询您个问题：山东某工程，原设计桩基础，钻孔灌注桩，设计单桩承载力特征值700kN，结果工程桩抽检单桩承载力特征值只有350kN；现在设计单位拿来变更：取原天然地基承载力特征值160kN/m²，改为天然地基上独立柱基础。这样是否可以？"

笔者认为极为不妥，原状土已被扰动，不应再按天然地基考虑；最好的办法是按复合地基处理。后来，设计单位听取了笔者建议改为复合地基。

这就是一个典型案例，由于没有事先试桩，其带来的对造价、工期的影响远大于事先做试桩所付出的代价。

【工程案例10】2019年葫芦岛某工程，原设计甲方强烈要求采用直径为500mm的钻孔灌注桩。笔者多次提醒甲方这个直径不常用，如果非要采用，建议事先进行试桩，以便确定施工的可行性。但甲方为了节省造价及赶进度，决定不进行试桩。

结果等工程桩施工时，$d=500mm$的桩无法施工，后来经过甲方、勘察、设计共同研究，决定把桩径改为$d=600mm$重新设计。这样不仅增加了设计返工工作，而且影响了工程进度。

（8）在进行桩承载力试验时，应特别注意：

1）对于大直径端承型桩，当受设备或现场条件限制无法静载试验时，可选择下列方式之一，进行持力层核验：

① 采用钻芯法测定桩底沉渣厚度，并钻取岩土芯样检验桩端持力层。数量不少于10%，且不少于10根。② 采用深层平板载荷试验或岩基平板载荷试验。检测数量不少于总桩数的1%，且不少于3根。

2）对于嵌岩桩，可以通过直径为0.3m岩基平板载荷试验确定极限端阻力标准值，也可通过直径为0.3m嵌岩短墩载荷试验确定极限侧阻力标准值和极限端阻力标准值。

3）对于地基基础设计等级为丙级的建筑物，可采用静力触探及标贯试验参数结合工程经验确定单桩承载力特征值。

4）对于新近填土及深厚软土场地应考虑负摩阻力对桩基试验的影响，无论是试验桩还是工程桩抽检，均应考虑负摩阻力对试桩的影响。

5）对于场地有液化土层，如果未采取消除液化措施，直接采用桩基础时，无论是试验桩还是工程桩抽检，均应考虑液化对试桩的影响。

6）对于场地有湿陷性土层，如果未采取消除采取湿陷性措施，直接采用桩基础时，无论是试验桩还是工程桩抽检，均应考虑湿陷性对试桩的影响。

（9）经过竖向极限承载力载荷试验的桩不得作为工程桩使用。读者特别注意，经常会遇到甲方希望利用工程试桩继续做工程桩。当然，如果试验桩没有做到极限承载力，而只是做到设计特征值的 2.0 倍，笔者认为只要其完整性符合要求，依然可以作为工程桩。

5.2.6 承受水平力较大的桩基应进行水平承载力验算。单桩水平承载力特征值应通过单桩水平静载荷试验确定。

 延伸阅读与深度理解

（1）本条规定了单桩水平承载力确定原则，但这里的"较大"不好把控。

（2）桩的水平荷载试验主要有"单向多循环水平荷载试验"及"慢速维持荷载法"。前者主要用于模拟地震作用、风荷载；而后者主要用于确定长期水平荷载下的承载力和地基土的水平反力系数，在实际应用中应根据工程情况选定。

（3）单桩水平承载力特征值的确定。

1）影响单桩水平承载力特征值的因素：包括桩身截面抗弯刚度、材料强度、桩侧土质条件、桩的入土深度、桩顶约束条件。因此，提高桩的水平承载力可以从以上几个因素入手，桩身截面抗弯刚度越大、材料强度越高、桩侧土质条件越好、桩的入土深度越大、桩顶约束越牢固，则桩的水平承载力越高。

2）单桩水平承载力特征值的确定：

① 对于桩身配筋率不大于 0.65％的灌注桩，可取单桩水平静载荷试验临界荷载的 75％为单桩水平承载力特征值；

② 对于钢筋混凝土预制桩、钢桩、桩身正截面配筋率不小于 0.65％的灌注桩，可根据静载试验结果取地面处水平位移为 10mm（对于水平位移敏感的建筑物取水平位移 6mm）所对应的荷载的 75％为单桩水平承载力特征值。

5.2.7 当桩基承受拔力时，应对桩基进行抗拔承载力验算。基桩的抗拔极限承载力应通过单桩竖向抗拔静载荷试验确定。

 延伸阅读与深度理解

（1）本条规定了承受拔力的桩基不仅应进行抗拔承载力验算，而且对基桩的抗拔极限承载力确定原则也做出了明确要求。

（2）由于单桩的垂直上拔试验，无论是采用慢速加荷法或快速加荷法，其 Q-s 曲线大致相同，破坏形式类似于纯摩擦桩的破坏，所以规范对抗拔桩没有强制要求采用慢速加荷法试验。

（3）建筑桩基的抗拔问题主要出现于两种情况下，一种是建筑物在风荷载、地震作用下的局部非永久的上拔力；另一种是抵抗超补偿地下水浮力的抗浮桩。对于前者，抗拔力与建筑物高度、风压强度、抗震设防等级等因素有关，当建筑物设有地下室时，由于风荷载、地震作用引起的桩顶拔力显著减小，一般不起控制作用，但对于高耸结构，有时就是风荷载、地震作用在起控制作用。对于后者，随着近年地下空间的开发利用，基础抗浮成为较为普遍的问题。

（4）笔者提醒各位设计师注意，对于抗拔桩，应同时满足其抗压要求。近年在地下抗浮工程中，很多设计人员并没有考虑这个问题，笔者认为这样是不合适的，是存在安全隐患的，这就是为何规范对于主楼与裙房一起时，不建议裙房采用抗浮桩的缘故。

【工程案例 11】2020 年笔者在北京参加某工程基础方案论证会。

2020 年 4 月 20 日，某工程基础方案论证会，与会人员包含 5 位专家（岩土专家 2 名，结构专家 3 名），及甲方、设计、勘察及施工等。专家组听取了设计院的汇报，听取了参与方的介绍等，经过质询与讨论，形成如下意见及建议：

（1）本项目基础方案采用载体桩基础，技术可行，方案合理，质量可控，比常规技术节约造价；

（2）建议施工前进行试桩，优化设计与施工参数

（3）抗拔桩裂缝验算可参照现行《北京地区建筑地基基础勘察设计规范（2016 年版）》DBJ 11-501-2009 第 9.4.14 条执行，建议按 0.25mm 控制；

（4）基础设计过程中考虑地震工况的验算；

（5）抗拔桩如采用刚性连接应校核抗压工况。

说明：参加论证的专家有清华大学岩土知名教授、结构勘察设计大师等业内知名专家。

（5）关于桩顶纵向钢筋与承台或基础的连接锚固问题。

1）可能各位都遇到过桩或锚杆与桩承台或基础钢筋锚固的困惑吧？到底如何锚固才比较合适呢？是直锚段满足 $35d$ 吗？

恐怕你也没有少被甲方说你这样要求承台（基础）要加厚太浪费；被审图老师提出过：你这样锚固不安全，"应该直锚段满足 $35d$"。这样的要求过分吗？笔者认为并不过分，的确属于规范、标准、相关图集没有交代清晰这个问题所致。

2）几个主要规范、标准如何要求：

①《建筑桩基技术规范》JGJ 94-2008

第 4.2.4 条桩与承台的连接构造要求尚应符合下列规定：

桩嵌入承台内的长度对于中等直径桩不宜小于 50mm，对于大直径桩不宜小于 100mm；

混凝土桩的桩顶纵向主筋应锚入承台内，其锚入长度不宜小于 35 倍纵向主筋直径。对于抗拔桩，桩顶纵向主筋的锚固长度应按现行国家标准《混凝土结构设计规范（2015 年版）》GB 50010-2010 确定。

第4.2.4条条文说明：混凝土桩的桩顶纵向钢筋锚入承台内的长度一般情况为35倍纵向主筋直径，对于专用抗拔桩，桩顶纵向主筋的锚固长度应按现行《混凝土结构设计规范（2015年版）》GB 50010-2010的受拉钢筋锚固长度确定。

笔者解读理解：这句话实际是说，对抗拔桩其锚固长度需要依据混凝土强度等级、钢筋类型等综合确定，且不能小于35倍纵向主筋直径。但没有说直锚问题。由此看出，一般抗拔桩锚固长度按35d不一定合适。

②《建筑地基基础设计规范》GB 50007-2011

第8.5.3条第10款，桩顶嵌入承台的长度不应小于50mm，主筋伸入承台内的锚固长度不应小于钢筋直径（HPB235）的30倍和钢筋直径（HRB335和HRB400）的35倍。

笔者解读理解：没有条文说明，由正文解读，没有专门提抗拔桩的问题，显然不尽合理。但明确了钢筋级别（注意HPB235、HRB335已经淘汰），也没有说直锚问题。

③《建筑工程抗浮技术标准》JGJ 476-2019

第7.2.6条，抗浮板与基础，抗浮锚固构件连接构造应符合下列规定：

抗浮板与基础共同分担荷载时，抗浮板钢筋应与基础钢筋连通配置；

抗浮板不分担基础承担荷载时，抗浮板钢筋伸入基础长度，抗浮锚固构件钢筋锚入抗浮板长度不应小于其自身配置最大钢筋直径的35倍；

抗浮板与抗浮锚固构件联合抗浮时，锚固体嵌入抗浮板的深度不应小于50mm。

笔者解读理解：这里不区分抗压桩、抗拔桩或锚杆，均只要求35d，显然不尽合理。也没有说明35d的直锚问题。

④《预应力混凝土管桩技术标准》JGJ/T 406-2017

第5.3.11条，管桩与承台连接应符合下列规定：

桩顶嵌入承台内的长度宜为50～100mm。

应采用桩顶填芯混凝土内插钢筋与承台连接的方式。对于没有截桩的桩顶，可采用桩顶填芯混凝土内插钢筋和在桩顶端板上焊接钢板后焊接锚筋相结合的方式，连接钢筋宜采用热轧带肋钢筋。

对于承压桩，连接钢筋配筋率按桩外径实心截面计算不应小于0.6％，数量不宜少于4根。钢筋插入管桩内的长度应与桩顶填芯混凝土深度相同。锚入承台内的长度不应小于35倍钢筋直径。

对于抗拔桩，连接钢筋面积应根据抗拔承载力确定，钢筋插入管桩内的长度应与桩顶填芯混凝土深度相同。锚入承台内的长度应按现行国家标准《混凝土结构设计规范（2015年版）》GB 50010-2010确定。

笔者解读理解：此标准与《建筑桩基技术规范》JGJ 94-2008说法基本一致，区分一般桩与抗拔桩，但对于抗拔桩没有35d的双控，笔者认为是不合理的，也没有提及直锚问题。

3）图集又是如何要求：

①《钢筋混凝土灌注桩》10SG813要求，如图2-5-43所示。

笔者解读及理解：这本图集的表达还是充分体现了"桩规"的设计思想的，满足锚固长度l_a（l_{aE}）且不小于35d。同时也给出直锚20d。笔者个人认为是比较恰当的。但对于抗拔桩"桩顶与承台连接构造（二）"应要求总锚固长度不小于l_a（l_{aE}）。

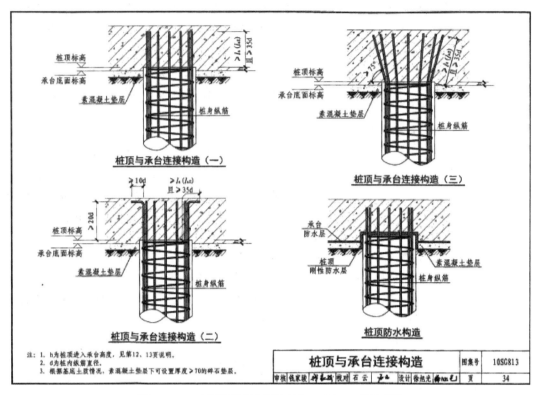

图 2-5-43 《钢筋混凝土灌注桩》10SG813 相关规定

②《预应力混凝土管桩》10G409 相关规定如图 2-5-44 所示。

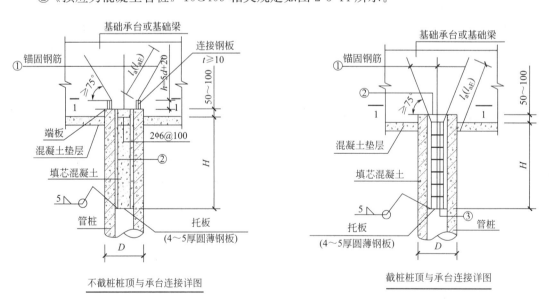

图 2-5-44 《预应力混凝土管桩》10G409 相关规定

笔者解读及理解：这本图集显然没有上述图集全面，存在理解问题。

4）近期看到的工程案例。

【工程案例 12】2020 年笔者顾问咨询北京某院设计的北京某工程，如图 2-5-45 所示。

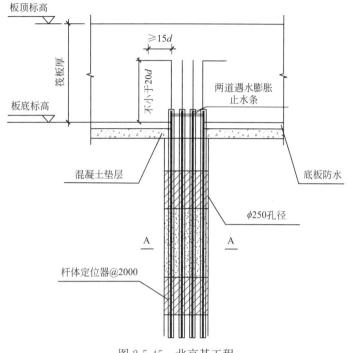

图 2-5-45　北京某工程

注：直锚 20d＋水平 15d＝总锚 35d

5）笔者对此问题的分析。

关于抗浮（拔）桩或锚杆纵向钢筋在基础中的锚固长度问题，目前的规范、标准对于顶部纵向钢筋在基础中的锚固长度，一般比较好的也只给出 35d 的要求及抗拉锚固长度的要求，但没有规范、标准具体说明直锚需要最小多少。

笔者认为可以参考以下几个方面去理解这个问题：

①《建筑地基基础设计规范》GB 50007-2011 第 8.2.2 条关于柱和剪力墙纵向钢筋在基础中的锚固要求（这些构件一般都是压弯构件，当然也不排除受拉）。

当基础高度小于 l_a（l_{aE}）时，纵向受力筋的锚固总长度应满足规范相关要求外，其最小直锚段的长度不应小于 20d，弯折段的长度不应小于 150mm。

② 钢筋混凝土构造手册（第五版）对于吊环的要求（受拉构件）。如图 2-5-46 所示。

③《G101 系列图集常见问题答疑图解》17G101-11 对桩纵筋在基础里的锚固要求。如图 2-5-47 所示。

6）结语及建议。

基于以上规范、标准、图集及笔者上述分析，建议如下：

① 首先区分受压桩与抗拔（抗浮）桩（含锚杆）；

② 对于受压桩满足 35d 即可，是否需要直锚 20d，笔者认为可以不需要。参考图 2-5-44 右侧图即可。

③ 对于抗拔（抗浮）桩或抗浮锚杆，应该满足混凝土规范对受拉钢筋锚固长度 l_a（l_{aE}），且不应小于 35d，另外直锚段应不小于 20d，水平段不小于 15d 的要求。参考

图如图 2-5-47 所示。

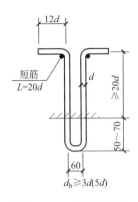

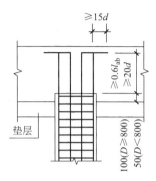

图 2-5-46　吊环的要求　　　　　图 2-5-47　桩纵筋在基础里的锚固要求

5.2.8 **桩身混凝土强度应满足桩的承载力设计要求。**

 延伸阅读与深度理解

（1）本条源自国家标准《建筑地基基础设计规范》GB 50007-2011 第 8.5.10 条（强制性条文）。

（2）为避免基桩在受力过程中发生桩身强度破坏，本条是对桩身混凝土强度设计要求，桩身混凝土强度是桩基体系正常发挥作用的前提和保证。

（3）鉴于桩身强度计算中并未考虑荷载偏心、弯矩作用、瞬时荷载的影响等因素，因此桩身强度设计必须留有一定裕度。

（4）特别提醒注意，轴心抗压桩正截面受压承载力计算涉及以下三方面因素：

1）纵向主筋的作用。轴向受压桩的承载力性状与上部结构柱相似，较柱的受力条件更为有利的是桩周受土的约束，由于侧阻力使桩的轴向荷载随深度递减，因此，桩身受压承载力由桩顶下一定区段控制。纵向主筋的配置，对于长摩擦桩和摩擦端承桩可随深度变截面或局部通长配置。纵向主筋的承压作用在一定条件下可计入桩身受压承载力。

2）箍筋的作用。箍筋不仅起到水平抗剪作用，更重要的是对混凝土侧向约束增强作用。图 2-5-48 所示是带箍筋和不带箍筋混凝土轴压应力-应变关系曲线。

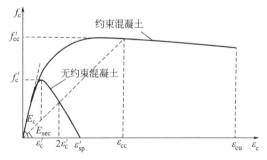

图 2-5-48　约束与无约束混凝土应力-应变关系

（引自 Manger et al，1984）

由图 2-5-48 可以看出，带箍筋的约束混凝土轴压强度较无约束混凝土提高 80％左右，且其应力-应变关系改善明显。

3）成桩工艺系数影响。桩身混凝土的受压承载力是桩受压承载力的主要部分，但其强度和截面变异受成桩工艺的影响。就其成桩环境、质量可控程度不同，规范给出不同的折减系数。

5.2.9　符合下列条件之一的桩基，当桩周土层产生的沉降超过基桩的沉降时，在计算基桩承载力时应计入桩侧负摩阻力：

1　桩穿越较厚松散填土、自重湿陷性黄土、欠固结土、液化土层进入相对较硬土层时；

2　桩周存在软弱土层，邻近桩侧地面承受局部较大的长期荷载，或地面大面积堆载（包括填土）时；

3　由于降低地下水位，使桩周土有效应力增大，并产生显著压缩沉降时。

延伸阅读与深度理解

（1）本条源自行业标准《建筑桩基技术规范》JGJ 94-2008 第 5.4.2 条（强制性条文）。

（2）当桩周土层的竖向位移大于桩的沉降时，桩侧土对桩产生向下的摩擦力，此摩擦力称为负摩阻力。桩周软土因自重欠固结、场地填土、地面大面积堆载、降低地下水位等原因而产生沉降大于桩的沉降时，应视具体工程情况考虑桩侧负摩阻力。如图 2-5-49 所示。

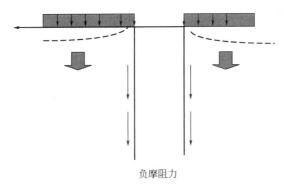

图 2-5-49　桩负摩阻力示意

（3）桩身中桩土位移相等的点，此处既没有正摩阻力，也没有负摩阻力，该点称为中性点。负摩阻力对于基桩而言是一种主动作用，等同于外荷载，对基桩的承载力和沉降都有影响，可使桩的承载力降低、沉降增大，影响桩基安全。

（4）读者注意，场地是否具有负摩阻力、负摩阻力大小均应由地勘单位提供。

（5）常用的几种削减负摩阻力的方法。

为了削减负摩阻力对桩基带来的不利影响，可有针对性地采取以下措施：

1）针对成桩采取的措施。

① 预制混凝土桩和钢桩。

对于预制钢筋混凝土桩和钢桩，一般采用涂层的办法减小负摩阻力，即对可能产生负摩阻力的桩身范围涂以软沥青涂层。涂层所用沥青要求软化点较低，一般为 50～650℃；在 250℃时的针入度为 40～70mm。施工时，将沥青加热至 150～1800℃，喷射或浇淋在桩表面上，喷浇厚度为 6～10mm。

② 灌注桩。

对穿过欠固结等土层支承于坚硬持力层上的灌注桩，可采用以下两种措施之一降低负摩阻力。

A. 采用植桩法成桩。当桩长很长时，下段桩采用常规法浇灌混凝土，上段沉降土层先以稠度较高的膨润土泥浆将孔中泥浆置换，然后插入比钻孔直径小 5%～10% 的预制混凝土桩段。当桩长较短时，成孔以高稠度膨润土泥浆置换原有泥浆，然后插入预制混凝土桩等。

B. 在干作业条件下，可采用双层筒形塑料薄膜预先置于钻孔沉降土层范围内，然后在其中浇灌混凝土，使塑料薄膜在桩身与孔壁间形成可以自由滑动的隔离层。

2）针对地基采取的措施。

① 对于填土场地，宜先回填后成桩，为保证填土的密实性，应根据填料及下卧层性质，对低水位场地分层填土分层碾压或分层强夯，压实系数不应小于 0.94。为加速下卧层固结，宜采取插塑料排水板等措施。

② 室内大面积堆载常用于各类仓库及炼钢、轧钢车间，由堆载引起上部结构开裂乃至破坏的事故不少。要防止堆载对桩基产生负摩阻力，对堆载地基进行加固处理是一种有效措施。也可对与堆载相邻的桩基采用刚性排桩进行隔离。

当建筑物的部分基础或同一基础中部分桩发生负摩阻力，将出现不均匀沉降，严重时可能导致上部结构损坏。对于端承桩，负摩阻力会导致桩身荷载增大，以致使桩身强度破坏，或桩端持力层破坏。图 2-5-50 所示为某工程车间大面积堆载引起柱子对倾乃至柱上肢破坏，吊车不能正常运行等。图 2-5-51 所示为局部填土下沉引起建筑物过大差异沉降导致承台破坏的又一工程案例。

图 2-5-50　厂房大面积堆载

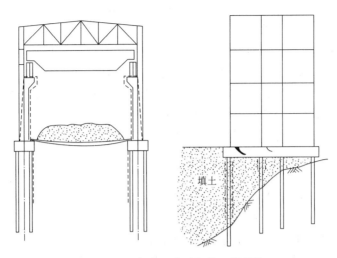

图 2-5-51　负摩阻力引起的工程事故

③ 对于自重湿陷性黄土，可采用强夯、挤密土桩等处理，消除土层的湿陷性。

建议措施：为了减小厂房地面堆载，对桩基产生的负摩阻力，建议可以采取以下措施：

软土地区的厂房、仓库，由于地面大面积堆载引起地面超量沉降，对建筑物桩基产生负摩阻力而引起柱基偏沉、差异沉降，导致上部结构开裂、吊车卡轨不能运行，乃至屋盖坍塌等工程事故时有发生。为预防该类事故的再发生，确保建筑安全和正常使用，宜本着治本为先、综合处理、统筹兼顾的原则进行合理设计。

A. 对于高压缩性软土、新填土（含吹填、开山填海）等应先大面积采用真空预压、强夯等方法进行加固，方可开始成桩、道路、地面等施工，以避免地基土超自重固结对桩身产生负摩阻力以及对管线等因地面沉陷而破坏。

B. 对室内地坪使用过程中由于大面积堆载引发的地坪沉降变形、对桩基产生的负摩阻力侧向挤压、差异沉降等，应进行计算评估，制定有针对性的处理方案，包括室内地坪地基的进一步加固、设置地面楼板、柱下桩基外围的屏障隔离等措施。

C. 对建筑物的沉降、上部结构的变形、裂缝等进行系统监测，做到及时发现问题及时处理，杜绝房屋倾覆倒塌等重大安全事故发生。

5.2.10　**桩基沉降变形计算值不应大于桩基沉降变形允许值。桩基沉降变形允许值应根据上部结构对桩基沉降变形的适应能力和使用上的要求确定。**

 延伸阅读与深度理解

（1）本条源自行业标准《建筑桩基技术规范》JGJ 94-2008 第 5.5.1 条（强制性条文）及国家标准《建筑地基基础设计规范》GB 50007-2011 第 5.3.1 条（强制性条文）。

（2）地基基础（桩基）沉降变形计算是地基基础（桩基）设计中的一个重要组成部分。当建筑物在荷载作用下产生过大的沉降或倾斜时，对于工业或民用建筑来说，都可能影响正常的生产或生活，危及人们的安全，影响人们的心理状态等。因此，必须对建筑物地基基础（桩基）沉降变形进行限定。

（3）桩基沉降变形可用下列指标控制：

1）沉降量。沉降量是指高耸结构、高层建筑、排架结构和独立承台基础的平均沉降量，通常取3点的平均值，高层建筑桩筏板基础至少取5点的平均沉降量。控制沉降量的目的在于保证使用安全，以及减小高层对相邻建筑的影响。高层建筑结构沉降量取平均值计算的理由是高层建筑具有足够的刚度及调整不均匀沉降的能力。由于沉降计算本身是按柔性结构模拟的，其计算结果是相对弯曲很大，但工程实测只有0.02%～0.05%，故采用平均值更符合实际。

2）沉降差。沉降差指相邻柱基的沉降差，一般为排架结构相邻柱基沉降差及框架结构相邻柱基沉降差。排架结构本身具有适应变形的能力，对无吊车厂房，柱间沉降差并不影响柱的安全，在这种情况下不需要计算柱间沉降差，但对于有吊车的厂房，柱间沉降差会引起吊车滑轨、卡轨等，影响正常使用，所以应控制其沉降差。一般根据工艺专业要求控制（一般纵向倾斜达0.3%时，就会影响正常运行）。钢筋混凝土框架具有一定的调节不均匀沉降的能力，但是一旦基础出现不均匀沉降，在上部框架必然产生附加应力。如果附加应力过大，将引起框架节点转动，并在离节点三分之一梁柱范围内引起开裂。当然，引起柱差异沉降原因主要是荷载差异过大。

3）整体倾斜。整体倾斜是用来控制高层结构正常使用的指标，当倾斜超过某一范围时，就会影响建筑正常使用功能。如高层住宅，倾斜超过0.4%，就影响人的居住环境；再如化工塔架，塔架中设有化工反应装置，其中主要为高压高温管道及罐体，工艺要求倾斜不超过0.1%，否则会造成产品质量不合格。高耸结构越高，对整体倾斜要求越严，其原因在于其给人一种危险感觉。所以，规范规定倾斜要求限值由使用角度考虑，不存在能否倒塌的问题。

整体倾斜通常取倾斜方向两端点的沉降差与其距离的比值，也可取建筑顶点偏斜量与高度的比值。

引起倾斜的主要因素如下：地基主要受力层范围内，土质有明显的不均匀性，包括有暗塘、堤埂、土层坡度变化大等；偏心荷载较大；两高耸结构距离过近，引起地基内部分土中附加应力叠加；建筑物附加有大面积堆载，以致建筑物向堆载一侧倾斜。

4）局部倾斜。墙下条基承台沿纵向某一长度范围内桩基础两点的沉降差与其距离的比值；对于砌体结构一般采用局部沉降控制。

（4）沉降计算建议。

规范推荐的方法是沉降计算的基本方法，能满足手算的要求。但在实际计算中，建议采用上部结构与地基基础共同作用的软件。原因是目前软件基本都能考虑上部结构与地基基础共同作用和上部结构刚度对变形的影响，能相对准确地计算差异沉降，而手算不能考虑上部结构刚度的影响。但采用计算软件前应掌握规范方法的基本概念、边界条件假定对计算结果的影响，也需要熟悉软件设计边界条件及参数合理设置等，结合地方经验，正确利用计算结果。

（5）特别提醒注意，对于大直径端承桩还需要考虑桩身压缩变形的影响。

与一般小直径桩不同，大直径桩由于桩侧摩阻力较小，桩身轴力沿桩长分布基本相同，且一般大直径桩多为扩底桩，桩身直径 d 相对较小，因此，其桩身变形在计算总沉降时应予以考虑，根据轴向压缩杆件的计算方法可得桩身压缩量 S_z 按下式计算：

$$S_z = N_x L / E_c A_p = 1.27 N_x L / E_c d^2$$

式中　N——作用于桩顶的总荷载标准值（N）；

　　　L——桩的有效长度（mm，有效长度是指不含扩大头部分）；

　　　E_c——桩身材料弹性模量（N/mm²）；

　　　d——桩直径（mm）。

5.2.11　灌注桩的桩身混凝土强度等级不应低于 C25；桩的纵向受力钢筋的混凝土保护层厚度不应小于 50mm，腐蚀环境中桩的纵向受力钢筋的混凝土保护层厚度不应小于 55mm。

 延伸阅读与深度理解

（1）灌注桩桩身混凝土的最低强度等级为 C25，主要是根据建筑结构设计工作年限和桩基所处环境类别确定的。

（2）建筑结构设计工作年限为 50 年，环境类别为二 a 时，混凝土最低强度等级为 C25；环境类别为二 b 时，混凝土最低强度等级为 C30。

（3）其他环境类别的混凝土强度等级及保护层厚度可参考《工业建筑防腐蚀设计标准》GB/T 50046-2018。

5.2.12　预制桩的桩身混凝土强度等级不应低于 C30；预制桩的纵向受力钢筋混凝土保护层厚度不应小于 45mm；预应力混凝土桩的钢筋混凝土保护层厚度不应小于 35mm，地基处理和临时性建筑用预应力混凝土桩的钢筋保护层厚度不应小于 25mm。

 延伸阅读与深度理解

（1）预制桩桩身混凝土的最低强度等级为 C30，除了是根据建筑结构设计工作年限和桩基所处环境类别确定外，尚考虑了运输、吊装和沉桩作用的影响。

（2）对于有腐蚀环境类别的混凝土强度等级及保护层厚度可参考《工业建筑防腐蚀设计标准》GB/T 50046-2018。

5.2.13　钢桩焊接接头应采用等强度连接。

 延伸阅读与深度理解

钢桩的焊接接头是钢桩的主要连接方式，钢桩接头的连接强度直接影响到钢桩承载力，钢桩接头的连接强度不足势必降低钢桩承载力，影响建筑结构的质量安全。

5.3 特殊性岩土的桩基设计

5.3.1 自重湿陷性黄土场地的桩基，桩端应穿透湿陷性黄土层或采取消除土层湿陷性对桩基影响的处理措施。

 延伸阅读与深度理解

（1）在湿陷性黄土场地采用桩基础，桩周黄土在浸水后会发生软化导致桩侧阻力减小，在自重湿陷性黄土场地，试验和工程实践均表明产生负摩阻力的概率很高。

（2）由于桩侧阻力由正转负，浸水后桩会产生较大沉降。桩侧阻力的损失只能通过桩端阻力储备弥补，如果桩端黄土仍具湿陷性，浸水后强度也同样产生大幅降低，弥补不了侧阻力损失，桩的变形就无法控制。

（3）研究资料表明，桩端持力层的性质明显影响着桩基浸水后产生的附加沉降，桩端持力层的压缩性越低，浸水附加沉降越小，因而在自重湿陷性黄土场地桩端持力层不能具有湿陷性。在自重湿陷性黄土场地，采取措施消除黄土湿陷性，使之成为"一般土"，避免桩侧湿陷性土产生负摩阻力的问题，也是应对黄土湿陷性的一个很好的方法，工程实践中已有大量应用案例，并取得了很好的效果。

（4）甲类、乙类建筑物，其工程重要性或浸水可能性较高，应按较不利的浸水条件进行设计，桩端必须穿透湿陷性黄土层。

（5）（4）中的甲类、乙类建筑物具体划分见《湿陷性黄土地区建筑标准》GB 50025-2018 第 3.0.1 条中表 3.0.1。

表 3.0.1　建筑物分类

建筑物类别	划分标准
甲类	高度大于 60m 和 14 层及 14 层以上体形复杂的建筑 高度大于 50m 且地基受水浸湿可能性大或较大的构筑物 高度大于 100m 的高耸结构 特别重要的建筑 地基受水浸湿可能性大的重要建筑 对不均匀沉降有严格限制的建筑
乙类	高度为 24m～60m 建筑 高度为 30m～50m 且地基受水浸湿可能性大或较大的构筑物 高度为 50m～100m 的高耸结构 地基受水浸湿可能性较大的重要建筑 地基受水浸湿可能性大的一般建筑
丙类	除甲类、乙类、丁类以外的一般建筑和构筑物
丁类	长高比不大于 2.5 且总高度不大于 5m,地基受水浸湿可能性小的单层辅助建筑,次要建筑

5.3.2 **饱和软土地基中采用挤土桩或部分挤土桩时，应采取减少挤土效应的处理措施。**

 延伸阅读与深度理解

（1）挤土沉桩在软土地区造成的事故不少，主要原因：

一是预制桩的接头被拉断、桩体侧移和上涌，沉管灌注桩发生断桩、缩颈；

二是邻近建（构）筑物、道路和管线受破坏。

（2）挤土桩的挤土效应。饱和软土中的挤土桩，沉桩过程中桩侧土受到挤压、扰动、重塑，产生超孔隙水压力。对于群桩而言，其挤土效应是各单桩的累积，因而导致中小桩距的群桩沉桩达到一定数量后，常出现土体隆起和侧移，基桩连同土体上涌，对于预制桩可能导致接头被拉断，甚至造成二节桩之间出现数十厘米的间隙；对于灌注桩则可能导致缩径、断桩等质量事故。因此，《建筑桩基技术规范》JGJ 94-2008 关于挤土桩的设计施工有一系列严格的质量控制措施，包括限制最小桩距和沉桩间隔时间、降低超孔压等诸多措施。但这只能起到弱化挤土效应的作用，并不能改变沉桩挤土和消除挤土效应对基桩竖向承载力的影响。

（3）沉管挤土灌注桩无需排土排浆，造价低，20 世纪 80 年代曾风行于南方各地，由于设计、施工对这类桩挤土效应认识不足，造成的工程事故较多，因此 21 世纪以来趋于淘汰。

【工程案例 13】如某 28 层高层建筑，框架剪力墙结构体系，梁板式桩筏基础。场地自上而下为：饱和粉质黏土、粉土、黏土；采用 $d500$，$l=22m$ 沉管灌注桩，梁板式承台梁，桩间距 3.6d，均匀满堂布桩，成桩过程出现了明显地面隆起和桩上浮；建至 12 层发现底板开裂，建成后梁板式筏形承台的主次梁及部分与核心筒相连的框架梁开裂。最后只能采取加固措施，将梁板式筏形承台主次梁两侧加焊钢板，梁与梁间充填混凝土变为平板式筏形承台。

（4）设计时要因地制宜选择桩型和工艺，尽量避免采用沉管灌注桩。

（5）对于预制桩和钢桩的沉桩，应采取减小孔压和减轻挤土效应的措施，包括施打塑料排水板、应力释放孔、引孔沉桩、控制沉桩速率等。

（6）非挤土桩、部分挤土桩、挤土桩划分。

1）非挤土桩：干作业法钻（挖）孔灌注桩、泥浆护壁法钻（挖）孔灌注桩、套管护壁法钻（挖）孔灌注桩。

2）部分挤土桩：长螺旋压灌灌注桩、冲孔灌注桩、钻孔挤扩灌注桩、搅拌劲芯桩、预钻孔打入（静压）预制桩、打入（静压）式敞口钢管桩、敞口预应力混凝土空心桩和 H 型钢桩。

3）挤土桩：沉管灌注桩、沉管夯（挤）扩灌注桩、打入（静压）预制桩、闭口预应力混凝土空心桩和闭口钢管桩。

5.3.3 膨胀土地基中的桩基，桩端应进入大气影响急剧层深度以下或非膨胀土层中。

 延伸阅读与深度理解

（1）桩在膨胀土中的工作性状相当复杂，上部土层因水分变化而产生的胀缩变形对桩有不同的效应。

（2）桩的承载力与土性、桩长、土中水分变化幅度和桩顶作用的荷载大小关系密切。土体膨胀时，因含水量增加和密度减小导致桩侧阻和端阻降低；土体收缩时，可能导致该部分土体产生大量裂缝，甚至与桩体脱离而丧失桩侧阻力。因此，在桩基设计时应考虑桩周土的胀缩变形对其承载力与稳定性的不利影响。

（3）读者可参考《膨胀土地区建筑技术规范》GB 50112-2013 相关内容。

5.3.4 季节性冻土地基中的桩基，应进行桩基冻胀稳定性与桩身抗拔承载力验算。桩端进入冻深线的深度，应满足抗拔稳定性验算要求。

 延伸阅读与深度理解

（1）对于季节性冻土地区桩基冻胀和膨胀对于基桩抗拔稳定性的影响问题，避免冻胀或膨胀力作用下产生上拔变形，乃至因累积上拔变形而引起建筑物开裂，桩端应进入冻深线或膨胀土的大气影响急剧层以下一定深度。

（2）读者可参考《冻土地区建筑地基基础设计规范》JGJ 118-2011 相关内容。

5.4 施工及验收

5.4.1 桩基工程施工应符合下列规定：

1 桩基施工前，应编制桩基工程施工组织设计或桩基工程施工方案，其内容应包括：桩基施工技术参数、桩基施工工艺流程、桩基施工方法、桩基施工安全技术措施、应急预案、工程监测要求等；

2 桩基施工前应进行工艺性试验确定施工技术参数；

3 混凝土预制桩和钢桩的起吊、运输和堆放应符合设计要求，严禁拖拉取桩；

4 锚杆静压桩利用锚固在基础底板或承台上的锚杆提供压桩力时，应对基础底板或承台的承载力进行验算；

5 在湿陷性黄土场地、膨胀土场地进行灌注桩施工时，应采取防止地表水、场地雨水渗入桩孔内的措施；

6 在季节性冻土地区进行桩基施工时，应采取防止或减小桩身与冻土之间产生切向冻胀力的防护措施。

延伸阅读与深度理解

（1）桩基施工时均需要在现场进行试验或试验性的施工，以确定各项施工技术参数。

（2）由于拖拉取桩的便捷性，有些施工人员在实际操作时有拖拉取桩的现象发生。这样不仅会造成桩体质量受损，同时可能会引起桩架的倾覆，带来一定的工程安全隐患。这是关于施工现场取桩的规定。拖桩会引起桩架倾覆和桩身质量破坏，所以规定严禁拖拉取桩。

（3）本条第 2 款源自国家标准《建筑地基基础工程施工规范》GB 51004-2015 中第 5.5.8 条（强制性条文）。

（4）锚杆静压桩是锚杆和静力压桩结合形成的一种桩基施工工艺，它通过在基础中埋设锚杆固定压桩架，以建筑物所能发挥的自重荷载为桩反力，用千斤顶将桩段从基础中预留或开凿的压桩孔内逐段压入土中，然后将桩与基础连接在一起，从而达到提高地基承载力和控制沉降的目的。

（5）锚杆可采用垂直土锚或临时锚在混凝土底板、承台中的地锚。施工期间的压桩力超过建（构）筑物的抵抗能力，会对建（构）筑物结构产生不利影响，在施工期间应严格控制压桩力，不得超过设计允许值。

（6）本条第 3 款源自国家标准《建筑地基基础工程施工规范》GB 51004-2015 中第 5.11.4 条（强制性条文）。

（7）在湿陷性黄土场地、膨胀土场地遇水时会产生较为不利的影响，进行灌注桩施工时，应采取措施防止雨水、泥浆水进入桩孔内，造成塌孔等不利影响。

（8）在冻胀土地区，可以采取将基础深埋于季节影响层以下的永冻土或不冻胀土层上或基础梁下填以炉渣等松散材料等措施，减少桩身与土体间的切向冻胀力。

5.4.2 下列桩基工程应在施工期间及使用期间进行沉降监测，直至沉降达到稳定标准为止：

1 对桩基沉降有控制要求的桩基；

2 非嵌岩桩和非深厚坚硬持力层的桩基；

3 结构体形复杂、荷载分布不均匀或桩端平面下存在软弱土层的桩基；

4 施工过程中可能引起地面沉降、隆起、位移、周边建（构）筑物和地下管线变形、地下水位变化及土体位移的桩基。

 延伸阅读与深度理解

（1）当周边环境保护要求严格时，对于会产生挤土效应的桩基施工，应重视施工过程中对周边环境和工程安全稳定造成的影响。

（2）土体隆起、邻近桩基的偏位会造成地基土和桩基承载力降低，孔隙水压力增长是引起土体位移的主要原因。

（3）挤土效应明显的桩基施工时，对土体隆起位移、邻近桩基位移、孔隙水压力及周边环境变形等项目的监测尤为重要。

（4）建筑沉降稳定的判断标准：《建筑变形测量规范》JGJ 8-2016 规定：当最后 100d 沉降小于 $0.01\sim0.04$mm/d 时，可以认为沉降已达稳定状态。

5.4.3　桩基工程施工验收检验，应符合下列规定：

1　施工完成后的工程桩应进行竖向承载力检验，承受水平力较大的桩应进行水平承载力检验，抗拔桩应进行抗拔承载力检验；

2　灌注桩应对孔深、桩径、桩位偏差、桩身完整性进行检验，嵌岩桩应对桩端的岩性进行检验，灌注桩混凝土强度检验的试件应在施工现场随机留取；

3　混凝土预制桩应对桩位偏差、桩身完整性进行检验；

4　钢桩应对桩位偏差、断面尺寸、桩长和矢高进行检验；

5　人工挖孔桩终孔时，应进行桩端持力层检验；

6　单柱单桩的大直径嵌岩桩，应视岩性检验孔底下 3 倍桩身直径或 5m 深度范围内有无溶洞、破碎带或软弱夹层等不良地质条件。

 延伸阅读与深度理解

（1）工程桩竖向承载桩的承载力对上部结构的安全稳定具有至关重要的意义。

（2）承载力检验不仅检验施工的质量，而且也能检验设计是否达到工程的要求。

（3）人工挖孔桩应逐孔进行终孔验收，终孔验收的重点是持力层的岩土特征。

（4）对单柱单桩的大直径嵌岩桩，承载能力主要取决于嵌岩段岩性特征和下卧层的持力性状，终孔时，应采用超前钻逐孔对孔底下 $3d$ 或 5m 深度范围内持力层进行检验，查明是否存在溶洞、破碎带和软夹层等，并提供岩芯抗压强度试验报告。终孔验收如发现与勘察报告及设计文件不一致，应由设计人提出处理意见。

（5）本条第 5、6 款源自国家标准《建筑地基基础设计规范》GB 50007-2011 中第 10.2.13 条（强制性条文）。

（6）混凝土桩的桩身完整性检测的抽检数量应符合下列规定：

1）柱下 3 桩或 3 桩以下的承台抽检桩数不得少于 1 根。

2）设计等级为甲级，或地质条件复杂、成桩质量可靠性较低的灌注桩，抽检数量不应少于总桩数的 30%，且不得少于 20 根；其他桩基工程的抽检数量不应少于总桩数的 20%，且不得少于 10 根。

说明：对端承型大直径灌注桩，应在上述两款规定的抽检桩数范围内，选用钻芯法或声波透射法对部分受检桩进行桩身完整性检测。抽检数量不应少于总桩数的 10%。

地下水位以上且终孔后桩端持力层已通过核验的人工挖孔桩，以及单节混凝土预制桩，抽检数量可适当减少，但不应少于总桩数的 10%，且不应少于 10 根。

（7）对于端承型大直径灌注桩，什么情况下可采用钻芯法检测，抽检数量怎么确定？

对于端承型大直径灌注桩，当受设备或现场条件限制无法检测单桩竖向抗压承载力时，可采用钻芯法测定桩底沉渣厚度并钻取桩端持力层岩土芯样检验桩端持力层。抽检数量不应少于总桩数的 10%，且不应少于 10 根。

（8）什么情况时应进行验证与扩大检测，验证与扩大检测的方法有哪些？

1）低应变检测时，对于嵌岩桩，桩底时域反射信号为单一反射波而且与锤击信号同向时；实测信号复杂，无规律，无法对其进行准确评价；桩身截面渐变或多变，而且变化幅度较大的混凝土灌注桩可采用静载法或钻芯法验证。

2）高应变检测时，桩身存在缺陷，无法判定桩的竖向承载力；或桩身缺陷对水平承载力有影响；单击贯入度大，桩底同向反射强烈且反射峰较宽，侧阻力波、端阻力波反射弱，即波形表现出竖向承载性状明显与勘察报告中的地质条件不符合时，可采用静载法进一步验证。

3）嵌岩桩桩底同向反射强烈，且在时间 $2L/C$（参见《建筑基桩检测技术规范》JGJ 106-2014 图 9.4.3）后无明显端阻力反射，可采用钻芯法核验。

4）桩身浅部缺陷可采用开挖验证。

5）桩身或接头存在裂隙的预制桩可采用高应变法验证。

6）单孔钻芯检测发现桩身混凝土质量问题时，宜在同一基桩增加钻孔验证。

7）对低应变法检测中不能明确完整性类别的桩或Ⅲ类桩，可根据实际情况采用静载法、钻芯法、高应变法、开挖等适宜的方法验证检测。

8）当单桩承载力或钻芯法抽检结果不满足设计要求时，应分析原因，并经确认后扩大抽检。

9）当采用低应变法、高应变法和声波透射法抽检桩身完整性所发现的Ⅲ、Ⅳ类桩之和大于抽检桩数的 20%时，宜采用原检测方法（声波透射法可改用钻芯法），在未检桩中继续扩大抽检。

（9）桩身完整性类别分类原则是什么，哪类桩应进行工程处理？

桩身完整性类别分类原则：

Ⅰ类桩桩身完整；

Ⅱ类桩桩身有轻微缺陷，不会影响桩身结构承载力的正常发挥；

Ⅲ类桩桩身有明显缺陷，对桩身结构承载力有影响；

Ⅳ类桩桩身存在严重缺陷；

Ⅴ类桩应进行工程处理。

（10）基桩检测报告应包含哪些内容？

基桩检测报告应包含以下内容：

1）委托方名称，工程名称、地点，建设、勘察、设计、监理和施工单位，基础、结构形式，层数，设计要求，检测目的，检测依据，检测数量，检测日期；

2）地质条件描述；

3）受检桩的桩号、桩位和相关施工记录；

4）检测方法，检测仪器设备，检测过程叙述；

5）受检桩的检测数据，实测与计算分析曲线、表格和汇总结果；

6）与检测内容相应的检测结论。工程桩承载力检测结果的评价，应给出每根受检桩的承载力检测值，并据此给出单位工程同一条件下的单桩承载力特征值是否满足设计要求的结论。

（11）单桩竖向抗压静载试验试桩现场检测对试桩的要求有哪些?

1）试桩的成桩工艺和质量控制标准应与工程桩一致。

2）桩顶部宜高出试坑底面，试坑底面宜与桩承台底标高一致。

3）对作为锚桩用的灌注桩和有接头的混凝土预制桩，检测前宜对其桩身完整性进行检测。

（12）单桩竖向抗压极限承载力、统计值及特征值的确定应符合下列规定：

1）参加统计的试桩结果，当满足其极差不超过平均值的30%时，取其平均值为单桩竖向抗压极限承载力。

2）当极差超过平均值的30%时，应分析极差过大的原因，结合工程具体情况综合确定，必要时可增加试桩数量。

3）对桩数为3根或3根以下的柱下承台，或工程桩抽检数量少于3根时，应取低值。

例如：一组5根桩的试验，极限承载力见表2-5-18。

试验桩极限承载力   表 2-5-18

试桩编号	1 号	2 号	3 号	4 号	5 号	平均值
极限承载力	800kN	900kN	1000kN	1100kN	1200kN	1000kN

单桩承载力最低的1号（800kN）与最高的5号（1200kN）差值为400kN，超过平均值30%，则此时，不能简单地把最低值1号（800kN）去掉用剩余4个试桩取平均值，或将最小值和最大值去掉取中间剩余3个值的平均值，应首先查明是否出现桩的质量问题或场地条件变异情况。当查明低值承载力并非偶然原因造成时，例如施工方法本身施工质量可靠性低，但能够在今后施工中加以控制和改进，出于安全考虑，按本例可依次取消高值后，在满足极差不超过平均值的30%时，取平均值作为设计依据。

如：（800＋900＋1000）/3＝900kN

极差：（1000－800）/900＝22.2%

注意：如果本工程有3桩或3桩以下承台，或以后工程桩施工为挤密土群桩，或工程桩抽检时，出于安全考虑，本工程可以取800kN作为极限承载力设计依据。

第6章　基础

6.1　一般规定

6.1.1　基础的埋置深度应满足地基承载力、变形和稳定性要求。位于岩石地基上的工程结构，其基础埋深应满足抗滑稳定性要求。

 延伸阅读与深度理解

（1）本条源自国家标准《建筑地基基础设计规范》GB 50007-2011 第5.1.3条（强制性条文）。

（2）基础的埋置深度，与地基承载力、变形和稳定性计算结果密切相关。

（3）高层建筑的抗倾覆、抗滑移和整体稳定性出现问题，可能导致严重后果，必须严格执行。

（4）位于岩石地基上的高层建筑往往由于埋深较浅，应重点关注其稳定受抗滑稳定性控制。

（5）一般除岩石地基外，基础埋深不应小于0.5m，且需要考虑土冻胀和融陷等影响。

6.1.2　混凝土基础应进行受冲切承载力、受剪切承载力、受弯承载力和局部受压承载力计算。

 延伸阅读与深度理解

（1）基础主要是起到将上部结构的荷载传到地基和桩基的作用，通过它上部结构与地基基础相互作用，基础的沉降会影响上部结构的内力与变形。

（2）基础与上部结构梁、板一样要进行内力、配筋计算，同时还必须进行受冲切承载力、受剪切承载力、受弯承载力和局部受压承载力计算。

6.1.3　受地下水浮力作用的建筑与市政工程应满足抗浮稳定性要求。抗浮结构及构件、抗浮设施的设计工作年限不应低于工程结构的设计工作年限。

 延伸阅读与深度理解

（1）建筑物抗浮稳定是控制建筑结构安全的重要因素之一，即使结构具有一定的安全性，但抗浮稳定性偏低，依然不能确保建筑工程在其全生命周期内的整体使用安全。

（2）建筑物基础存在浮力作用时，必须进行建筑物抗浮稳定性验算，以保证建筑结构的安全。

（3）地下结构底板底面上的浮力应取下列地下水状态计算水压力的组合值：

1）抗浮设防水位高程与地下结构底板底面高程水位差产生的静水压力（图 2-6-1a）；

2）承压水压力扣减承压水层顶面与地下结构底板间隔水层浮重度自重差压力（图 2-6-1b）；

3）稳态渗流在渗流反方向上地下结构对应外墙之间水位差形成的静压力（图 2-6-1c）。

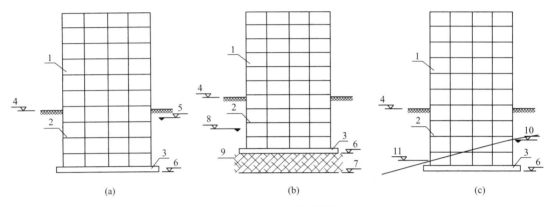

图 2-6-1　浮力组成计算示意

1—建筑结构；2—地下结构；3—地下结构底板；4—室外地坪；5—抗浮设防水位；6—地下结构板底标高；

7—地下结构底板下隔水层顶板标高；8—承压水水头标高；9—隔水层；10—渗流低水位；11—渗流高水位

（4）这里的抗浮稳定验算主要是针对建筑整体抗浮而言，实际工程中经常会遇到整体抗浮满足，但局部抗浮不满足，此时也应进行局部抗浮设计。

（5）抗浮治理方案宜根据抗浮稳定状态、抗浮设计等级和抗浮概念设计并结合治理要求、对周边环境的影响、施工条件等因素进行技术经济比较后确定。初步设计时可采用表 2-6-1 中抗浮措施及其组合的治理方案。

抗浮治理措施及其适用性　　　　　　　　　　　　　　　　表 2-6-1

功能	类型	方式方法	适用条件
控制、减小地下水浮力作用效应	排水限压法	设置集排水井和抽水井、盲沟、排泄沟、水压释放层等降低水位	具有自排水条件或允许设置永久性降排水设施且配置自动控制降排系统的工程；可与隔水控压法联合使用；需要长期运行控制和维护管理
	泄水降压法	设置压力控制系统降低水压力	地下结构底板埋置在弱透水地基土中且可在其下方设置能使压力水通过透水及导水系统汇集到集水系统的工程；可与排水限压法与隔水控压法联合使用；需要长期运行控制和维护管理
	隔水控压法	设置隔离系统，控制水头差对基础底板产生的浮力作用	弱透水地层或水头差不大且易于设置隔水帷幕或设置具有隔水功能围护结构的工程；可与排水限压法联合使用；需要长期运行控制和维护管理

续表

功能	类型	方式方法	适用条件
抵抗地下水浮力作用效应	压重抗浮法	增加基础底板及结构荷载;增加顶部或挑出结构填筑荷载;设置重型混凝土等压重、填充材料	抗浮力与浮力相差较小的工程;可能影响设计空间和使用功能
	结构抗浮法	增加底板或结构刚度和抗拔承载力;利用基坑围护结构增加竖向抗力;连接荷载大结构形成整体抗浮结构	抗浮力分布较小区域地下结构底板刚度不均的工程,有效作用范围不大
	锚固抗浮法	抗浮锚杆、抗浮桩	结构受力合理,不影响建筑功能,后期维护简单

1）压重抗浮法

浮压重荷载包括地下结构底板自重及其上部压重、地下结构底板挑出外侧墙结构板自重及其上部覆土自重、地下结构上部覆土自重或顶部压重结构提供的抗拔承载力等（图2-6-2）。

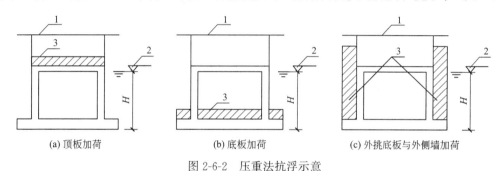

图 2-6-2　压重法抗浮示意

1—地表；2—抗浮水位；3—覆土压重或结构压重

2）释放水浮力法和截水帷幕法

① 释放水浮力法：是在基底下方设置静水压力释放层，使得基底的水压力通过释放层中的透水系统（过滤层、导水层等）汇集到集水系统（滤水管网络），并导流至出水系统后进入专用水箱或集水井中排出，从而释放部分水浮力。如图2-6-3所示。

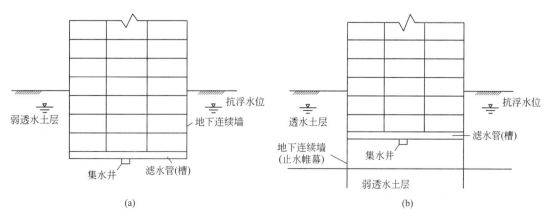

图 2-6-3　适合采用释放水浮力法的地层情况

笔者观点：释放水压力法，技术难度较大，且后期管理非常重要，建议除非必要一般不要采用。

② 截水帷幕法：当基础以下存在可靠的隔水层时，可以采用截水帷幕切断基础附近的地下水与区域地下水之间的水力联系，从而避免基底水压力随着区域水位面大幅回升，达到有效抗浮的目的（图 2-6-4）。

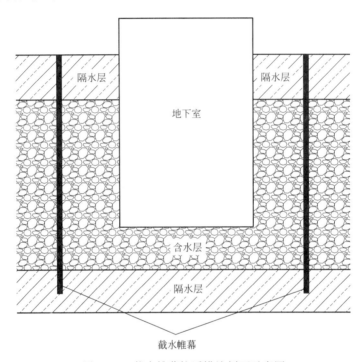

图 2-6-4　截水帷幕抗浮措施剖面示意图

笔者观点：此法存在工作年限内截水帷幕被破坏的风险。

以下仅举几个非传统抗浮工程案例，供读者参考。

【工程案例 1】利用结构构件抗浮法。

笔者 2012 年主持的某超限高层（50 层）的裙房地上 5 层，地下 3 层，抗浮水头高 13m，主楼与裙房整体抗浮满足设计抗浮要求。但由于主楼入口（裙房部分）大堂需要，地上楼层抽掉 6 根柱子，造成局部抗浮不满足设计要求，如图 2-6-5 所示。

原设计局部抗浮采用的是在筏板上局部铺设 800mm 厚的钢渣混凝土（重度要求 40kN/m³）。但遗憾的是，等裙房主体结构施工完成时，甲方才发现当地采购不到钢渣混凝土（当初我们咨询甲方，甲方说没有问题），需要由千里之外的地方采购。经过业主咨询，发现即使采购到了，价格也高得离谱。于是甲方提出，让设计院调整方案。经过讨论，如果依然采用传统抗浮（锚杆、抗浮桩等），势必影响建筑外防水，且施工难度也较大。笔者提出采用上部结构"抵抗法"，但由于上部结构也已经施工完成，上部结构也难以抵抗，于是笔者就大胆提出，在筏板上利用原 800mm 厚的空间做抗浮梁解决。如图 2-6-5 所示，通过 2 个软件仔细分析，决定采用井式梁抗浮。本工程已经投入使用多年，至今运行良好。

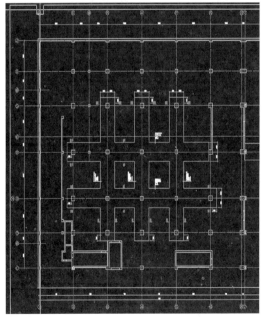

图 2-6-5　部分工程图片

【工程案例 2】截水帷幕法。

笔者 2013 年主持的北京某工程，工程总建筑面积约 30 万 m^2，建筑类型基本为多层花园洋房、联排别墅等，一层住户均有下沉独立小院，如图 2-6-6 所示。由地勘报告得知，本场地有 2 层地下水，但 2 层透水层之间夹有 1 层 3m 左右比较均匀的弱透水层。由于绿化要求，下沉小院不能做钢筋混凝土结构，这样就带来了抗浮问题，无法采用传统的配重、锚杆等抗浮思路。

为此，建议甲方召开抗浮专项论证会。是否可以利用这个隔水层，将小院四周墙基础深入这个隔水层 1m，如图 2-6-6 所示。

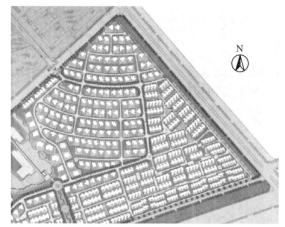

总平面布置图　　　　　　　　　　　　　　　　单体效果图

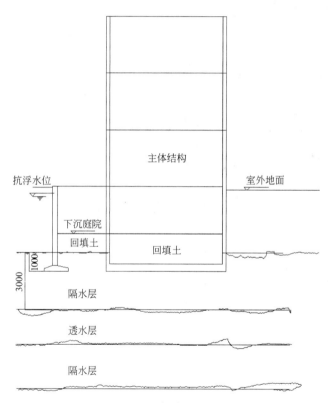

图 2-6-6　部分工程图片

专家论证会上，有专家提出可以在场地周围做止水帷幕；也有专家提出，可以在场地四周开挖排水渠等，但都由于可靠性及造价因素被甲方拒绝。经过专家反复讨论，认为建议方案基本可行。建议在下沉小院再做一个积水坑，以备用。

【工程案例 3】某工程场地南北高差 25m，场区南侧抗浮水头 20m，北侧抗浮水头为 0m，中间地带线性插值。南部和中部区域结构自重不足以抵抗水浮力，若采用抗拔桩抗浮费用较大。根据项目地面南高北低且北侧敞口（在地上），采用在地下室周围和地下室底板下设置盲沟，利用地势高差自流降水的方案，图 2-6-7 为降水盲沟大样。盲沟纵横间距控制在 30m 左右；在咽喉区最北端（地上与地下分界）设 1 道主排水暗沟，并接入 2 个 300m³ 地下水池，水池收集的地下水用来洗刷机车和绿化浇灌，做到了环保绿色节能。采取盲沟自流降水措施后，将抗浮水位标高控制在与地下室地面持平，底板自重就足以抵消水浮力作用，抗浮费用大大降低，盲沟降水设计相比用抗拔桩抗浮节省造价 2600 万元。

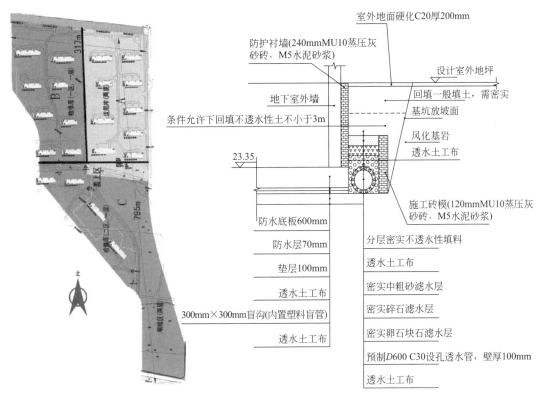

图 2-6-7　某工程采用的抗浮方案

（6）今后读者遇到抗浮设计可以参考《建筑工程抗浮技术标准》JGJ 476-2019 相关内容。但应用时请读者注意此规范对抗浮稳定验算提出了一些新的要求。

3.0.3　建筑工程抗浮稳定性应符合下式规定：

$$G/N_{w,k} \geqslant K_w \tag{3.0.3}$$

式中：G——建筑结构自重、附加物自重、抗浮结构及构件抗力设计值总和；

$N_{w,k}$——浮力设计值（kN）；

K_w——抗浮稳定安全系数，按表 3.0.3 确定。

表 3.0.3　建筑工程抗浮稳定安全系数

抗浮工程设计等级	施工期抗浮稳定安全系数 K_w	使用期抗浮稳定安全系数 K_w
甲级	1.05	1.10
乙级	1.00	1.05
丙级	0.95	1.00

读者注意：这里说的是"浮力设计值，抗力设计值"，显然与《建筑地基基础设计规范》GB 50007-2011 及《高层建筑筏形与箱形基础技术规范》JGJ 6-2011 是不一致的。但在《建筑工程抗浮技术标准》JGJ 476-2019 中：

3.0.9　抗浮结构及构件设计采用的作用效应组合与抗力限值应符合下列规定：

1　抗浮稳定性验算作用效应应按承载能力极限状态下作用的基本组合，其分项系数为 1.0。

这样看来似乎计算结果没有变化，但是笔者认为是概念出了问题。我们知道依据《建筑结构可靠性设计统一标准》GB 50068-2018 第 1.0.4 条，建筑结构设计宜采用以概率理论为基础、以分项系数表达的极限状态设计方法；当缺乏统计资料时，建筑结构设计可根据可靠的工程经验或必要的试验研究进行，也可采用容许应力或单一安全系数等经验方法进行。

也就是说，荷载分项系数对应的是概率理论法，以分项系数表达的极限状态设计法；而单一安全系数法针对的是容许应力法。

（7）目前，结构设计已经普遍采用概率极限状态，用分项系数表达。岩土工程设计由于固有的复杂性和研究不足性，至今仍主要采用容许应力法和单一安全系数法，于是产生了多种设计方法在同一工程中相互交叉使用的问题。例如基础设计，计算基础面积用容许应力法，确定基础配筋用概率极限状态法，两者的荷载取值和抗力取值各不相同。再如钢筋混凝土挡土墙设计，挡土墙的结构设计用概率极限状态法，抗滑和抗倾覆稳定性验算用单一安全系数法，地基承载力用容许应力法，荷载取值和抗力取值各不相同。有时，同一问题各规范采用了各不相同的处理方法，使设计人员觉得眼花缭乱，稍有不慎就可能犯原则性错误，危及工程安全。

（8）需要特别提醒读者的是，对于岩土问题如果用容许应力法和总安全系数法设计，计算岩土问题所取的荷载与计算基础结构问题所取的荷载是不同的。基础底面的反力有设计值与标准值之分。桩顶轴力也有设计值与标准值之分。计算基础面积是岩土问题，用的是传至基础底荷载的标准组合；计算基础配筋是结构问题，用的是荷载的基本组合。锚杆设计时，验算锚杆材料强度用锚杆拉力的设计值，验算锚杆与砂浆粘结强度也用锚杆拉力的设计值，而验算砂浆与岩土的粘结强度则用锚杆拉力的标准值，稍不注意就会出错。

（9）读者应特别注意抗浮锚杆与抗浮桩的检测数量要求不同。

构件检验部位宜均匀随机分布，检测数量和方式应符合下列规定：

1）抗浮锚杆检验数量不应少于锚杆总数的 5％且不少于 5 根；

2）抗浮桩检验数量不应少于桩总数的 1％且不少于 3 根。

6.1.4　基础用混凝土、钢筋及其锚固连接，基础构造等应满足其所处场地环境类别中的耐久性要求。工程抗浮结构及构件应满足其所处场地环境类别中的耐久性要求。

 延伸阅读与深度理解

（1）基础、抗浮结构及构件的耐久性是保证基础及上部结构在设计工作年限内，能够正常使用的必要条件。

（2）环境条件对耐久性具有重要影响，因此在基础设计阶段，应当对基础、抗浮结构及构件所处的环境条件进行评估并采取相应的措施。

6.2　扩展基础设计

6.2.1　扩展基础的计算应符合下列规定：

1　对柱下独立基础，当冲切破坏锥体落在基础底面以内时，应验算柱与基础交接处以及基础变阶处的受冲切承载力；

2　对基础底面短边尺寸小于或等于柱宽加两倍基础有效高度的柱下独立基础以及墙下条形基础，应验算柱（墙）与基础交接处的基础受剪切承载力；

3　基础底板的配筋，应按抗弯计算确定；

4　当基础混凝土强度等级小于柱或桩的混凝土强度等级时，应验算柱下基础或桩上承台的局部受压承载力。

 延伸阅读与深度理解

（1）本条源自国家标准《建筑地基基础设计规范》GB 50007-2011 第 8.2.7 条（强制性条文）。

（2）本条为扩展基础计算的基本要求。扩展基础的基础高度应满足受冲切承载力及受剪承载力验算要求；扩展基础底板的配筋应满足抗弯计算要求；当扩展基础的混凝土强度等级小于柱的混凝土强度等级时，柱下扩展基础顶面应满足局部受压承载力要求。

（3）请读者特别注意：本条第 2 款是：基础底面短边尺寸小于或等于柱宽加两倍基础有效高度时，验算柱与基础交接处的基础受剪承载力。笔者一直认为这条是有问题的。用以下实际工程案例说明。

【工程案例 4】笔者 2016 年顾问咨询的济南某 62 层 300m 的超高层工程，基础持力层为不可压缩的基岩层。主楼为框架核心筒结构，核心筒采用 3m 厚筏板，外框柱采用独立柱基础，原设计采用 3.5m×3.5m×3.0m（高），如图 2-6-8 所示。在笔者咨询过程中，发现这个独立基础高度是由于某程序计算结果抗剪需要而定的。依据笔者的概念判断，如果地基无压缩或差异沉降，刚性基础就无冲切及剪切问题。

但这个基础应该属于刚性基础范畴，不存在抗剪切问题。经过笔者深入分析，发现了问题所在。

假如按本条第 2 款：1.5+2×3=7.5m>3.5m（基础短边尺寸），就需要进行抗剪验算。如果我们将这个基础高改为 0.95m，则 1.5+2×0.95=3.4m，就不需要进行抗剪切验算了，这显然不尽合理。

下面，分析一下独立基础抗剪验算问题：

仅由规范条文字面意思可以看出，只要独立基础的短边尺寸小于柱宽加两倍基础有效高度，就应该进行柱与基础交接面的剪切验算，并没有提及独立基础长边的尺寸要求。那么，如果独立基础的长边尺寸也小于柱宽加两倍基础有效高度的时候，即当冲切锥体落在

图 2-6-8　本工程效果图及柱基剖面图

基础底面以外的时刻，是否还需要进行独立基础抗剪切验算？

图 2-6-9 为三种独立基础尺寸，第 1 种冲切破坏锥体（图中虚线部分）落在基础底面以内，按规范应进行独立基础抗冲切验算；第 2 种基础短边尺寸小于柱宽加两倍基础有效高度，而独立基础长边尺寸大于柱宽加两倍基础有效高度，按规范理解，应该同时进行独立基础抗冲切、抗剪切验算。至于第 3 种独立基础类型，长边与短边均小于柱宽加两倍基础有效高度，即冲切破坏锥体落在基础底面以外。

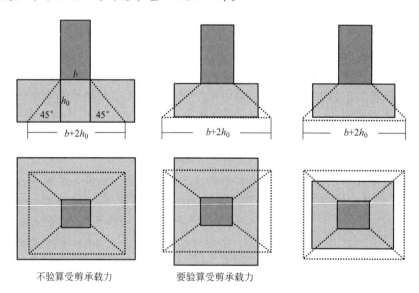

图 2-6-9　常见独立柱基几种形式

通过仔细阅读《建筑地基基础设计规范》GB 50007-2011 条文说明第 8.2.8、8.2.9 条相关内容：

为保证柱下独立基础双向受力状态，基础底面两个方向的边长一般都保持在相同或相近的范围内，试验结果和大量工程实践表明，当冲切破坏锥体落在基础底面以内时，此类基础的截面高度由受冲切承载力控制。本规范编制时所做的计算分析和比较也表明，符合本规范要求的双向受力独立基础，其剪切所需要的截面有效面积一般都能满足要求，无需进行受剪承载力验算。考虑到实际工程中柱下独立基础底面两个方向的边长比值有可能大于2，此时基础的受力状态接近于单向受力，柱与基础交接处不存在受冲切的问题，此时仅需要对独立基础进行抗剪切验算。

由规范条文的意思可以梳理出以下信息：

1）通常，独立基础设计时应该尽量保证长宽尺寸相等或者接近，这类基础当冲切破坏锥体落在基础底面积以内时（图中第1种类型），只需要进行抗冲切验算。

2）如果因为某些工程实际情况导致独立基础长宽比大于2，此时独立基础接近单向受力，仅需要进行抗剪切验算。

另外，广东省规范《建筑地基基础设计规范》DBJ 15-31-2016也明确，当独立基础长边与短边尺寸比大于2时，应进行柱与基础交接处的抗剪切验算。

但提醒各位朋友注意：2022年，住房和城乡建设部建筑地基基础标准化技术委员会秘书处针对收到的关于地基基础领域相关问题的来函，均已组织有关专家进行了交流回复。

【问题提出】《建筑地基基础设计规范》GB 50007-2011中第8.2.7条和8.2.9条规定："对基础底面短边尺寸小于或等于柱宽加两倍基础有效高度的柱下独基以及墙下条基，应验算柱（墙）与基础交接处的基础受剪切承载力。"对于岩石地基（尤其承载力超高的中风化微风化花岗岩），按地基规范验算柱（墙）边的基础受剪切承载力时往往导致需要的基础高度过大，建议增加对岩石地基的抗剪计算/验算规定。是否可参考广东省规范《建筑地基基础设计规范》DBJ 15-31-2016中第9.2.9条规定，抗剪计算/验算时可取距墙边或柱边$h_0/2$处？

【规范组答复】《建筑地基基础设计规范》GB 50007-2011编制组专家答复：

（一）对于岩石地基上的扩展基础，从基础稳定性和抗滑移方面考虑不应设计成剪切条件控制的形式（即$1 \leqslant b_c + 2h_0$），应考虑设计成底盘较大的扩展基础且由冲切条件控制的形式，或者设计为嵌入式基础，嵌岩深度应大于$2d$（d为柱基边长或直径）。

（二）不建议参考广东省规范《建筑地基基础设计规范》DBJ 15-31-2016中第9.2.9条规定，原因如下：

1. 按广东省规范《建筑地基基础设计规范》DBJ 15-31-2016中第9.2.9条规定，抗剪计算/验算时可取距墙边或柱边$h_0/2$处，此时针对相同的柱下荷载作用，计算得到的基础厚度h_0将减少，基础抗剪切承载力将减小。

2. 为研究柱下扩展基础的冲剪特征和计算方法，2013年在建筑安全与环境国家重点实验室进行一批验证性试验，详细研究了扩展基础的冲剪特性，得到了柱下扩展基础由剪切条件控制时的破坏特征和承载力（表2-6-2），可靠性指标均大于2.1，满足基础设计可靠指标β大于等于4.2的要求。

剪切承载力试验值与计算值对比 表 2-6-2

模型编号	基础平面尺寸 $B \times L$ (m)	方柱边长 b_c (m)	配筋率 (%)	h_0 (m)	V_{test} (kN)	$0.7f_tA_0$ (kN)	$\dfrac{V_{test}}{V'_s}$	备注
JC1	0.45×1.45	250	0.36	0.2	316.1	101.43	2.11	
JC2	0.65×1.45	250	0.36	0.2	459.0	146.51	2.12	
JC5	0.45×1.45	250	0.60	0.2	333.0	101.43	2.22	
JC6	0.65×1.45	250	0.60	0.2	499.9	146.51	2.30	
JC9	0.45×1.45	250	0.60	0.2	321.1	101.43	2.48	偏心
JC10	0.65×1.45	250	0.60	0.2	492.7	146.51	2.63	偏心

注：V'_s 按 GB 50007-2011 考虑空间破坏锥体计算。

根据上述验证性试验的结果，减少基础厚度 h_0，将使得设计的基础抗剪能力可靠指标 β 满足小于 4.2 的要求。

6.2.2 柱（墙）下桩基承台厚度应满足柱（墙）对承台的冲切和基桩对承台的冲切承载力要求。

 延伸阅读与深度理解

（1）本条源自行业标准《建筑桩基技术规程》JGJ 94-2008 第 5.9.6 条（强制性条文）。

（2）桩基承台的作用是将上部结构柱（墙）的荷载传递给桩，柱和桩以集中荷载的方式作用在承台上，对承台产生冲切，包括柱对承台的冲切、基桩对承台的冲切、群桩对箱形与筏形承台的冲切。

（3）承台冲切破坏是局部脆性破坏，以冲切破坏锥体发生错动变形的形式发生，为满足承台结构安全，承台抗冲切承载力必须大于或等于集中荷载产生的冲切力。

6.2.3 柱（墙）下桩基承台，应分别对柱（墙）边、变阶处和桩边连线形成的贯通承台的斜截面的受剪承载力进行验算。当承台悬挑边有多排基桩形成多个斜截面时，应对每个斜截面的受剪承载力进行验算。

 延伸阅读与深度理解

（1）本条源自国家标准《建筑地基基础设计规范》GB 50007-2011 第 8.5.20 条（强制性条文）和行业标准《建筑桩基技术规范》JGJ 94-2008 第 5.9.9 条（强制性条文）。

（2）本条为柱下桩基础独立承台的斜截面受剪计算要求。

（3）桩基承台的柱边、变阶处等部位剪力较大，应进行斜截面受剪承载力验算。

（4）由于剪切破坏面通常发生在柱边（墙边）与桩边连线形成的贯通承台的斜截面

处，因而受剪计算斜截面取在柱边处。如图 2-6-10 所示。

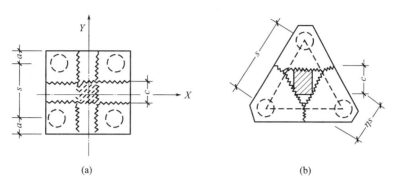

图 2-6-10　承台剪切破坏示意

（5）当柱（墙）承台悬挑边有多排桩时，应对多个斜截面的受剪承载力进行验算。

6.2.4　扩展基础的混凝土强度等级不应低于 C25，受力钢筋最小配筋率不应小于 0.15%。钢筋混凝土基础设置混凝土垫层时，其纵向受力钢筋的混凝土保护层厚度应从基础底面算起，且不应小于 40mm；当未设置混凝土垫层时，其纵向受力钢筋的混凝土保护层厚度不应小于 70mm。

 延伸阅读与深度理解

（1）扩展基础除应满足受弯、抗冲切和受剪承载力的要求外，为了保证其整体刚度、防渗能力和耐久性，本条对扩展基础的混凝土强度等级、纵向钢筋最小配筋率、纵向受力钢筋的混凝土保护层厚度等基础构造做出了基本规定。

（2）读者注意：对阶梯形或锥形基础截面，计算最小配筋率时，可将其截面折算成矩形截面，截面的折算宽度和截面的有效高度，按《建筑地基基础设计规范》GB 50007-2011 附录 U 计算。

【工程案例 5】2012 年笔者主持的北京某框架结构，就对独立基础最小配筋率问题进行过分析比较。如图 2-6-11 所示，以 2800mm×2800mm×600mm（高）的锥形阶梯形基础为例进行说明。

在 2010 年以前，由于规范没有明确独立柱基最小配筋率（但大家通常也按 0.15% 考虑）及如何计算独立基础最小配筋率问题，很多计算软件在计算独立基础最小配筋率时，通常都是按基础宽度与高度的乘积取。如果按原截面计算 $A_{smin} = 2800 \times 600 \times 0.15\% / 2.8 = 900\text{mm}^2/\text{m}$。

但如果按《建筑地基基础设计规范》GB 50007-2011 附录 U 给出的等效宽度计算，结果是：

（1）锥形基础等效截面宽 $b_{x,y} = 2250\text{mm}$，最小配筋率 $A_{smin} = 723\text{mm}^2/\text{m}$

（2）阶梯形基础等效截面宽 $b_{x,y} = 1950\text{mm}$，最小配筋率 $A_{smin} = 626\text{mm}^2/\text{m}$

结论：如果一个独立基础是最小配筋率控制配筋，则采用锥形基础可比原基础节约

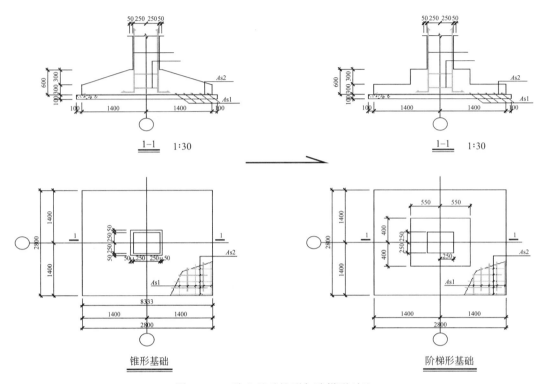

图 2-6-11　独立基础锥形与阶梯形对比

20%；阶梯形基础可节约 30%。

6.3　筏形基础设计

6.3.1　平板式筏基的板厚应满足受冲切承载力的要求。

延伸阅读与深度理解

（1）本条源自国家标准《建筑地基基础设计规范》GB 50007-2011 第 8.4.6 条（强制性条文）。

（2）由于冲切破坏属于脆性破坏，本条为平板式筏基设计必须满足的条件。

（3）平板式筏基的板厚通常由冲切控制，因此平板式筏基设计时板厚必须满足受冲切承载力的要求。

（4）由于使用功能上的要求，核心筒占有相当大的面积，因而距核心筒外表面 $h_0/2$ 处的冲切临界截面周长是很大的（图 2-6-12），在 h_0 保持不变的条件下，核心筒下筏板的受冲切承载力实际上是降低了，因此设计时应验算核心筒下筏板的受冲切承载力，局部提高核心筒下筏板的厚度。

我国工程实践和美国休斯敦壳体大厦基础钢筋应力实测结果表明，框架核心筒结构和框筒结构下筏板底部最大应力出现在核心筒边缘处，因此局部提高核心筒下筏板的厚度，也有利于核心筒边缘处筏板应力较大部位的配筋。

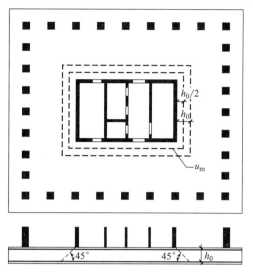

图 2-6-12　筏板受内筒冲切的临界截面位置

【工程案例 6】2014 年笔者主持的北京某商改住建筑，地上 20 层，高度 88.2m；地下 1 层，高度 5.4m；抗震设防烈度为 8 度（0.20g），第一组，Ⅲ类场地；依据受力需要，核心筒筏板厚度为 1800mm，其余部分厚度为 1600mm。如图 2-6-13 所示。

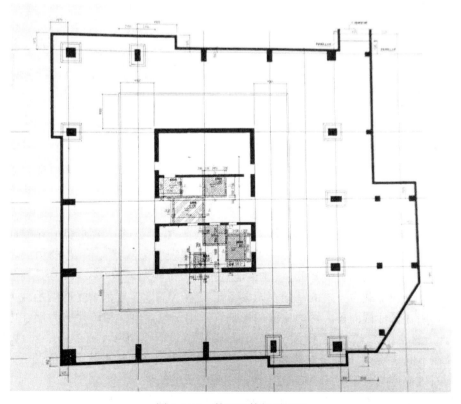

图 2-6-13　某工程筏板平面图

【朋友问题】筏板上剪力墙冲切问题，目前程序采用的是《建筑地基基础设计规范》GB 50007-2011 第 8.4.7 条的计算公式，如图 2-6-14 所示。

8.4.7 平板式筏基抗冲切验算应符合下列规定：

1 平板式筏基进行抗冲切验算时应考虑作用在冲切临界面重心上的不平衡弯矩产生的附加剪力。对基础的边柱和角柱进行冲切验算时，其冲切力应分别乘以 1.1 和 1.2 的增大系数。距柱边 $h_0/2$ 处冲切临界截面的最大剪应力 τ_{max} 应按式（8.4.7-1）、式（8.4.7-2）进行计算（图 8.4.7）。板的最小厚度不应小于 500mm。

$$\tau_{max} = \frac{F_l}{u_m h_0} + a_s \frac{M_{unb} c_{AB}}{I_s} \tag{8.4.7-1}$$

$$\tau_{max} \leqslant 0.7(0.4 + 1.2/\beta_s)\beta_{hp} f_t \tag{8.4.7-2}$$

$$a_s = 1 - \frac{1}{1 + \frac{2}{3}\sqrt{(c_1/c_2)}} \tag{8.4.7-3}$$

β_s ——柱截面长边与短边的比值，当 $\beta_s<2$ 时，β_s 取 2，当 $\beta_s>4$ 时，β_s 取 4；

β_{hp} ——受冲切承载力截面高度影响系数，当 $h\leqslant800mm$ 时，取 $\beta_{hp}=1.0$；当 $h\geqslant2000mm$ 时，取 $\beta_{hp}=0.9$，其间按线性内插法取值；

图 2-6-14 规范规定截图

但是这一条适用于筏板柱下冲切，因剪力墙长宽比大于 4，式（8.4.7-2）中 β_s 取值为 4，这就造成了式（8.4.7-2）中 $0.7\times(0.4+1.2/4)\times1.0\times f_t=0.49 f_t$，对于混凝土的抗拉强度折减太大了，个人感觉《建筑地基基础设计规范》第 8.4.7 条用于筏板强下冲切不合理，不知道我这样理解对吗？麻烦魏总解答一下，谢谢！

笔者答复：这位朋友有这样的质疑非常正常，原因是我们的规范并未对此作出说明和解释。

由于长宽比越大，长短边的受剪承载力空间作用越低，有点类似双向板受力，再加上冲切是脆性破坏，规范给出较大折减也是合适的。只是对于剪力墙特别是 T 形，L 形，十字形等抗冲切计算目前好像还没有合适的公式，我个人认为对于这些截面可能冲切临界截面周长合理确定更重要。

后来笔者查阅相关资料得到如下解释：关于 β_s 的问题。

国外试验表明，当柱截面的长边与短边的比值 β_s 大于 2 时，沿冲切临界截面长边的受剪承载力约为柱短边受剪承载力的一半或更低。这表明了随着比值 β_s 的增大，长边的受剪承载力的空间作用在逐渐降低。《建筑地基基础设计规范》式（8.4.7）是在我国现行混凝土结构受冲切承载力公式的基础上，参考了美国 ACT318 规范中受冲切承载力公式的有关规定，引进了柱截面长、短边比值的影响，适用于包括扁柱和单片剪力墙在内的平板筏板基础。图 2-6-15 给出了我国《建筑地基基础设计规范》GB 50007-2011 与美国 ACT318 在不同 β_s 条件下筏板有效高度比较表。由于我国受冲切承载力取值偏低，按其算得的筏板有效高度略大于美国 ACT318 规范相关公式的结果。

图中 1，筏板区格 9m×11m，荷载效应标准组合时地基土净反力 345.6kPa。

图中 2，筏板区格 7m×9.45m，荷载效应标准组合时地基土净反力 246.9kPa。

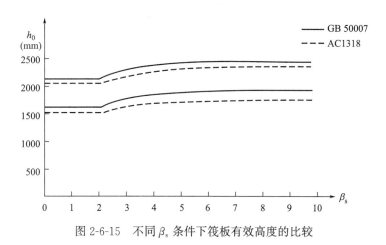

图 2-6-15 不同 β_s 条件下筏板有效高度的比较

6.3.2 平板式筏基应验算距内筒和柱边缘筏板的截面有效高度处截面的受剪承载力。当筏板变厚度时,尚应验算变厚度处筏板的受剪承载力。

 延伸阅读与深度理解

(1) 本条源自国家标准《建筑地基基础设计规范》GB 50007-2011 第 8.4.9 条(强制性条文)。

(2) 平板式筏基内筒、柱及角柱边缘处以及筏板变厚度处剪力较大,应进行受剪承载力验算,如图 2-6-16 所示。

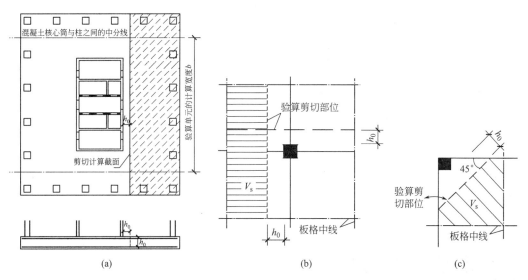

图 2-6-16 筏板验算剪切部位示意
(a)框架核心筒下筏板受剪切承载力计算截面位置;(b)内柱(筒)下筏板验算剪切部位示意;
(c)角柱下筏板验算冲切部位示意

6.3.3　梁板式筏基底板应计算正截面受弯承载力，其厚度尚应满足受冲切承载力、受剪切承载力的要求。

 延伸阅读与深度理解

（1）本条源自国家标准《建筑地基基础设计规范》GB 50007-2011 第 8.4.11 条（强制性条文）。

（2）本条为梁板式筏基底板和基础梁的计算要求。

（3）梁板式筏基底板设计应满足受弯、受剪、受冲切承载力要求；梁板式筏基基础梁和平板式筏基的顶面处与结构柱、剪力墙交接处承受较大的竖向力，设计时应进行局部受压承载力计算。

6.3.4　梁板式筏基基础梁和平板式筏基的顶面应满足底层柱下局部受压承载力的要求。对抗震设防烈度为 9 度的高层建筑，验算柱下基础梁、筏板局部受压承载力时，应计入竖向地震作用对柱轴力的影响。

 延伸阅读与深度理解

（1）本条源自国家标准《建筑地基基础设计规范》GB 50007-2011 第 8.4.18 条（强制性条文）。

（2）本条为梁板式筏基底板和基础梁的计算要求。

（3）梁板式筏基底板设计应满足受弯、受剪、受冲切承载力要求。

（4）梁板式筏基基础梁和平板式筏基的顶面处与结构柱、剪力墙交接处承受较大的竖向力，设计时应进行局部受压承载力计算。

（5）对抗震设防烈度为 9 度的高层建筑，验算柱下基础梁、筏板局部受压承载力时，应计入竖向地震作用对柱轴力的影响。

6.3.5　筏形基础、桩筏基础的混凝土强度等级不应低于 C30；筏形基础、桩筏基础底板上下贯通钢筋的配筋率不应小于 0.15%；筏形基础、桩筏基础设置混凝土垫层时，其纵向受力钢筋的混凝土保护层厚度应从筏板底面算起，且不应小于 40mm；当未设置混凝土垫层时，其纵向受力钢筋的混凝土保护层厚度不应小于 70mm。筏形基础、桩筏基础防水混凝土应满足抗渗要求。

 延伸阅读与深度理解

（1）本条源自行业标准《高层建筑筏形与箱形基础技术规范》JGJ 6-2011 第 6.1.7 条（强制性条文）。

（2）筏形基础、桩筏基础除应满足受弯、受冲切和受剪承载力的要求外，为了保证其整体刚度、防渗能力和耐久性，本条对筏形基础、桩筏基础的混凝土强度等级、纵向钢筋最小配筋率、纵向受力钢筋的混凝土保护层厚度等基础构造作出了基本规定。

6.4　施工及验收

6.4.1　基础工程施工应符合下列规定：

1　基础施工前，应编制基础工程施工组织设计或基础工程施工方案，其内容应包括：基础施工技术参数、基础施工工艺流程、基础施工方法、基础施工安全技术措施、应急预案、工程监测要求等；

2　基础模板及支架应具有足够的承载力和刚度，并应保证其整体稳固性；

3　钢筋安装应采用定位件固定钢筋的位置，且定位件应具有足够的承载力、刚度和稳定性；

4　筏形基础施工缝和后浇带应采取钢筋防锈或阻锈保护措施；

5　基础大体积混凝土施工应对混凝土进行温度控制。

 延伸阅读与深度理解

（1）强调基础施工应有施工组织设计或专项施工方案，目的是让施工单位对设计图纸的相关内容及工程实际边界条件有所熟悉，特别强调要有应急预案，如：近年施工过程中经常遇到地下结构上浮问题，其实都是施工应急预案不到位。

（2）基础模板及支架是施工过程中的临时结构，应根据结构形式、荷载大小等结合施工过程的安装、使用和拆除等主要工况进行设计，保证其安全可靠，具有足够的承载力和刚度，并保证其整体稳固性。

（3）筏形基础后浇带和施工缝处的钢筋应贯通，一般来说后浇带和施工缝处于结构受力的较小处，为了保证结构的受力在后浇带和施工缝处的钢筋需要贯通。

（4）后浇带和施工缝一般放置的时间较长，此处的钢筋容易产生锈蚀，所以对此处的钢筋提出了应采取防锈和阻锈的技术措施。

（5）规范这几条请读者特别注意，必须写在结构设计说明中。

（6）大体积混凝土是指构件宽度不小于1m的构件，对于大体积混凝土设计及施工要求可参见《大体积混凝土施工标准》GB 50496-2018 相关要求。

6.4.2　基础工程施工验收检验，应符合下列规定：

1　扩展基础应对轴线位置，钢筋、模板、混凝土强度进行检验；

2　筏形基础应对轴线位置，钢筋、模板与支架、后浇带和施工缝、混凝土强度进行检验；

3　扩展基础、筏形基础的混凝土强度检验的试件应在施工现场随机留取。

 延伸阅读与深度理解

（1）对不同的基础形式提出了具体检验要求。

（2）混凝土强度应进行 28d 试块强度检验，检验报告应合格。

（3）混凝土试件的留取应在施工现场随机留取。

（4）检测单位应根据混凝土浇筑的体积，结合相关的技术规范按照对混凝土试块留置数量的要求进行检验，检验的质量应符合设计要求。

第7章 基坑工程

7.1 一般规定

7.1.1 基坑支护结构应按承载能力极限状态和正常使用极限状态进行设计。

7.1.2 基坑支护结构进行承载能力极限状态设计的计算应包括下列内容:

1 根据基坑支护形式及其受力特点进行基坑稳定性验算;

2 基坑支护结构的受压、受弯、受剪、受扭承载力计算;

3 当有锚杆或支撑时,应对其进行承载力计算和稳定性验算。

7.1.3 对于支护结构安全等级为一级、二级的基坑工程,应对支护结构变形及基坑周边土体的变形进行计算,并应进行周边环境影响的分析评价。

 延伸阅读与深度理解

基坑工程在建筑行业内属于高风险的技术领域,全国各地基坑工程事故的发生率虽然逐年减少,但仍不断出现。究其原因,不合理的设计方案与低劣的施工质量是造成这些施工事故的主要根源。

(1)对承载能力极限状态与正常使用极限状态这两类极限状态在基坑支护中的具体表现形式进行了归类,设计时对各种破坏模式和影响正常使用的状态进行控制。

(2)基坑事故是建筑施工中极易引发群体伤亡的主要事故类型之一,尤其随着城市建设的快速发展,基坑开挖深度及规模也在不断加大,特别是在工程地质条件、水文地质条件、周边环境条件复杂地区,基坑工程的施工难度大大增加。

(3)从近年来发生的较大及以上事故统计情况看,基坑工程坍塌事故占比较大,是目前我国建筑施工安全生产重点整治的事故类型。

(4)基坑支护结构设计应从稳定性、强度和变形三个方面满足基坑工程安全的要求。

1)稳定性:指基坑周围土体的稳定性和支护体系的稳定性,即保证不发生土体的滑动破坏,或因渗流造成流砂、流土、管涌以及支护结构、支撑体系的失稳。

2)强度:指支护结构的强度,包括支撑体系或锚杆结构的强度,应满足构件强度及其稳定性的要求。

3)变形:因基坑开挖造成地基层移动(包括坑底隆起等)及地下水位变化引起的地坑顶部周围一定范围内的地面变形,不得超过地坑周围建筑物、地下设施是变形允许值。

(5)关于基坑支护水土压力计算模式

作用在地坑围护结构上的水平荷载,主要是土压力、水压力和地面超载产生的水平荷载。基坑围护结构的水平荷载受到土质、围护结构刚度、施工方法,基坑空间布置方式、开挖进度安排以及气候变化影响,精确确定存在极大的困难。目前工程上常用的土压力计算方法有朗肯土压力、库仑土压力和各种经验土压力确定方法。基坑支护工程的土压力、水压力计算，常采用以朗肯土压力理论为基础的计算方法，根据不同的土性和施工条件，分为水土分算和水土合算两种方法。由于水土分算和水土合算的计算结果相差较大，对基坑挡土结构工程造价影响很大，故需要非常慎重地取舍，要根据具体情况合理选择。

1）水土分算

水土分算是分别计算土压力和水压力，以两者之和为总侧压力。水土分算适用于土空隙中存在自由的重力水的情况或土的渗透性较好的情况，一般适用于碎石土和砂土，这些土无黏聚性或弱黏聚性，地下水在土颗粒间容易流动，重力水对土颗粒中产生空隙水压力。

对于砂土、碎石等渗透性较好的土层，应该采用水土分算的原则确定支护结构的侧向压力。侧向土压力通常可采用朗肯主动压力和被动压力公式计算。地下水无渗流时，作用于挡土结构上的水压力按静水压力三角形分布计算。地下水有稳定渗流时，作用于挡土结构上的水压力可通过渗流分析计算各点的水压力，或近似地按静水压力计算，水位以下的土的重度应采用浮重度（浮容重），土的抗剪强度指标宜取有效抗剪强度指标。

2）水土合算

地下水位以下的水压力合土压力，按有效应力原理分析时，水压力与土压力应分开计算。水土分算方法概念比较明确，但实际工程中还存在一些困难，特别是对于黏性土，水压力取值的难度很大，土压力计算还应采用有效应力抗剪强度指标，目前在实际工程中往往难以解决。因此为了解决实际工程问题，对于黏性土往往采用总应力法计算土压力，即水土合算法。

水土合算是将土和土孔隙中的水看作同一分析对象，适用于不透水和弱透水的黏土、粉质黏土和粉土。通过现场测试资料的分析，黏土中实测水压力往往达不到静水压力值，可以认为土孔隙中的水主要是结合水，不是自由的重力水，因此它不易流动而不宜单独考虑静水压力。然而，黏性土并不是完全理想的不透水层，因此在黏性土层尤其是粉土中，采用水土合算方法只是一种近似方法。这种方法亦存在一些问题，可能低估了水压力的作用。提醒设计人员应结合具体工程各种边界条件，适当留有余地。

【朋友问题】2022年4月，有朋友咨询说：这个是某软件给出的地下室外墙计算设计参数选择说明（图2-7-1），请问是否合适？

【笔者答复】概念是合适的，但水土"部分合算"，合算比例50%依据不足。

（6）对深基坑事故防范的一点建议。

1）对深基坑工程特点应有深刻的认识，基坑工程时空效应强，环境效应明显，挖土顺序、挖土速度和支撑速度对基坑围护体系受力和稳定性具有很大影响。施工应严格按经审查的施工组织设计进行。应及时安装支撑（钢支撑），及时分段分块浇筑垫层和底板，严禁超挖。深基坑围护结构设计应方便施工，深基坑工程施工应有合理工期。

2）基坑工程不确定因素多，应实施信息化施工，必须有多套监测预警方案。监测点设置应符合规范和设计要求。监测单位应认真科学测试，及时如实报告各项监测数据。项目各方要重视基坑的监测工作，通过监测施工过程中的土体位移、围护结构内力等指标的变化，及时发现隐患，采取相应的补救措施，确保基坑安全。

3）有多道内支撑的基坑围护体系应加强支撑体系整体稳定性。考虑到基坑工程施工

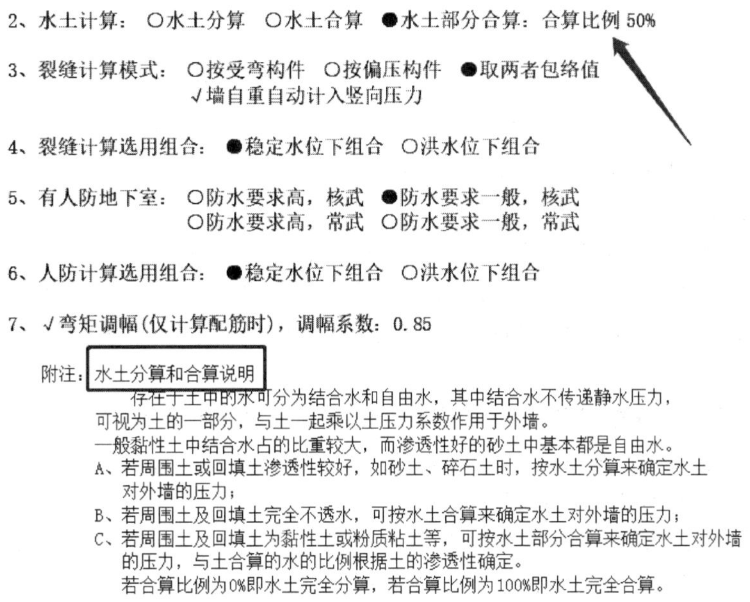

2、水土计算：○水土分算 ○水土合算 ●水土部分合算：合算比例 50%

3、裂缝计算模式：○按受弯构件 ○按偏压构件 ●取两者包络值
　　　　√墙自重自动计入竖向压力

4、裂缝计算选用组合：●稳定水位下组合 ○洪水位下组合

5、有人防地下室：○防水要求高，核武 ●防水要求一般，核武
　　　　○防水要求高，常武 ○防水要求一般，常武

6、人防计算选用组合：●稳定水位下组合 ○洪水位下组合

7、√弯矩调幅(仅计算配筋时)，调幅系数：0.85

附注：水土分算和合算说明
　　　存在于土中的水可分为结合水和自由水，其中结合水不传递静水压力，
　　可视为土的一部分，与土一起乘以土压力系数作用于外墙。
　　　一般黏性土中结合水占的比重较大，而渗透性好的砂土中基本都是自由水。
　　A、若周围土或回填土渗透性较好，如砂土、碎石土时，按水土分算来确定水土
　　　对外墙的压力；
　　B、若周围土及回填土完全不透水，可按水土合算来确定水土对外墙的压力；
　　C、若周围土及回填土为黏性土或粉质粘土等，可按水土部分合算来确定水土对外墙
　　　的压力，与土合算的水的比例根据土的渗透性确定。
　　　若合算比例为0%即水土完全分算，若合算比例为100%即水土完全合算。

图 2-7-1　软件设计参数截图

中，第一道支撑可能产生拉应力，建议第一道支撑采用钢筋混凝土支撑。对钢支撑体系应改进钢支撑节点连接形式，加强节点构造措施，确保连接节点满足强度及刚度要求。施工过程中应合理施加钢管支撑预应力。

应明确钢支撑的质量检查及安装验收要求，加强对检查和验收工作的监督管理。

4）岩土工程稳定分析中，要合理选用分析方法。

抗剪强度指标的选用，与其测定方法、安全系数的确定要协调一致。在土工参数选用时应综合判断，并结合地区工程经验，合理选用。

作为施工方，在有条件的情况下应对设计进行适当的验算，在此基础上提出合理化建议，优化施工组织设计，确保深基坑的安全和实现效益最大化。

5）施工中应加强基坑工程风险管理，建立基坑工程风险管理制度，落实风险管理责任。

每个环节都要重视工程风险管理，要加强技术培训、安全教育和考核，严格执行基坑工程风险管理制度，确保基坑工程安全。

【工程案例1】新疆乌鲁木齐市"5·30"基坑边坡崩塌事故（2014年）

（1）工程事故简介

2014年5月30日12时5分左右，新疆乌鲁木齐市北京北路29号信达花园三期建筑工地（北京北路西侧新联路青少年出版社对面），在基坑边坡支护作业过程中发生一起边坡土方坍塌事故，造成4人死亡，直接经济损失约423.2万元。2014年5月30日上午约9时，支护作业现场负责人电话告知工地工人"如果建设单位边坡土方挖完，可以干就干"。当天该工地停水，无法喷浆作业，因此工地的12名工人分别进行打锚杆、焊钢筋等工作，其中4名工人在基坑北侧中央部位进行边坡下部打锚杆作业。12时5分左右，4名作业人员在移动锚杆机时，基坑北侧边坡上部突然发生塌方，将4名工人掩埋。

（2）事故原因

1）直接原因

北京北路29号信达花园三期施工单位在无开工手续、无相关单位监督管理的情况下，擅自违法组织施工人员进行基坑开挖作业，在无防护措施的情况下进行基坑支护作业，致使基坑北侧距西段约30m处发生坍塌，造成现场4名作业人员被埋死亡。

2）间接原因

① 基坑支护作业组织者在明知该项目未办理相关开工手续，且无相关单位监管监理的情况下，未向施工单位通报相关情况，擅自组织施工人员进行基坑支护作业；偷工减料致使工程质量严重不合格；在明知该边坡角过小的情况下，未采取有效措施停止施工，冒险作业。

② 施工单位未根据专家评审意见对"信达花园三期基坑支护工程"岩土工程设计方案进行整改，基坑支护工程的设计、施工质量均不符合相关基坑支护规范要求，未按规定对施工现场采取有效的监督和管理。

③ 建设单位在未办理工程基建手续（建设用地批准书、工程规划许可证、招标投标手续、质量监督手续、施工许可手续），施工现场基坑北侧管道、密井有渗漏水影响，且相关单位多次要求停止施工的情况下，违法组织施工，逃避监管，冒险进行施工作业。

④ 某物业公司在国有建设用地使用权未进行招拍挂转让的情况下，明知建设单位未办理土地权属变更，未办理项目开工手续，工程设计方案未根据专家评审意见整改，基坑支护工程的设计、施工质量均不符合相关基坑支护规范要求的情况下，却未按规定对施工现场采取有效的监督和管理。

⑤ 高新技术产业开发区（新市区）城市管理行政综合执法局，未向相关部门上报违法事实且未采取有效措施制止该工地施工。

⑥ 市国土资源执法监察支队在日常巡查中未能发现该违法建设项目（未办理相关土地手续）的存在。

（3）事故处理

1）对事故相关人员的处理意见

① 对施工单位副总经理、基坑支护施工组织者，由司法机关依法追究其刑事责任。

② 对建设单位法定代表人，由相关部门给予相应的行政处罚。对某物业公司法定代表人、施工单位法定代表人、新疆分公司负责人，由相关部门给予相应的行政处罚并给予降级、记过等行政处分。

2）对事故单位的处理意见

① 对施工单位，对公司管理和项目合作中存在的借用资质等违规违法行为立即进行整改。

② 对某物业公司，要妥善处理项目遗留问题，防止发生次生事故和群体性事件。

③ 对高新技术产业开发区（新市区），要采取有效措施，加大对违法建设的监管力度，取得实效，杜绝此类事故再次发生。

④ 市属各职能部门，要认真吸取此次事故教训，严格落实本部门安全生产责任，明确安全生产责任目标，并对责任制落实情况进行检查和考核。严格执行本行业的相关规定，尽职履责，加大对辖区违法建设行为的查处力度，积极组织、参与、配合开展安全生

产联合执法工作，杜绝此类事故再次发生。

【工程案例2】陕西省西咸新区"3·16"土方崩塌事故（2015年）

（1）工程事故简介

2015年3月16日上午9时15分左右，陕西省西咸新区空港新城第一大道新城段（新城中大道至北辰大道）市政工程项目，发生一起较大的土方坍塌事故，造成3人死亡、1人轻伤，直接经济损失423.3万元。陕西省西咸新区空港新城第一大道新城段（新城中大道至北辰大道）属于空港新城市政工程，全长6.05km，红线宽度60m，工程范围包括道路工程、雨水工程、污水工程、交通及照明工程等，于2013年12月开工，计划2015年3月竣工。

发生事故的YG35井位于西咸新区空港新城段张镇王村北侧，咸三灌溉支渠南侧。井长7m、宽6m、深20m。采取钢筋混凝土逆作法护壁支护，工作井南北预留洞口尺寸为3.3m×3.3m，预留洞口上沿距地表16.7m。

2015年2月7日，项目总监在对施工现场巡视过程中，发现YG35井预留洞口土质异常，有渗水现象，立即对施工单位下发了监理通知单，主要内容：因洋泾大道—北辰大道YG35-YG36井段土质出现异常，要求施工单位根据顶管专项施工方案专家论证意见，暂停该段施工，重新制定方案并组织专家论证，按程序审批后方可施工。接到通知后，施工单位立即对该段停止施工，并于2015年2月8日书面回复监理通知，提出计划在春节后对该段土质探明情况后，制订针对性专项施工方案，并请专家进行论证后再组织施工。当日，监理单位复查，确认该段项目已经停止施工。

因春节临近，施工单位下发了停工通知单，定于2015年2月10日开始工程停工放假，计划于2015年2月26日正式复工。春节过后，2015年3月7日，分包单位工人来到项目工地，发现YG35井底有积水，在未接到项目开工通知、未向分包单位报告的情况下，就开始抽水作业。在此期间，分包单位现场负责人曾到项目工地巡查，发现有几个陌生人，以为是看工地的工人，未上前询问，便离开工地。

2015年3月15日下午，YG35井底的积水大部分被抽完，当天17时左右，项目安全员和施工员到二期工地巡查。发现YG35井底有人，正在抽水作业，并发现1人未戴安全帽，安全员立即阻止，让这3名工人停止作业，返回地面，并警告他们，项目还没有开工，不要再下井。看见3名工人开始往上走，安全员和施工员便离开。

2015年3月16日早上7点半，分包单位工人还没到工地，1名工人就招呼另外3名工人下井继续抽水、清理淤泥土。9时左右，清理出淤混凝土3斗，这时，突然顶管预留洞口土体发生坍塌，一个稍小的土块将1名工人砸倒在一旁，等他回过头，便发现其他3人被大片的混凝土掩埋。

（2）事故原因

1）直接原因

YG35井深度大，下部土体的侧压力大，4层黄土含水较大，呈可塑、饱和状态，黄土本身强度较低，发育垂直节理（裂隙），土地稳定性较差。预留洞口临空面稍大，加之冬灌渗透导致井底出现明水，抽水后水压力释放，导致预留孔壁土体坍塌。

2）间接原因

分包单位对劳工管理存在漏洞，在项目未正式开工的情况下，工头未向公司报告，擅自安排民工进入工地施工；停工期间施工单位对施工工地安全管理不到位。

（3）事故处理

1）对事故相关人员的处理意见

① 对民工（实际情况为该项目工头），由司法机关依法追究其刑事责任。

② 对分包单位总经理助理，由咸阳市安全生产监督管理局处以行政处罚。

对施工单位安全监督部部长、项目经理、项目副经理、项目部分管生产副经理、安全员，西咸新区空港新城管委会市政建设管理局副局长、工作人员，给予留用察看、记过、警告等行政处分。

③ 对分包单位现场负责人，由相关部门对其进行相应的经济处罚，并由相关部门按照《注册建造师管理规定》取消其注册资格，三年内不予注册。

2）对事故单位的处理意见

① 对分包单位，由咸阳市安全生产监督管理局给予行政处罚，并列入省安全生产监管黑名单。

② 对施工单位，由咸阳市安全生产监督管理局给予行政处罚。

以上两案例来源：住房和城乡建设部工程质量安全监管司．建筑施工安全事故案例分析．北京：中国建筑工业出版社，2019.

7.1.4 基坑开挖与支护结构施工、基坑工程监测应严格按设计要求进行，并应实施动态设计和信息化施工。

 延伸阅读与深度理解

（1）本条源自国家标准《建筑地基基础设计规范》GB 50007-2011 第 10.3.2 条（强制性条文）。

（2）根据基坑开挖深度及周边环境保护要求，确定基坑工程的地基基础设计等级，依据地基基础设计等级对基坑工程的监测内容、数量、频次、预警标准及抢险措施提出明确要求，实施动态设计和信息化施工。

（3）基坑开挖过程中必须严格执行第三方监测规定，确保基坑工程及基坑周边环境的安全。

（4）笔者认为地坑支护信息化动态管理非常重要，如果动态信息化管理到位，就可避免一些施工过程的安全隐患。

（5）地坑土方开挖应严格按设计要求，不得超挖。土方开挖后应立即施工垫层，对地坑进行封闭，防止水浸和暴露，并应及时进行地下结构施工。

土方超挖，通常是引起地坑工程事故的重要原因，应加以严格防范。地坑开挖是大面积的卸载过程，将引起地坑周边土体应力场发生变化及地面沉降。降雨或施工用水渗入土体会降低土体的强度和增加土的侧压力，饱和黏性土随着地坑暴露时间延长和经扰动，坑底土体强度逐渐降低，从而降低地坑支护体系的安全度。地坑暴露后应及时浇筑混凝土垫层，这对保护坑底土体不受施工扰动、延缓应力松弛具有重要的作用。特别是雨期施工中作用更为明显。

地坑开挖完成后，如不及时封闭，遭水浸或风干，都可能严重影响地基土的承载力和变形性质，故应立即封闭。

（6）在此特别提醒各位设计师，现在的工程可能条件还不是很成熟，甲方就要求设计院给地坑支护单位提供支护条件，笔者建议大家宁可在埋深上多提点，也别提少了。一旦提少了，后果不堪设想。

【工程案例3】笔者2018年参加海口的某工程论证会，当时就是由于设计单位最早地坑深度是按筏板基础预估的标高，后来设计时，考虑柱距跨度差异较大，改为梁板式筏板，结果造成地坑深度大概需要再下挖1m左右，可是这个时候地坑支护已经完成，要再下挖支护方案必须进行加固。为此甲方要求设计院调整基础方案，设计院坚持不调整。为此甲方找了优化单位，优化单位认为采用筏板基础也是可以的，不仅安全可以保证，而且经济性更加合理。但设计单位依然坚持认为他们的梁式筏板更好。为此，甲方在北京、福建、广东及当地邀请了5位专家，对此问题进行了专项论证。结论是采用筏板基础可行。

【工程案例4】广州海珠城广场基坑坍塌。

海珠城广场基坑周长约340m，原设计地下室4层，基坑开挖深度为17m。该基坑东侧为江南大道，江南大道下为广州地铁二号线，二号线隧道结构边缘与本基坑东侧支护结构距离为5.7m；基坑西侧、北侧邻近河涌，北面河涌范围为22m宽的渠箱；基坑南侧东部距离海员宾馆20m，海员宾馆楼高7层，采用φ340锤击灌注桩基础；基坑南侧西部距离隔山1号楼20m，楼高7层，基础也采用φ340锤击灌注桩。

本基坑在2002年10月31日开始施工，2003年7月施工至设计深度15.3m，后由于上部结构重新调整，地下室从原设计4层改为5层，地下室开挖深度从原设计的16.2m增至19.6m。由于地下室周边地梁高为0.7m。因此，实际基坑开挖深度为20.3m，比原设计挖孔桩桩底深0.3m。

新的基坑设计方案确定后，2004年11月重新开始从地下4层基坑底往地下5层施工，2005年7月21日上午，基坑南侧东部桩加钢支撑部分最大位移约为40mm，其中从7月20日至7月21日一天增大18mm，基坑南侧中部喷锚支护部分，最大位移约为150mm。

2005年7月21日12时左右，基坑发生滑坡，导致3人死亡，4人受伤，地铁二号线停运近1天，7层的海员宾馆倒塌，多家商铺失火被焚，1栋7层居民楼受损，3栋楼居民被迫转移。图2-7-2是事故照片。

事故直接原因：

（1）本基坑原设计深度只有16.2m，而实际开挖深度为20.3m，超深4.1m，造成原支护桩成为吊脚桩，尽管后来设计有所变更，但已施工的围护桩和锚索等构件已无法调整，成为隐患。

（2）从地质勘察资料反映和实际开挖揭露，南边地层向坑内倾斜，并存在软弱透水夹层，随着开挖深度增大，导致深部滑动。

（3）本基坑施工时间长达2年9个月，基坑暴露时间大大超过临时支护为1年的时间，导致开挖地层的软化渗透水和已施工构件的锈蚀与锚索预应力的损失，强度降低，甚至失效。

（4）事故发生前在南边坑顶因施工而造成东段严重超载，成为基坑滑坡的导火线。

（5）从施工纪要和现场监测结果分析，在基坑滑坡前已有明显预兆，但没有引起应有

图 2-7-2 事故照片

的重视，更没有采取针对性的措施，也是导致事故的原因之一。

事故调查结果与处理结果于 2005 年 9 月 20 日在《广州日报》公布：对 7 个建设责任主体及其 20 名责任人给予行政处罚或处分，其中 7 名主要负责人因涉嫌触犯刑法被司法机关依法逮捕；对事故发生负有监管责任的 14 名行政人员给予降级或降级以下的行政处分和责令作出深刻检讨，并责成相关单位对市政府作出书面检查。

7.1.5 安全等级为一级、二级的支护结构，在基坑开挖过程与支护结构使用期内，必须进行支护结构的水平位移监测和基坑开挖影响范围内建（构）筑物、地面的沉降监测。

 延伸阅读与深度理解

（1）本条源自行业标准《建筑基坑支护技术规程》JGJ 120-2012 第 8.2.2 条（强制性条文）。

（2）由于工程地质条件的离散性很大，基坑支护设计采用的土的物理、力学参数可能与实际情况不符，且基坑支护结构在施工期间和使用期间可能出现土层含水量、基坑周边荷载、施工条件等自然因素和人为因素的变化。

（3）基坑监测是预防不测、保证支护结构和周边环境安全的重要手段。通过基坑监测可以及时掌握支护结构受力和变形状态是否在正常设计状态之内，及时得到基坑周边建（构）筑物、道路、地面沉降量及其变化趋势。

（4）支护结构水平位移和基坑周边建筑物沉降的测量是一种最直观、最快速的监测手段，目的是及时发现异常，以便采取应急措施，防止发生安全事故。

（5）实际工程中的确有不少工程开挖、降水引起周围建（构）筑物或市政管线等变形的。

7.2 支护结构设计

7.2.1 支护结构构件按承载能力极限状态设计时，应符合下式规定：

$$\gamma_0 S_d \le R_d \qquad (7.2.1)$$

式中：γ_0——支护结构重要性系数；

S_d——作用基本组合的效应（轴力、弯矩、剪力）设计值；

R_d——支护结构构件的抗力设计值。

 延伸阅读与深度理解

（1）本条的承载能力极限状态设计方法的通用表达式依据国家标准《工程结构可靠性设计统一标准》GB 50153-2008 而定。

（2）对承载能力极限状态，由材料强度控制的结构构件的破坏类型采用极限状态设计法，按式（7.2.1）给出的表达式进行设计计算和验算，荷载效应采用荷载基本组合的设计值，抗力采用结构构件的承载力设计值并考虑结构构件的重要性系数。

7.2.2 支护结构按正常使用极限状态设计时，应符合下式规定：

$$S_d \le C \qquad (7.2.2)$$

式中：S_d——作用标准组合的效应（水平位移、沉降等）设计值；

C——支护结构水平位移、基坑周边建（构）筑物和地面沉降等的限值。

 延伸阅读与深度理解

（1）本条的正常使用状态设计方法的通用表达式依据国家标准《工程结构可靠性设计统一标准》GB 50153-2008 而定。

（2）以支护结构水平位移限值等为控制指标的正常使用极限状态的设计表达式也与有关结构设计规范保持一致。

7.2.3 基坑支护结构稳定性验算，应符合下列规定：

1 支护结构稳定性验算，应符合下式规定：

$$KS_k \le R_k \qquad (7.2.3)$$

式中：R_k——抗滑力、抗滑力矩、抗倾覆力矩、锚杆和土钉的极限抗拔承载力等土的抗力标准值；

S_k——滑动力、滑动力矩、倾覆力矩、锚杆和土钉拉力等作用标准值的效应；

K——安全系数。

2 悬臂式和单支点支护结构应验算抗倾覆、整体稳定及结构抗滑移稳定性；多支点支护结构应验算整体稳定性。

延伸阅读与深度理解

（1）涉及岩土稳定性的承载能力极限状态，采用单一安全系数法，按式（7.2.3）给出的表达式进行计算和验算。

（2）本条对岩土稳定性的承载能力极限状态问题恢复了传统的单一安全系数法，一是由于国家标准《工程结构可靠性设计统一标准》GB 50153-2008 中明确提出了可以采用单一安全系数法，不会造成与基本规范不协调统一的问题；二是由于国内岩土工程界目前仍普遍认可单一安全系数法，单一安全系数法也适于岩土工程问题。

（3）《建筑结构可靠性设计统一标准》GB 50068-2018 也明确：建筑结构设计宜采用以概率理论为基础、以分项系数表达的极限状态设计方法；当缺乏统计资料时，建筑结构设计可根据可靠的工程经验或必要的试验研究进行，也可采用容许应力或单一安全系数等经验方法进行。

（4）我国在建筑结构设计领域积极推广并已得到广泛采用的是以概率理论为基础、以分项系数表达的极限状态设计方法，但这并不意味着要排斥其他有效的结构设计方法，采用什么样的结构设计方法，应根据实际条件确定。概率极限状态设计方法需要以大量的统计数据为基础，当不具备这一条件时，建筑结构设计可根据可靠的工程经验或通过必要的试验研究进行，也可继续按传统模式采用容许应力或单一安全系数等经验方法进行。

（5）荷载对结构的影响除了量值大小外，其离散性对结构的影响也相当大，因而不同的荷载采用不同的分项系数，如永久荷载分项系数较小，风荷载分项系数较大；另外，荷载对地基的影响除了量值大小外，其持续性对地基的影响也很大。例如，对一般的房屋建筑，在整个使用期间，结构自重始终持续作用，因而对地基的变形影响大，而风荷载标准值的取值为平均 50 年一遇值，因而对地基承载力和变形影响均相对较小，有风组合下的地基容许承载力应该比无风组合下的地基容许承载力大。

（6）基础设计时，如用容许应力方法确定基础底面积，用极限状态方法确定基础厚度及配筋，虽然在基础设计上用了两种方法，但实际上也是可行的。除上述两种设计方法外，还有单一安全系数方法，如在地基稳定性验算中，要求抗滑力矩与滑动力矩之比大于安全系数 K。钢筋混凝土挡土墙设计是三种设计方法有可能同时应用的一个例子：挡土墙的结构设计采用极限状态法，稳定性（抗倾覆稳定性、抗滑移稳定性）验算采用单一安全系数法，地基承载力计算采用容许应力法。如对结构和地基采用相同的荷载组合和相同的荷载系数，表面上是统一了设计方法，实际上是不正确的。

（7）设计方法虽有上述三种可用，但结构设计仍应采用极限状态法，有条件时采用以概率理论为基础的极限状态法。

7.2.4 排桩支护结构的桩身混凝土强度等级不应低于 C25。桩的纵向受力钢筋的混凝土保护层厚度不应小于 35mm，采用水下灌注工艺时，不应小于 50mm。

延伸阅读与深度理解

（1）对排桩混凝土强度作出规定以保证排桩作为混凝土构件的基本受力性能。

（2）笔者观点，按说支护桩如果仅仅是施工阶段需要，保护层厚度没有必要作为强制要求。

（3）排桩其他相关要求参见《建筑基坑支护技术规程》JGJ 120-2012。

7.2.5　两墙合一的地下连续墙混凝土强度等级不应低于 C30。地下连续墙基坑外侧的纵向受力钢筋的混凝土保护层厚度不应小于 70mm。地下连续墙墙体和槽段施工接头应满足防渗设计要求。

 延伸阅读与深度理解

（1）地下连续墙在基坑工程中已有广泛的应用，尤其在深大基坑和环境条件要求严格的基坑工程，以及支护结构与主体结构相结合的工程。

（2）本条对地下连续墙体混凝土强度设计等级、纵向钢筋的混凝土保护层厚度等提出了基本要求。

（3）地下连续墙其他相关要求参见《建筑基坑支护技术规程》JGJ 120-2012。

7.2.6　混凝土内支撑结构的混凝土强度等级不应低于 C25。

 延伸阅读与深度理解

（1）本条仅对混凝土内支撑结构的混凝土强度等级作出规定。

（2）内支撑其他相关要求参见《建筑基坑支护技术规程》JGJ 120-2012。

（3）图 2-7-3 为某工程钢筋混凝土内支撑结构图。

图 2-7-3　某工程钢筋混凝土内支撑结构图

7.2.7 钢支撑的水平支撑与腰梁斜交时，腰梁上应设置牛腿或采用其他能够承受剪力的连接措施；支撑长度方向的连接应采用高强度螺栓连接或焊接。

 延伸阅读与深度理解

（1）钢支撑的整体刚度依赖于构件之间的合理连接。

（2）支撑构件的设计除确定构件截面外，还需重视节点的构造设计，钢支撑构件的拼接应满足截面等强度的要求。

（3）常用的连接方法有焊接和螺栓连接。

（4）钢支撑具有可重复利用、经济性好、工期短的优点，但技术含量高。

（5）图 2-7-4 为某工程钢内支撑示意图。

图 2-7-4　某工程钢内支撑示意图

7.2.8 锚拉结构的锚杆自由段的长度不应小于 5.0m，且穿过潜在滑动面进入稳定土层的长度不应小于 1.5m；土层锚杆锚固段不应设置在未经处理的软弱土层、不稳定土层和不良地质作用地段。

 延伸阅读与深度理解

（1）本条是根据大量锚杆试验结果及锚固段、自由段设计与构造的需要而制定的，本规定是为保证锚杆的锚固效果安全、可靠。

（2）图 2-7-5 为拉力型预应力锚杆结构简图。

（3）图 2-7-6 为拉力分散型预应力锚杆结构简图。

（4）其他相关要求参见《建筑地坑支护技术规程》JGJ 120-2012。

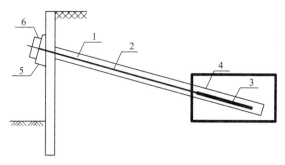

图 2-7-5　拉力型预应力锚杆结构简图

1—杆体；2—杆体自由段；3—杆体锚固段；4—钻孔；5—台座；6—锚具

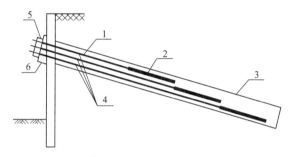

图 2-7-6　拉力分散型预应力锚杆结构简图

1—杆体；2—杆体自由段；3—杆体锚固段；4—钻孔；5—台座；6—锚具

7.3　地下水控制设计

7.3.1　地下水控制设计应满足基坑坑底抗突涌、坑底和侧壁抗渗流稳定性验算的要求及基坑周边建（构）筑物、地下管线、道路、城市轨道交通等市政设施沉降控制的要求。

延伸阅读与深度理解

（1）在高地下水位地区，深基坑工程设计施工中的关键问题之一是如何有效地实施对地下水的控制。

（2）基坑支护设计时应首先确定地下水控制方法，然后再根据选定的地下水控制方法，选择支护结构形式。

（3）地下水控制应符合国家和地方法规对地下水资源、区域环境的保护要求，符合基坑周边建筑物、市政实施保护的要求。

（4）当坑底以下有承压水时，还要考虑坑底突涌问题。

7.3.2　当降水可能对基坑周边建（构）筑物、地下管线、道路等市政设施造成危害或对环境造成长期不利影响时，应采用截水、回灌等方法控制地下水。

延伸阅读与深度理解

（1）当降水不会对基坑周边环境造成损害且国家和地方法规允许时，可优先考虑采用降水，否则应采用基坑截水。

（2）采用截水时，对支护结构的要求更高，增加排桩、地下连续墙、锚杆等的施工难度，采取防止土的流砂、管涌、渗透破坏的措施。

7.3.3 地下水回灌应采用同层回灌，当采用非同层地下水回灌时，回灌水源的水质不应低于回灌目标含水层的水质。

 延伸阅读与深度理解

（1）由于人类活动特别是工业活动对地下水造成了很大影响，地表水、地下水体受到了污染，已经严重影响人民的饮水安全。

（2）在不同历史时期形成的地下水质也有较大差异。地下水控制过程中如果控制不好，会进一步恶化地下水水质，而且地下水的污染几乎是不可逆的，很难修复。

（3）地下水控制设计单位应制定防止恶化地下水的措施。

7.4 施工及验收

7.4.1 基坑工程施工前，应编制基坑工程专项施工方案，其内容应包括：支护结构、地下水控制、土方开挖和回填等施工技术参数，基坑工程施工工艺流程，基坑工程施工方法，基坑工程施工安全技术措施，应急预案，工程监测要求等。

 延伸阅读与深度理解

（1）工程安全专项施工方案，是指施工单位在编制施工组织总设计的基础上针对危险性较大的分部分项工程单独编制的安全技术措施文件。

（2）对于超过一定规模的危险性较大的分部分项工程，施工单位应当组织专家对专项方案进行论证。

（3）《危险性较大的分部分项工程安全管理规定》（住房和城乡建设部令第37号）。

进一步加强和规范房屋建筑和市政基础设施工程中危险性较大的分部分项工程（以下简称危大工程）安全管理，现将有关问题通知如下：危险性较大的基坑工程：

（一）开挖深度超过3m（含3m）的基坑（槽）的土方开挖、支护、降水工程。

（二）开挖深度虽未超过3m，但地质条件、周围环境和地下管线复杂，或影响毗邻建、构筑物安全的基坑（槽）的土方开挖、支护、降水工程。

对于符合以上条件的基坑均需要组织专家论证。

7.4.2　基坑、管沟边沿及边坡等危险地段施工时，应设置安全护栏和明显的警示标志。夜间施工时，现场照明条件应满足施工要求。

 延伸阅读与深度理解

本条规定了基坑施工周边要采取安全防护措施。在基坑、管沟边沿等危险地段施工时均应设置明显的警示标志，避免发生安全事故。夜间施工光线不足，存在安全隐患，施工场地应根据施工操作和运输的要求，设置充足的照明。施工过程中，应检查基坑安全防护和照明措施是否符合基坑工程专项施工方案的要求。

7.4.3　基坑开挖和回填施工，应符合下列规定：

1　基坑土方开挖的顺序应与设计工况相一致，严禁超挖；基坑开挖应分层进行，内支撑结构基坑开挖尚应均衡进行；基坑开挖不得损坏支护结构、降水设施和工程桩等；

2　基坑周边施工材料、设施或车辆荷载严禁超过设计要求的地面荷载限值；

3　基坑开挖至坑底标高时，应及时进行坑底封闭，并采取防止水浸、暴露和扰动基底原状土的措施；

4　基坑回填应排除积水，清除虚土和建筑垃圾，填土应按设计要求选料，分层填筑压实，对称进行，且压实系数应满足设计要求。

 延伸阅读与深度理解

（1）本条第 2 款源自行业标准《建筑基坑支护技术规程》JGJ 120-2012 第 8.1.5 条（强制性条文）。

（2）基坑的安全与基坑开挖的顺序、方法与设计工况密切相关，施工时应严格按照设计工况进行土方的开挖，不得超挖，严格按照先撑后挖的原则进行土方的开挖。

（3）在软土地区开挖时应分层进行，具体的分层厚度应根据土质和施工条件等综合确定。

（4）在开挖过程中，应注意对支护结构、降水设施和工程桩等的保护，不得碰撞和损坏。基坑周边超载，大于设计规定的荷载极限，不仅会增大支护结构的水平位移，还会造成周边土体的竖向沉降。

（5）基坑开挖至坑底时，应及时封闭，并应采取技术措施防止水浸、暴露和扰动土体，从而可以减少基坑的变形，保证基坑的安全。

（6）基坑坑底应保留不少于 300mm 厚的土进行人工清槽，集水坑、电梯基坑、基础局部加厚等部位应待基础底板图确定后进行二次开挖。

（7）特别提醒设计师注意：目前由于地下结构都比较深，甲方往往为了节约投资，都要求地坑肥槽预留的空间非常狭窄，一般在 800～1200mm 之间，这样如果设计师依然要求采用回填土或灰土等分层夯实，夯实系数达到 0.94，基本是不现实的。

实际工程中，由于回填不密实形成水柱，造成上浮（图 2-7-7），此时，造成上浮的是

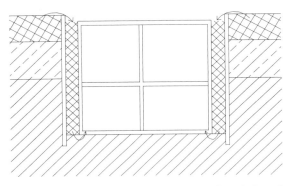

图 2-7-7　地下室肥槽回填不密实，形成水柱造成上浮

地表水，水位标高在地面。

笔者建议，今后遇到地坑肥槽采用素土等不易密实时，可以考虑采用"预拌流态固化土"回填。北京岩土工程协会发布了团体标准《预拌流态固化土填筑工程技术标准》T/BGEA 001-2019。

近年此项新技术、新材料在不少工程中得到应用，可以说很好地解决了肥槽回填的难题。笔者先后参加过多项大型工程肥槽回填技术论证会、方案评审、标准编制审查等工作，预拌流态固化土回填是目前工程肥槽填筑不错的技术。

【工程案例5】中国第一历史档案馆迁建工程（北京），地下3层，原设计采用锚杆护坡桩，地下外墙到桩距离近1m，再考虑锚杆冠梁，实际操作空间不到0.6m。原设计要求肥槽回填采用级配砂石或灰土回填，要求压实系数不小于0.95。施工单位提出，由于操作空间狭小，无法满足设计要求，建议采用"预拌流态固化土"填筑。由于工程项目重要性所在，业主不放心，建议召开专家论证评审会。图2-7-8为典型支护剖面图。

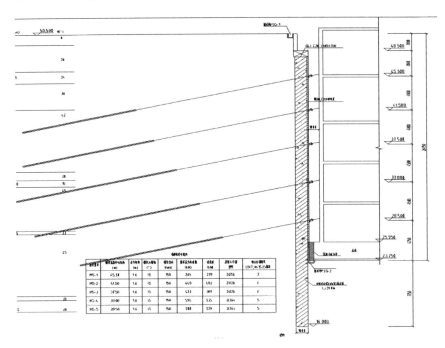

图 2-7-8　典型支护剖面图示意

2018年10月9日，业主组织相关专家召开"中国第一历史档案馆肥槽回填采用预拌固化土"评审会。专家意见是：完全可以采用。这项技术在北京通州副中心已经大量采用了，技术是可行的，建议施工单位做好施工组织设计。

7.4.4 支护结构施工应符合下列规定：

1 支护结构施工前应进行工艺性试验确定施工技术参数；

2 支护结构的施工与拆除应符合设计工况的要求，并应遵循先撑后挖的原则；

3 支护结构施工与拆除应采取对周边环境的保护措施，不得影响周边建（构）筑物及邻近市政管线与地下设施等的正常使用；支撑结构爆破拆除前，应对永久性结构及周边环境采取隔离防护措施。

 延伸阅读与深度理解

（1）本条第 2 款源自行业标准《建筑基坑支护技术规程》JGJ 120-2012 第 8.1.4 条（强制性条文），为了保证安全需要进行控制。

（2）支撑系统的施工与拆除顺序，应与支护结构的设计工况一致，应严格执行先撑后挖的原则。立柱穿过主体结构底板以及支撑穿越地下室外墙的部位应有止水构造措施。

（3）支撑拆除前应设置可靠的换撑，且换撑及永久结构应达到设计要求的强度。换撑可实现围护体应力安全有序的调整、转移和再分配，达到各阶段基坑变形控制要求。

7.4.5 逆作法施工应符合下列规定：

1 逆作法施工应采取信息化施工，且逆作法施工中的主体结构应满足结构的承载力、变形和耐久性控制要求；

2 临时竖向支承柱的拆除应在后期竖向结构施工完成并达到竖向荷载转换条件后进行，并应按自上而下的顺序拆除；

3 当水平结构作为周边围护结构的水平支撑时，其后浇带处应按设计要求设置传力构件。

 延伸阅读与深度理解

（1）本条源自行业标准《地下建筑工程逆作法技术规程》JGJ 165-2010 第 3.0.4 条（强制性条文）。

（2）采用逆作法的工程基坑侧壁必须有围护结构，是保证工程及周边环境安全的必要措施。围护结构的设计应在逆作法工程设计时综合考虑，围护结构优先利用地下室的外墙或外墙的一部分再考虑叠合后作为永久结构外墙，与工程施工图一并设计。

（3）当围护结构作为永久性承重外墙时，应选择与主体结构沉降相适应的岩土层作为持力层，为了与主体结构的沉降能够相适应，应避免过大的差异沉降造成质量事故。

7.4.6 地下水控制施工应符合下列规定：

1 地表排水系统应能满足明水和地下水的排放要求，地表排水系统应采取防渗措施；

2 降水及回灌施工应设置水位观测井；

3 降水井的出水量及降水效果应满足设计要求；

4 停止降水后，应对降水管采取封井措施；

5 湿陷性黄土地区基坑工程施工时，应采取防止水浸入基坑的处理措施。

 延伸阅读与深度理解

（1）基坑开挖前，应制定完整、可靠的基坑降水设计方案，根据环境条件，并结合基坑降水设计方案编制施工组织设计，原则上应保证基坑降水不对基坑周围环境产生明显的不利影响。

（2）降水和回灌时应设置水位观测井，根据水位动态变化调节回灌水量，不能使水位压力过大，防止因水位抬升过高而对基坑产生的负面效应。

（3）基坑停止降水后，应对降水管井采取可靠的封井措施，并满足封闭要求。湿陷性黄土地区的基坑施工时，水对基坑的安全影响巨大，土体遇水产生湿陷性，影响基坑的安全。

（4）考虑到水的影响，为了保证水流不进入土体，给出了基坑上部排水沟与基坑边缘的距离，同时对于沟底和沟两侧的处理方式，需要在施工中引起重视，并做好相应的措施。湿陷性黄土地区对于水的敏感性，要求基坑底部四周应设置排水沟和集水坑，排除积水，保证基坑的安全。

（5）本条第4款源自行业标准《湿陷性黄土地区建筑基坑工程安全技术规程》JGJ 167-2009第13.2.4条（强制性条文），由于土质的特殊性对地下水的控制相当重要，需要加强控制和规定。

7.4.7 基坑工程监测，应符合下列规定：

1 基坑工程施工前，应编制基坑工程监测方案；

2 应根据基坑支护结构的安全等级、周边环境条件、支护类型及施工场地等确定基坑工程监测项目、监测点布置、监测方法、监测频率和监测预警值；

3 基坑降水应对水位降深进行监测，地下水回灌施工应对回灌量和水质进行监测；

4 逆作法施工应进行全过程工程监测。

 延伸阅读与深度理解

（1）基坑监测方案是监测单位实施监测工作的重要技术依据和文件，监测方案应结合本条第1款的要求进行编制。

（2）监测项目应根据监测对象的特点、基坑安全等级、周边环境条件、支护类型及施工场地等因素合理确定，并应反映监测对象的变化特征和安全状态。

（3）监测范围及测点布置应满足对监测对象的监控要求，监测点应布置在岩土体或结构及构件的受力、变形、变化关键特征部位。监测频率的确定应以能系统反映监测对象所测项目的重要变化过程而又不遗漏其变化时刻为原则。

（4）逆作法施工中的全过程监测是对基坑安全、工程结构安全及相邻建筑安全的保障措施，所提供的数据也是对逆作法设计、施工方案进行必要调整的直接依据，此项工作必须按相关规定认真落实。

（5）本条第5款源自行业标准《地下建筑工程逆作法技术规程》JGJ 165-2010第3.0.5条（强制性条文）。

7.4.8　基坑工程监测数据超过预警值，或出现基坑、周边建（构）筑物、管线失稳破坏征兆时，应立即停止基坑危险部位的土方开挖及其他有风险的施工作业，进行风险评估，并采取应急处置措施。

 延伸阅读与深度理解

（1）本条源自行业标准《建筑深基坑工程施工安全技术规范》JGJ 311-2013第5.4.5条（强制性条文）。

（2）基坑工程坍塌事故会产生重大财产损失，但应避免人员伤亡。

（3）基坑工程坍塌事故一般具有明显征兆，如支护结构局部破坏产生的异常声响、位移的快速变化、水土的大量涌出等。

（4）当预测到基坑坍塌、建筑物倒塌事故的发生不可逆转时，应立即撤离现场施工人员、邻近建筑物内的所有人员。

7.4.9　基坑工程施工验收检验，应符合下列规定：

1　水泥土支护结构应对水泥土强度和深度进行检验；

2　排桩支护结构、地下连续墙应对混凝土强度、桩身（墙体）完整性和深度进行检验，嵌岩支护结构应对桩端的岩性进行检验；

3　混凝土内支撑应对混凝土强度和截面尺寸进行检验，钢支撑应对截面尺寸和预加力进行检验；

4　土钉、锚杆应进行抗拔承载力检验；

5　基坑降水应对降水深度进行检验，基坑回灌应对回灌量和回灌水位进行检验；

6　基坑开挖应对坑底标高进行检验；

7　基坑回填时，应对回填施工质量进行检验。

 延伸阅读与深度理解

（1）基坑支护排桩的检验项目主要是控制桩的承载力进行的检验，应加强过程控制，对施工中的各项技术指标进行检查验收。

（2）地下连续墙的混凝土强度应满足设计要求，水下浇筑时混凝土强度等级应按相关规范要求提高。

（3）作为永久结构的地下连续墙需同时满足基坑开挖和永久使用两个阶段的受力和使

用要求，对墙体的质量检验尤为重要。

（4）基坑截水帷幕的施工质量和偏差关系到基坑工程的安全，需要对其质量进行控制。

（5）基坑降水是基坑工程保证安全的重要措施，基坑开挖前应检验基坑的降水效果，降水效果可以通过水位观测井进行检查。

（6）土方开挖的检查项目主要是平面尺寸、分层厚度、标高及边坡坡率的要求，偏差及数量要求可以根据相关的技术标准进行检查验收。

（7）土方回填作为基坑施工最后的一道工序，为了保证压实质量要求分层压实，达到要求后可进行后续的回填和压实施工。

【工程案例6】河北省石家庄市"8•7"基坑坍塌事故（2016年）

（1）事故简介

2016年8月7日15时，河北省石家庄市西柏坡电厂废热利用入市穿越石太高速（田家庄互通）项目箱涵顶出面施工现场发生基坑侧壁坍塌事故，造成3人死亡、1人受伤，直接经济损失约350万元。

2016年8月5日15时许，分包单位施工人员对事故基坑进行开挖，第一步开挖至5m深，并于当晚完成；6日晚，对修整后的南侧坡面喷射护面混凝土，并开始第二步开挖，至7日晨开挖至9m深；7日上午，4名工人开始搭设架体，进行土钉作业。分别在3.8m、5m深处完成两道钻孔、植入杆体并完成注浆作业，然后完成横向加强筋的焊接。12时开始第三步土方开挖，至14时50分，护坡工人进入坑内进行挂网作业，15时开挖至11.2m深。15时20分许，基坑侧壁坍塌，致使坑内的5名作业人员被埋，其中3人死亡，1人送医院进行救治，11人未受伤。

（2）事故原因

1）直接原因

施工过程中，基坑因违规超挖和未及时支护，造成侧壁坍塌，作业人员被埋致死。

2）间接原因

① 施工单位违反《危险性较大的分部分项工程安全管理规定》第5.17节第1条的规定，未对基坑支护工程编制专项施工方案；未进行专家论证；未制定和落实施工应急救援预案等安全保证措施；未按规定对支护施工进行专项验收，盲目施工。

② 施工单位基坑超挖后，土钉孔径偏小，杆体强度及钉头拉结强度不足，面层配筋偏小、厚度不够；在灌浆混凝土强度未达到规范要求的情况下，进行下一道工序施工，间隔时间短，施工组织安排不合理。

③ 施工单位违反《建设工程安全生产管理条例》第六十二条第（二）款的规定，现场人员（项目部负责人、施工现场技术负责人、安全管理人员及特种作业人员）未取得相应资格上岗。施工作业前，工程技术人员未按规定对施工作业人员开展班组安全技术交底；未落实安全施工技术措施。

④ 未对现场作业人员进行安全生产教育和培训，致其不能有效辨识作业场所和工作岗位存在的危险因素。

⑤ 施工单位顶出面作业平台搭设违反《建筑施工高处作业安全技术规范》JGJ 80-2016第5.1.1、5.1.3条的规定，不能满足安全施工的需要。

⑥ 施工单位违反《建筑施工安全技术统一规范》GB 50870-2013 第 7.1.1 条第 1 款的规定，对Ⅰ级基坑未采用监测预警技术进行全过程监测控制。

⑦ 基坑南侧紧邻石太高速，高速车辆动荷载对基坑侧壁稳定性有一定影响；事故发生前，石家庄市连降暴雨，降水入渗导致基坑侧壁土体含水量偏高、强度降低，对基坑边坡的稳定性有一定影响。

⑧ 建设单位违反《中华人民共和国建筑法》第八条第（四）～（六）项的规定，未按照《关于利用石同线敷设供热管线及穿越 GS、G1811 等干线公路交叉方案的意见》（冀交函规〔2015〕692 号）要求选择监理单位和施工单位；在未完成勘察和施工设计图审、未签订工程承包合同、未审查现场施工单位及人员的资质资格、未进行专家专项论证和未取得有管辖权的公路管理机构行政许可的情况下，违规开工建设。

⑨ 新华区住房城乡建设局及新华区政府没有认真落实石家庄市政府对该项目的有关要求，疏于管理。

⑩ 石家庄市供热指挥部办公室及石家庄市住建局没有认真履行对该项目的安全监督管理职责，疏于管理。

（3）事故处理

1）对事故相关人员的处理意见

① 对分包单位法定代表人，由司法机关依法追究其刑事责任，并由相关部门处以相应的经济处罚。对分包单位项目现场负责人，鉴于其已在事故中死亡，不再追究相关责任。

② 对石家庄市新华区住房城乡建设局副局长，由相关部门给予行政警告处分。对新华区副区长、新华区住房城乡建设局局长及副调研员、安全生产监督管理站站长和供热指挥部办公室副主任，给予批评教育并报石家庄市安全监管局备案。

③ 对建设单位项目现场负责人、技术负责人，由建设单位将其清退出该施工项目。对建设单位安全副总、生产副总，由相关部门处以相应的经济处罚，并给予撤职处分。对建设单位法定代表人，由相关部门处以相应的经济处罚。

2）对事故单位的处理意见

① 对分包单位，由石家庄市安全监管局对其处以相应的经济处罚，并暂扣其安全生产许可证 65d。

② 对建设单位，由石家庄市安全监管局对其处以相应的经济处罚。

③ 石家庄市新华区住建局，责令其向石家庄市新华区人民政府作出深刻书面检讨。

④ 石家庄市住房城乡建设局，责令其向石家庄市人民政府作出深刻书面检讨。

以上案例来源：住房和城乡建设部工程质量安全监管司. 建筑施工安全事故案例分析. 北京：中国建筑工业出版社，2019.

第8章 边坡工程

8.1 一般规定

8.1.1 边坡工程设计应符合下列规定：

1 边坡设计应兼顾治理和保护边坡环境，边坡应结合地表水与地下水分布特点，因势利导设置边坡排水系统；

2 边坡坡面应结合植被生态恢复与绿化景观需要，选择坡面防护构造；

3 应根据边坡类型、边坡环境、边坡高度及影响范围等，选择支挡结构形式。

 延伸阅读与深度理解

边坡是一种常见的地表形态，稳定的边坡将给人们的生产、生活带来安全的环境。但边坡一旦失稳，其祸害将非常严重。小型的边坡失稳破坏，可能导致大量人员伤亡及财产损失；中型边坡失稳破坏，可能危及一座城镇的安全；大型边坡失稳破坏，其后果不堪设想。

我国是一个多山的国家，各类地形占全国陆地面积的比例大致为：山地33%、高原26%、盆地19%、平原12%、丘陵10%。除个别的省、市以外，大多数的省、自治区、直辖市均以山区为主，山区的自然灾害多与边坡有关，坠石、崩塌、滑坡、泥石流等都是危害人们生命和财产安全的重大自然灾害（图2-8-1）。

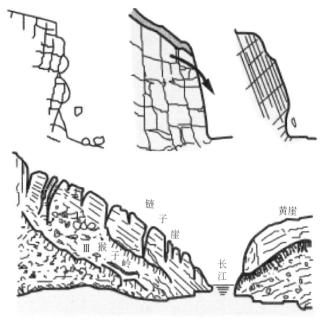

图 2-8-1 山地常见灾害

　　边坡工程是一项综合课题，它既是环境工程，又是土木工程的一部分，特别是对环境保护、维护生态平衡具有重大的意义。对边坡进行整治时，必须进行综合治理才能获得成效，从工程的可行性论证，到规划、勘察、设计、施工，直到工程交付使用后的一段时间，都应重视边坡问题的研究、治理和保护。边坡的治理，应在边坡发生破坏之前进行。边坡一旦破坏，滑动面上的摩擦力将大幅度下降，有时可能降为 0，这时才进行边坡治理，事实上就是采用工程手段来弥补边坡滑动时所丧失的摩擦强度，其代价将是非常巨大的。崩塌发生后，事实上已无法治理，人们不可能将崩塌下来的岩体，再次搬上山恢复原貌。图 2-8-2 所示为常见边坡及治理。

图 2-8-2　常见边坡及治理（一）

图 2-8-2　常见边坡及治理（二）

【工程案例1】滑坡事故——2008年汶川地震引起的滑坡。

图 2-8-3 为位于汶川县的新建住宅楼，结构主体并无太多损伤，但底部二层被一侧的山体滑坡掩埋。图 2-8-4 为被山体滑坡掩埋的城镇。

图 2-8-3　汶川县的新建住宅楼

图 2-8-4　被山体滑坡掩埋的城镇

【工程案例2】崩塌案例——2008年汶川地震引发的崩塌。

图 2-8-5 和图 2-8-6 分别为北川县曲山镇某中学新校区在地震中被巨大的山体崩塌石块掩埋。

图 2-8-5　北川县山体崩塌将某中学掩埋　　　　图 2-8-6　北川县山体崩塌

【工程案例3】落石案例——2008年汶川地震落石引发的灾害。

图 2-8-7 和图 2-8-8 为北川县城和汶川县城某建筑被落石所击中或击穿的状况。

图 2-8-7　北川县落石撞击建筑物　　　　　　图 2-8-8　汶川县落石击穿建筑物

【工程案例4】2007年，笔者主持过一个防止高空巨石滚落危害人员生命及财产安全，特别是业主担心中断生产对整个企业将带来巨大损失的工程。

（1）工程概况。

本工程位于四川省都江堰市。某石灰岩矿石破碎站的建筑和设备受到西溜槽坠落矿石的撞击，将来还会受到北面高边坡采矿时坠落矿石的撞击。为了避免因矿石坠落而造成破碎站建筑和设备的破坏，需要对破碎站进行防护设计。

当年笔者所在的中国有色工程设计研究总院与清华大学、北京工业大学资深教授们合作，经过试验与力量分析研究，顺利完成了这项特别的任务，受到甲方高度赞誉。这个工程对笔者来说是值得回忆的作品之一，但遗憾的是在笔者以前的著作中均没有合适的机会分享给大家。

（2）现场踏勘相关资料如图 2-8-9～图 2-8-13 所示。

（3）本研究报告的目的。

1）业主要求：北面高边坡采矿时，坠落矿石的尺寸取 0.2m、0.5m 及 1.0m 三种，坠落高度为 160m。

图 2-8-9 现场俯视图全貌

图 2-8-10 现场踏勘实景

图 2-8-11 巨石滚落轨迹

图 2-8-12 曾滚落的巨石

图 2-8-13 曾被巨石撞击破坏的管道

2）根据业主的防护要求，提出破碎站防护结构方案。

3）对提出的防护结构屋盖方案进行在坠石冲击作用下的动力模拟分析。

① 理论计算模型：采用通用软件 ANSYS/LS-DYNA 进行防护结构屋盖坠石冲击模拟计算分析，得出巨石滚落到建筑物的冲击力。

② 坠石几何尺寸的选取：

方案比较时，坠石的尺寸分别取为 0.2m、0.5m、1.0m。

经过数据模拟试验分析，大家一致认为本设计采用坠石的尺寸为 0.5m 较为合适。

4）根据分析结果，建议采用的破碎站防护结构方案，如图 2-8-14 所示。

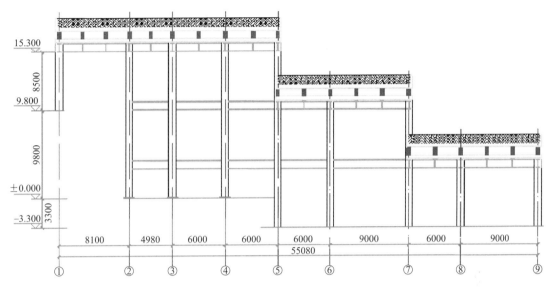

图 2-8-14　防护方案示意图

具体施工图防护方案为：

① 钢筋混凝土柱，钢梁上铺压型钢板组合楼板；

② 在柱顶、梁上设橡胶减振支座；

③ 钢筋混凝土楼板；

④ 2m 厚覆土；

⑤ 上再满铺汽车轮胎（概念措施未考虑其对冲击力的影响）。

【工程案例 5】泥石流引发的工程事故。

2008 年 9 月 23～24 日，北川地区连续降雨两天，大量雨水挟带被地震震松了的山体块石和泥砂，形成汹涌的泥石流冲向北川县城，将部分街道和两侧建筑掩埋，深度最深达 40 多米，浅处也有 7m 左右。图 2-8-15～图 2-8-18 为北川县建筑在泥石流前、后的对比。

图 2-8-15　北川县某建筑泥石流前

图 2-8-16　北川县某建筑泥石流后惨状

图 2-8-17　北川县泥石流掩埋的四层住宅楼　　　图 2-8-18　北川县某单位大门泥石流后

（1）本条根据国家标准《建筑边坡工程技术规范》GB 50330-2013 相关条款整合而来。

（2）对于山区建筑场地和地基基础设计，《建筑抗震设计规范（附条文说明）（2016 年版）》GB 50011-2010 第 3.3.5 条提出如下原则要求：

① 山区建筑场地勘察应有边坡稳定性评价和防治方案建议；应根据地质、地形条件和使用要求，因地制宜设置符合抗震设防要求的边坡支护工程。

② 边坡设计应符合现行国家标准《建筑边坡工程技术规范》GB 50330 的要求；其稳定性验算时，有关的摩擦角应按设防烈度的高低相应修正。

（3）补充说明①：挡土结构抗震设计稳定验算时有关内摩擦角的修正，指地震主动土压力按库伦理论计算时：土的重度除以地震角的余弦。填土的内摩擦角减去地震角。地震角取值一般在 $1.5°\sim10.0°$ 之间，具体可以依据设防烈度大小按表 2-8-1 选取。

地震角取值　　　　　　　　　　　　　　　　表 2-8-1

类别	7 度		8 度		9 度
	0.10g	0.15g	0.20g	0.30g	0.40g
水上	1.5°	2.3°	3.0°	4.5°	6.0°
水下	2.5°	3.8°	5.0°	7.5°	10.0°

补充说明②：边坡稳定性计算时，对基本烈度为 7 度及以上地区的永久性边坡应进行地震工况下边坡稳定性校核。

③ 边坡附近的建筑基础应进行抗震稳定性设计。建筑基础与土质、强风化岩质边坡的边缘应留有足够的距离，其值应根据设防烈度的高低确定，并采取措施避免地震时地基基础破坏。

补充说明①：有关山区建筑距边坡边缘距离，对于土质边坡参照《建筑地基基础设计规范》GB 50007-2011 的第 5.4.1、5.4.2 条计算时，其边坡角需要按地震烈度的高低修正减去地震角，滑动力矩需要计入水平地震和竖向地震产生的效应。地震角选取可以参考表 2-8-1。

补充说明②：有关山区建筑距边坡边缘距离，对于土质边坡或岩石边坡重庆地标《建筑地基基础设计规范》DBJ50-047-2016 第 4.1.7 条给出：

　　位于稳定边坡上的基础（图 2-8-19），其埋深应满足底面外缘到坡面的水平距离 a，对土质边坡和强风化岩质边坡不小于 3m，对中等风化和微风化岩质边坡不宜小于 2m 的要求。

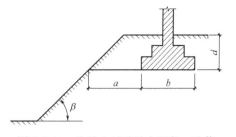

图 2-8-19　边坡上基础最小距离 a 取值

　　请读者特别注意：重庆地标与国标最小距离取值位置不一样，笔者认为重庆的更加合理。

　　尽管规范有所规定，但实际工程中，往往由于各种缘由，许多建筑顺坡建造，房屋基础与山坡脚非但不留出足够空间，甚至还将建筑墙体作为挡墙使用，这是很危险的。如 2008 年汶川地震后，调查发现北川县曲山镇一栋建于山坡脚下的 6 层底部框架商住楼，由于房屋纵墙紧贴挡土墙，地震时挡土墙失稳挤压结构底层框架造成严重破坏，如图 2-8-20 所示。图 2-8-21 为都江堰某中学的正确做法。

图 2-8-20　北川县某建筑护坡挤压建筑破坏

图 2-8-21　都江堰某工程护坡

　　【工程案例 6】2017 年 10 月三亚某工程。

　　工程概况：本工程为 2～3 层框架结构，平面布置如图 2-8-22 所示。整个建筑南侧有土，北侧临空，高差近 5m。原设计院整体计算既没有考虑建筑南侧 5m 高土对建筑稳定的影响，也没有考虑采用永久挡墙支护，仅利用北侧建筑外墙作为支护结构。

　　设计人员在进行优化时发现这个问题，笔者要求顾问优化人员，将覆土人工建入模型复核，复核结果显示整体稳定及抗滑移均不满足规范要求。

　　由于优化结果认为本工程存在重大安全隐患，于是将复核结论发函正式通知业主及设计院，建议设计院重新调整方案或重新复核计算，在条件允许时应优先考虑在建筑南侧设置永久挡土墙与主体脱离。但业主与设计院依然采用原方案，仅将南侧土压力加入到整体模型进行复核，复核结果为结构整体稳定及抗滑移不足，为了满足结构整体稳定及抗滑移，在建筑南侧每隔 4m 设置扶壁挡墙，且在 4m 宽挡墙下设置 2～3 排灌注桩。如图 2-8-23 所示。

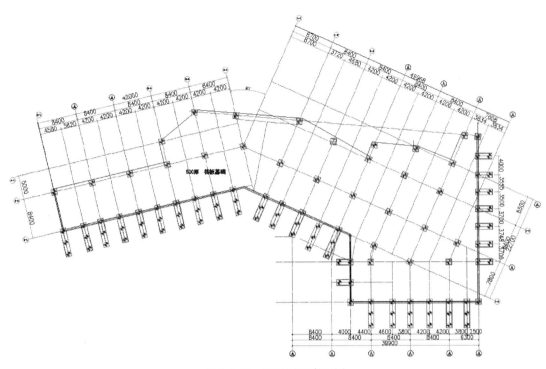

图 2-8-22 基础平面布置图

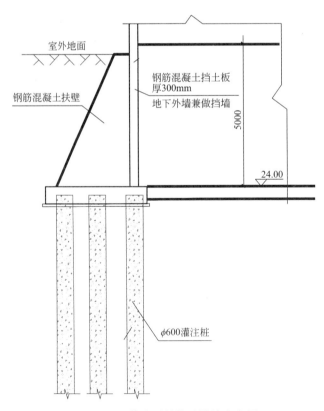

图 2-8-23 修改后的扶壁挡墙方案图

8.1.2 边坡工程设计应根据不同的工况进行整体稳定性分析与验算。永久性边坡支挡结构及构件、坡面排水设施、地下排水设施等应满足其所处场地环境类别中的耐久性要求。

 延伸阅读与深度理解

（1）边坡支挡结构的耐久性是保证永久性边坡在设计工作年限内，能够正常使用的必要条件。

（2）环境条件对耐久性具有重要影响，因此在边坡工程设计阶段就应当对支挡结构所处的环境条件进行评估并采取相应的措施。

8.1.3 在建设场区内，对可能因施工或其他因素诱发滑坡、崩塌等地质灾害的区域，应采取预防措施。对具有发展趋势并威胁建（构）筑物、地下管线、道路等市政设施安全使用的滑坡与崩塌，应采取处置措施消除隐患。

 延伸阅读与深度理解

（1）本条源自国家标准《建筑地基基础设计规范》GB 50007-2011 中第 6.4.1 条（强制性条文）。

（2）滑坡是山区建设中常见的不良地质现象，有的滑坡是在自然条件下产生的，有的是在工程活动影响下产生的。

（3）滑坡对工程建设危害极大，山区建设对滑坡问题必须重视。

（4）根据工程地质、水文地质及施工影响等因素，分析滑坡可能发生或发展的原因；采用可靠的预防措施，防止产生滑坡；对具有发展趋势并威胁建筑物安全使用的滑坡，应进行整治，防止滑坡继续发展。

8.1.4 位于边坡塌滑区域的建（构）筑物在施工与使用期间，应对坡顶位移、地表裂缝、建（构）筑物沉降变形进行监测。永久性边坡工程竣工后的监测时间不应少于2 年。

 延伸阅读与深度理解

（1）本条源自国家标准《建筑边坡工程技术规范》GB 50330-2013 第 19.1.1 条（强制性条文）。

（2）边坡塌滑区的坡顶水平位移、竖向位移、地表裂缝是反映边坡的变形状态及变形幅度、稳定性状态的关键要素，尤其是边坡的水平位移，能够直观地表达出边坡的变形及稳定性，而边坡竖向变形、地表裂缝是边坡变形在不同方面的变化特征，同时也直接表明对坡顶建（构）筑物变形的影响程度，三者同时监测可以互为验证，并以此评估边坡工程安全状态、预防灾害的发生、避免产生不良社会影响以及为动态设计和信息化施工提供实测数据。

8.1.5 下列边坡工程应进行专项论证：

1 边坡高度大于 30m 的岩石边坡；

2 边坡高度大于 15m 的土质边坡；

3 土、岩混合及地质环境条件复杂的边坡；

4 已有崩塌、滑坡的边坡；

5 周边已有永久性建（构）筑物与市政工程需要保护的边坡；

6 外倾结构面并有软弱夹层的边坡；

7 膨胀土边坡；

8 采用新结构、新技术的边坡。

 延伸阅读与深度理解

本条明确这些复杂的或要求较高的边坡需要进行专项论证。

8.2 支挡结构设计

8.2.1 边坡支挡结构设计计算或验算，应包括下列内容：

1 支挡结构上的作用荷载计算；

2 支挡结构地基承载力计算；

3 支挡结构稳定性验算；

4 支挡结构构件承载力计算；

5 锚杆承载力计算；

6 对边坡变形有控制要求的支挡结构变形分析计算。

 延伸阅读与深度理解

（1）本条源自国家标准《建筑边坡工程技术规范》GB 50330-2013 第 3.3.6 条（强制性条文，对部分内容进行了修改）。

（2）在建筑边坡工程设计中，支挡结构地基承载力、支挡结构及其基础强度（包括抗压、抗弯、抗剪、局部抗压承载力，锚杆锚固体的抗拔承载力及锚杆杆体抗拉承载力）、支挡结构稳定性等验算（包括结构整体倾覆和滑移）是支挡结构承载力计算和稳定性计算的基本要求，是边坡工程满足承载能力极限状态的基本控制要素，也是使边坡工程设计工作年限与被保护建设工程设计工作年限相一致和支护结构安全的重要保证。

8.2.2 支挡结构与防护结构混凝土强度等级应根据所处场地环境类别、结构承载力、变形与裂缝控制、耐久性等综合确定，且不应低于 C25。

延伸阅读与深度理解

（1）支护结构的耐久性是保证永久性边坡在设计工作年限内，能够正常使用的必要条件。

（2）而环境条件对耐久性具有重要影响，因此在边坡工程设计阶段就应当对悬臂式和扶壁式挡墙结构所处的环境条件进行评估并采取相应的措施。其中，挡墙的混凝土强度等级不低于 C25 的要求就是为保证挡墙结构耐久性而提出的。

8.2.3　腐蚀环境中的永久性锚杆应采用Ⅰ级防腐保护构造设计；非腐蚀环境中的永久性锚杆及腐蚀环境中的临时性锚杆应采用Ⅱ级防腐保护构造设计。

 延伸阅读与深度理解

（1）本条源自国家标准《岩土锚杆与喷射混凝土支护工程技术规范》GB 50086-2015 第 4.5.3 条（强制性条文）。埋设在岩层与土体中的锚杆的使用寿命取决于其耐久性。对寿命的最大威胁则来自腐蚀。

（2）预应力锚杆埋设在地层深处，工作条件十分恶劣，常常受到腐蚀介质的侵扰。再则，锚杆杆体一般由钢绞线组成，钢绞线则由抗拉强度很高、直径很小的钢丝组成，经常处于高拉应力状态下工作的钢绞线易出现应力腐蚀。因此，为规避锚杆腐蚀风险，确保岩土锚固工程的长期稳定性，本条对永久性锚杆及腐蚀环境中的临时性锚杆的防腐保护构造设计作出了严格的规定。

（3）预应力锚杆及锚具防腐Ⅱ级防护构造要求如下：

1）拉力型、拉力分散型锚杆如图 2-8-24、图 2-8-25 所示。

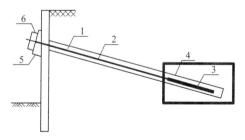
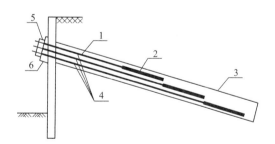

图 2-8-24　拉力型预应力锚杆结构简图
1—杆体；2—杆体自由段；3—杆体锚固段；
4—钻孔；5—台座；6—锚具

图 2-8-25　拉力分散型预应力锚杆结构简图
1—拉力型单元杆体自由段；2—拉力型单元杆体
锚固段；3—钻孔；4—杆体；5—锚具；6—台座

锚具：采用过渡管，锚具用混凝土封闭或钢罩保护；
自由段：采用注入油脂的保护套管或无粘结钢绞线；
锚固段：采用注入水泥浆的波纹管。

2）压力型、压力分散型如图 2-8-26、图 2-8-27 所示。

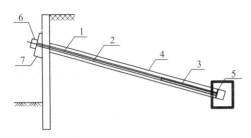

图 2-8-26 压力型预应力锚杆结构简图

1—杆体；2—杆体自由段；3—杆体锚固段；

4—钻孔；5—承载体；6—锚具；7—台座

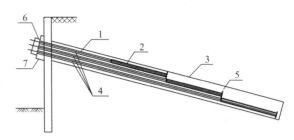

图 2-8-27 压力分散型预应力锚杆结构简图

1—压力型单元杆体自由段；2—压力型单元杆体锚固段；

3—钻孔；4—杆体；5—承载体；6—锚具；7—台座

锚具：采用过渡管，锚具用混凝土封闭或钢罩保护；

自由段：采用无粘结钢绞线；

锚固段：采用无粘结钢绞线。

8.2.4 岩质边坡喷锚支护的喷射混凝土强度等级不应低于 C25。膨胀性岩质边坡和具有腐蚀性边坡不应采用喷锚支挡结构。

 延伸阅读与深度理解

为确保岩质边坡喷锚支挡结构工程的长期稳定性，本条对喷锚支挡结构的喷射混凝土强度等级提出了要求。

8.3 边坡工程排水与坡面防护设计

8.3.1 边坡工程排水设计应符合下列规定：

1 坡面排水设施应根据地形条件、天然水系、坡面径流量等计算分析确定并进行设置；

2 地下排水设施的设置应根据工程地质和水文地质条件确定，并应与坡面排水设施相协调；

3 排水系统混凝土强度等级不应低于 C25。

 延伸阅读与深度理解

（1）边坡的稳定与安全和水的关系密切，边坡排水设计的边坡工程设计的重要内容，许多边坡支挡结构失效、边坡坍塌等边坡工程事故，都与边坡排水不畅、边坡排水系统设计不合理等有重要关系。

（2）本条对边坡排水设计提出了基本要求。

8.3.2 边坡坡面防护应采取工程防护与植物防护相结合的处理措施。边坡坡面防护

钢筋混凝土骨架、预制混凝土砌块等混凝土强度等级不应低于 **C25**；易发生落石崩块边坡坡面应设置专用防护网。

 延伸阅读与深度理解

（1）边坡岩体风化、剥落及掉块等影响边坡坡面的耐久性或正常使用，甚至可能对人身财产安全及对周围环境造成危害，因此应对边坡坡面进行防护设计。

（2）坡面防护工程一般分为工程防护和植物防护两大类。

（3）本条对边坡坡面防护提出了基本要求。

8.4　施工及验收

8.4.1　边坡工程施工前，应编制边坡工程专项施工方案，其内容应包括：支挡结构、边坡工程排水与坡面防护、岩土开挖等施工技术参数，边坡工程施工工艺流程，边坡工程施工方法，边坡工程施工安全技术措施，应急预案，工程监测要求等。

 延伸阅读与深度理解

（1）地质环境条件复杂、稳定性差的边坡工程，其安全施工是建筑边坡工程成功的重要环节，也是边坡工程事故的多发阶段。

（2）根据边坡工程安全等级、环境、工程地质及水文地质、支挡结构类型和变形控制要求等条件编制专项施工方案，采取合理、可行、有效的措施保证施工安全。

（3）边坡施工应有应急预案，工程监测非常重要。

8.4.2　边坡岩土开挖施工，应符合下列规定：

1　边坡开挖时，应由上往下依次进行；边坡开挖严禁下部掏挖、无序开挖作业；未经设计确认严禁大面积开挖、爆破作业。

2　土质边坡开挖时，应采取排水措施，坡面及坡脚不得积水。

3　岩质边坡开挖爆破施工应采取避免边坡及邻近建（构）筑物震害的工程措施。

4　边坡开挖后应及时进行防护处理，并应采取封闭措施或进行支挡结构施工。

5　坡肩及边坡稳定影响范围内的堆载，不得超过设计要求的荷载限值。

 延伸阅读与深度理解

（1）边坡的稳定性要求严禁开挖边坡的坡脚，坡脚对于边坡稳定性至关重要，滑动面往往位于坡脚区域不远的地方，同时不得随意挖土，应该遵循保持边坡稳定的开挖作业顺序。

（2）边坡开挖完成后，坡体的稳定性要求尽快进行防护处理，进行护坡和支护施工，保证边坡的稳定性。

8.4.3 挡墙支护施工时应设置排水系统；挡墙的换填地基应分层铺筑、夯实。

 延伸阅读与深度理解

（1）挡墙支护施工时应设置排水系统主要是防止挡墙水流不畅，水位升高，造成挡墙后水土压力增大，对挡墙的安全稳定性产生威胁，为了防止水土流失需要设置反滤层，保证挡墙土体的稳定。

（2）为了保证挡墙的施工质量，在施工时换填地基应按照设计要求分层铺筑，夯实，夯实度应满足设计要求。

8.4.4 锚杆（索）施工时，不得损害支挡结构及构件以及邻近建（构）筑物地基基础。

 延伸阅读与深度理解

（1）锚杆（索）施工时，由于工艺的要求需要进行钻孔，不可避免地会在原围护结构上进行钻孔，但是在钻孔施工时应该对原有围护、构件和周边建（构）筑物基础进行研究分析，避免损伤原有支挡结构、构件以及邻近建（构）筑物等的基础。

（2）在锚杆张拉时应制定相应的技术方案，避免相近的锚杆在张拉时互相影响。

8.4.5 喷锚支护施工的坡体泄水孔及截水、排水沟的设置应采取防渗措施。锚杆张拉和锁定合格后，对永久锚杆的锚头应进行密封和防腐处理。

 延伸阅读与深度理解

（1）喷锚支护的坡体稳定是喷锚支护成功的关键，在施工时坡体的排水系统非常关键，同时为了保证排水系统不影响坡体的稳定，需要采取一定的防渗处理。

（2）锚杆在施工完成后，一般来说不需要进行封头处理，但是对于永久性喷锚支护使用的锚杆，需要对锚头进行密封和防腐处理。

8.4.6 抗滑桩应从滑坡两端向主轴方向分段间隔跳桩施工。桩纵筋的接头不得设在土岩分界处和滑动面处，桩身混凝土应连续灌筑。

 延伸阅读与深度理解

（1）抗滑桩属于保证边坡稳定的主要技术措施，在施工时为了保证边坡的稳定以及成桩的质量，要求必须分段间隔进行开挖施工。

（2）桩的主要受力钢筋的接头不得设置在边坡土体的薄弱面处，施工时应避免接头处于土石分界面和滑动面处，为了保证桩的施工质量，桩身混凝土应连续灌筑。

8.4.7　多年冻土地区及季节冻土地区的边坡应采取防止融化期失稳措施。

延伸阅读与深度理解

　　冻土有两种主要类型，一种是多年冻土，另一种是季节性冻土。这两种冻土类型，在进行边坡施工时，需要特别注意土体融化，在冰冻的时候土体的强度很大，边坡不容易失稳，但是在融化期时土体强度会大幅降低，给边坡稳定性带来较大的影响，所以在施工时需要采取一定的措施保证在融化期时边坡的稳定。

8.4.8　边坡工程监测应符合下列规定：

　　1　边坡工程施工前，应编制边坡工程监测方案；

　　2　应根据边坡支挡结构的安全等级、周边环境条件、支挡结构类型及施工场地等确定边坡工程监测项目、监测点布置、监测方法、监测频率和监测预警值；

　　3　边坡工程在施工和使用阶段应进行监测与定期维护；

　　4　边坡工程监测项目出现异常情况或监测数据达到监测预警值时，应立即预警并采取应急处置措施。

延伸阅读与深度理解

　　（1）边坡工程监测方案是监测单位实施监测工作的重要技术依据和文件。

　　（2）边坡工程监测项目的确定应根据安全等级、地质环境、边坡类型、支护结构类型和变形控制要求等条件综合分析选择。支挡结构安全等级为一级的边坡工程施工时，必须对坡顶水平位移、竖向位移、地表裂缝和坡顶建（构）筑物进行监测。

　　（3）边坡工程监测时间和监测频率应能及时反映监测项目的重要发展变化情况，以便对设计与施工进行动态控制，保证边坡及周边环境的安全。

　　（4）监测方法的选择应综合考虑各种因素，合理易行，有利于适应施工现场条件的变化和施工进度的要求。

8.4.9　边坡工程施工验收检验，应符合下列规定：

　　1　采用挡土墙时，应对挡土墙埋置深度、墙身材料强度、墙后回填土分层压实系数进行检验；

　　2　抗滑桩、排桩式锚杆挡墙的桩基，应进行成桩质量和桩身强度检验；

　　3　喷锚支护锚杆应进行抗拔承载力检验、喷锚混凝土强度检验。

延伸阅读与深度理解

　　（1）砌体挡墙中主要材料砌块、石材及砂浆抗压强度是砌体挡墙的主要材料强度指标，必须符合设计要求。

（2）抗滑桩及排桩式锚杆的桩基应按照桩基验收的标准进行成桩质量的检验，检验数量和项目应符合相关技术标准的要求。

（3）锚杆是边坡锚固工程中的重要构件，锚杆的检测对边坡锚固工程的质量与安全起着至关重要的作用。

（4）边坡坡率、平面尺寸、标高的控制决定着边坡轮廓面的成型和保留岩体的开挖质量，需要经常量测。

（5）预应力锚杆需要进行锁定力的控制，保证提供足够的拉力。

（6）喷射混凝土的厚度和强度对于边坡的稳定性有至关重要的作用，验收时应对面层厚度及混凝土强度进行检验。

（7）边坡开挖完成后主要对边坡坡率、坡底标高、平整度和土性进行检验，土性可以按照国家标准《建筑地基基础工程施工质量验收标准》GB 50202-2018 的验槽要求进行检验。

参考文献

［1］住房和城乡建设部强制性条文协调委员会.房屋建筑标准强制性条文实施指南丛书——建筑结构设计分册.北京：中国建筑工业出版社，2015.

［2］刘金砺，高文生等.建筑桩基技术规范应用手册.北京：中国建筑工业出版社，2010.

［3］黄熙龄，钱力航.建筑地基与基础工程.北京：中国建筑工业出版社，2016.

［4］滕延京.《建筑地基处理技术规范》JGJ 79-2012理解与应用.北京：中国建筑工业出版社，2013.

［5］本书编委会.《建筑地基基础设计规范》GB 50007-2011理解与应用.北京：中国建筑工业出版社，2012.

［6］魏利金.建筑结构设计常遇问题及对策.北京：中国电力出版社，2009.

［7］魏利金.建筑结构施工图审查常遇问题及对策.北京：中国电力出版社，2011.

［8］魏利金.建筑结构设计规范疑难热点问题及对策.北京：中国电力出版社，2015.

［9］魏利金.《建筑工程设计文件编制深度规定》（2016版）应用范例——建筑结构.北京：中国建筑工业出版社，2018.

［10］魏利金.结构工程师综合能力提升与工程案例分析.北京：中国电力出版社，2021.

［11］魏利金.纵论建筑结构设计新规范与SATWE软件的合理应用.PKPM新天地，2005（4）：4-12，2005（5）：6-12.